固体氧化物燃料电池
——材料、系统与应用

主编　王志成　顾毅恒　刘冠鹏
参编　钱　斌　陶　石　吴大军

科学出版社
北　京

内 容 简 介

本书结合作者的实践研究和固体氧化物燃料电池的最新进展，系统介绍了固体氧化物燃料电池所涉及的原理、材料、制备技术、电堆及其主要应用领域等内容。全书共 7 章，第 1 章介绍固体氧化物燃料电池的发展概况、工作原理、特点和发展趋势；第 2、3 章介绍固体氧化物燃料电池的电学化基础和关键材料；第 4 章介绍材料和组件的制备方法；第 5 章介绍固体氧化物燃料电池的常用测试与表征方法；第 6 章介绍电池电堆和发电系统，并着重介绍中低温电池和碳基燃料电池的一些基础问题；第 7 章介绍固体氧化物燃料电池的主要应用。

本书适合能源和材料相关领域的科研人员和技术人员使用，也可以作为相关专业本科生及研究生的参考书。

图书在版编目（CIP）数据

固体氧化物燃料电池：材料、系统与应用/王志成，顾毅恒，刘冠鹏主编. —北京：科学出版社，2023.3

ISBN 978-7-03-074929-1

Ⅰ．①固… Ⅱ．①王… ②顾… ③刘… Ⅲ．①固体–氧化物–燃料电池 Ⅳ．①TM911.4

中国国家版本馆 CIP 数据核字（2023）第 033108 号

责任编辑：余 江 张丽花 / 责任校对：王 瑞
责任印制：张 伟 / 封面设计：迷底书装

科 学 出 版 社 出版
北京东黄城根北街 16 号
邮政编码：100717
http://www.sciencep.com

北京虎彩文化传播有限公司 印刷

科学出版社发行 各地新华书店经销
*
2023 年 3 月第 一 版 开本：720×1000 1/16
2023 年 12 月第二次印刷 印张：15 1/4
字数：307 000

定价：98.00 元
（如有印装质量问题，我社负责调换）

前　　言

电能是当今社会最常见也是最为便利的能量形式之一。在过去的一百多年中，电能主要通过化石燃料的燃烧来获得，这类获取电能的形式不可避免地导致低的能量转化率和高的温室气体等污染物的排放。随着社会对能源的需求量不断增大、化石燃料储量的不断减少以及人们对气候和环境问题的不断关注，开发高效、环保的新能源技术，改善能源结构，减少污染排放，已成为当今社会实现可持续发展的重要课题。

燃料电池是一种高效发电装置，它可将燃料的化学能直接转化为电能。在各种类型的燃料电池中，固体氧化物燃料电池（SOFC）可以直接使用各种碳基燃料，很容易与现有能源资源供应系统兼容。与传统发电技术相比，SOFC 极大地降低了化石燃料在热电转化中的能量损失和对生态环境的破坏，具有更高的效率和更低的污染，一次发电效率高达 50%～60%。可以说使用碳基燃料的 SOFC 是实现化石燃料高效转化和洁净利用的有效途径，通过 SOFC 技术可以实现化石类能源利用的"零碳"排放，助力我国"双碳"目标的实现。

SOFC 技术经过几十年的研究积累，虽然取得了很大进步，发达国家甚至已经陆续建设多量级的 SOFC 发电系统，但是，要使电池性能、成本、可靠性等方面进一步改进以满足产业化应用的要求，仍然需要对使用碳基燃料的 SOFC 相关的基础科学问题、工程技术问题进行系统、深入的探索和研究，以进一步提高其稳定性，降低成本。

本书作者及其团队近年来一直致力于固体氧化物燃料电池关键材料和技术的研究与开发，积累了一定的理论知识和实践经验。本书融合了作者的实践研究和固体氧化物燃料电池的最新进展，对相关知识进行了梳理和总结，希望读者能够从本书中得到有益的启示和帮助。

由于作者的知识和水平有限，加上固体氧化物燃料电池的研究发展迅速，书中难免有遗漏和不足之处，恳请广大读者赐教和指正。

王志成

2022 年 6 月

目　　录

第1章　固体氧化物燃料电池概述

进入 21 世纪，人类面临着日益紧迫的能源危机和逐年加剧的环境污染问题。如何高效地利用有限的能源，同时降低二氧化碳及其他污染物的排放，是人类社会亟须解决的重要问题。随着科技的发展，以太阳能、风能、潮汐能为代表的新型能源的研发已经取得了长足的进步，但以其目前的发展水平仍无法取代传统化石能源的地位。日益增长的能源需求迫使人类社会对于化石能源的依赖程度有增无减。燃料电池(fuel cell，FC)作为继水力、火力和核能发电之后的第四类发电技术，近年来的开发与应用越来越受到各国政府和研究机构的重视。燃料电池技术通过电化学反应过程使燃料的化学能直接转化为电能，能够大大降低污染，而且由于不受卡诺循环的限制，其能量利用率可达 40%~60%，如果通过热电共生同时利用其热能，则能量的转化率可以高达 80%以上。因此，清洁、安静、高效的燃料电池不仅是解决化石类燃料污染环境问题最有效的途径之一，而且可以缓解人类越来越紧张的能源危机，同时也是我国《新能源和可再生能源发展纲要》中优先支持的项目。

固体氧化物燃料电池(solid oxide fuel cell，SOFC)属于第三代燃料电池，是一种在中高温下直接将储存在燃料和氧化剂中的化学能高效、清洁地转化成电能的全固态化学发电装置，在几种类型燃料电池当中其理论能量密度最高。SOFC 被普遍认为是在未来会与质子交换膜燃料电池一样得到广泛应用的一种燃料电池。

2020 年，国家提出"二氧化碳排放力争于 2030 年前达到峰值，努力争取 2060 年前实现碳中和"，实现绿色发展，开始了新一轮的能源革命、科技革命和经济转型。在"双碳"目标的背景下，从国家能源大战略和环境大格局来考虑，清洁低碳能源电力占比将逐步增加，发展燃料电池技术是我国能源转型的重要路径，而通过 SOFC 技术可以实现化石类能源利用的"零碳"排放，有助于推动早日实现"碳达峰""碳中和"。

1.1　固体氧化物燃料电池的发展概况

19 世纪末，瓦尔特·赫尔曼·能斯特(Walther Hermann Nernst)发现了固态氧离子导体。而有关 SOFC 的研究最早可以追溯到 1900 年 Nernst 所报道的"能斯特灯"（图 1.1）。该灯由一根 15%氧化钇掺杂的氧化锆高温离子导体棒组成，这一组分至今仍是高温 SOFC 电解质的基础。1935 年，Schottky 在他的论文里指出 Nernst 发现的氧离子导体可以用作燃料电池的固体电解质。1937 年，瑞士科学家 Bauer 和 Peris 首次采用固态氧离子导体制备出了世界上第一个 SOFC，该电池采用 ZrO_2 陶瓷作为电解质，Fe 或 C 作为阳极，Fe_3O_4 作为阴极，于 1050℃下在 0.65 V 时产生了约 1 mA/cm^2 的电流密度。该 SOFC 的出现开启了以氧离子导体电池为代表的 SOFC 的研究历程。1962 年，Weissbart 和 Ruka 用氧化钙稳定氧化锆电解质和两个多孔铂电极建造了第一个现代意义上的 SOFC。该电池在 0.65 V 时的电流密度达到了 25 mA/cm^2。1964 年，Rohr 找到最合适的阴极材料 $La_{0.84}Sr_{0.16}MnO_3$。1965 年，Archer 和他的同事展示了一个多电池的 SOFC 发电装置，他们采用氧化钙稳定氧化锆电解质和烧结的铂电极搭建了一个 100 W 的 SOFC 电堆。最初的昂贵铂电极随后被镍基氧化锆金属陶瓷所替代。1970 年，电化学气相沉积技术开发成功，推动了 SOFC 的发展[1]。1981 年，Lwahara 首次报道了质子型导体材料钙钛矿掺杂 $SrCeO_3$。

图 1.1　瓦尔特·赫尔曼·能斯特发明的 EVZ-066 能斯特灯

1.1.1　国际发展概况

从 20 世纪 80 年代开始，能源出现紧缺，很多国家和地区为了开辟新的能源，对 SOFC 的开发和研究都非常重视，日本、美国和欧盟等纷纷进行了大量的投资。1960 年，以美国 Siemens Westinghouse Electric Company 为代表，研制了管式结构的 SOFC。1987 年，该公司与日本东京煤气公司、大阪煤气公司合作，开发出 3 kW 电池模块，其成功地连续运行了 5000 h，这标志着 SOFC 研究从实验研究迈向商业发展。进入 20 世纪 90 年代，美国能源部（Department of Energy，DOE）继续投资给 Siemens Westinghouse Electric Company 6400 多万美元，旨在开发出高转化率、2 MW 级的 SOFC 发电机组。1997 年 12 月，Siemens Westinghouse Electric Company 在荷兰的 Westervoort 安装了第一组 100 kW 的管状 SOFC 系统，到 2000 年底关闭，累计稳定运行了 16612 h。2000 年 5 月，该公司与加利福尼亚大学合作，安装了第一套 250kW 的 SOFC 与气体涡轮机联动的发电系统，能量转化效率超过 58%，最高达到了 70%。后来 Siemens Westinghouse Electric Company 又在挪威和加拿大的多伦多附近建成了两座 250kW 的 SOFC 示范电厂。

在平板式 SOFC 的研究方面，1983 年，美国阿贡国家重点实验室研究并制备了共烧结的平板式电堆，后来加拿大的 Global Thermoelectric Inc.，美国的 GE 公司 和 SOFC 公司、ZTEK 公司等对 1 kW 模块进行了开发，Global Thermoelectric Inc. 获得了很高的功率密度，在 700℃运行时达到 0.723 W/cm^2，2000 年 6 月完成了 1.35 kW 电池系统运行 1100 h 的试验。澳大利亚的 Ceramic Fuel Cell Ltd. 致力于开发圆形平板状 SOFC 发电堆。工作温度为 850℃，压力为常压，在 80%～85%的燃料利用率下提供数十千瓦的发电堆，在 2005 年对 40 kW 级电堆进行了实地测试，而在 2006 年试制了大于 120 kW 的发电堆。美国的 Fuel Cell Technology 公司于 2013 年下半年开始开发 250 kW 和兆瓦级系统，使用天然气和生物气体作为燃料，并于 2018 年测试了 200 kW 的系统，未来将进一步实证兆瓦级系统，远期目标是打造公用事业 100 MW 级整体煤气化燃料电池发电系统(integrated gasification fuel cell，IGFC)和天然气燃料电池发电系统 (natural gas fuel cell，NGFC)。2019 年 9 月，三菱重工业株式会社与株式会社日立制作所合资的 MHPS 公司已成功研发了 10 套 250 kW 的 SOFC-微汽轮机混合动力发电系统。此外，德国和瑞士也在积极开发 10 kW 级和 1 kW 级家庭用燃料电池模块。日本微型热电联产项目 Ene-Farm 也取得了非常亮眼的成果。到 2019 年 4 月，日本共部署了 305000 个商业 Ene-Farm 装置，计划到 2030 年实现家用燃料电池累计装机量达 530 万套。为了将研究转向固体氧化物水电解技术，2019 年，美国能源部化石能源办公室发布了一项针对 5～25 kW 小型 SOFC 系统和混合能源系统的资助公告(Funding Opportunity Announcement，FOA)，将向相关研究和项目提供高达 3000 万美元的联邦资助。FOA 旨在开发先进技术，利用固体氧化物电解池(solid oxide electrolysis cell，SOEC)改进小型 SOFC 混合系统，使其达到氢生产和发电的商业化水平。

目前，SOFC 在世界范围内处于从科研界向产业界的转化阶段，从示范运行向商业运行的发展阶段。世界各地已经有数百套 SOFC 示范系统成功运行，最长运行时间达 40000 h，展示了 SOFC 在技术上的可行性。研究机构 Marketsand Markets 预计，到 2025 年，SOFC 的全球市场规模将达到 28.81 亿美元。该市场主要驱动力为政府补贴及越来越多的 FC 项目研发投入、燃料多样性、高能效发电需求和欧洲北美日趋严格的排放标准。按类型来看，平板式 SOFC 市场最大，在 2017

年市场销售额已达 3.74 亿美元。美国是世界上最大的 SOFC 市场，其次是日本、韩国和欧洲。美国的 SOFC 累计装机量处于绝对领先地位，在 200 kW 以上规格的固定式电站中，SOFC 的投放量最大。美国 SOFC 的装机量主要由 Bloom Energy 公司贡献，Bloom Energy 公司已经为美国 Google、eBay、Wal-Mart 等公司提供了超过 100 套的 SOFC 系统。截至 2020 年，该公司已累计投放 350 MW 的 SOFC 产品，其中将近半数投放于加利福尼亚州。

1.1.2　国内发展概况

我国的 SOFC 研究起步于"八五"时期，但是支持力度较小，研究较为零散，未形成自己的特色。后来，国家"863"计划和"973"计划相继支持了 SOFC 系统相关研究，资助力度持续增加，但是，由于缺乏对 SOFC 相关基础科学问题研究的支持，我国在 SOFC 领域进展缓慢，总体技术水平与国外先进水平相比仍然有很大差距。中国科学院上海硅酸盐研究所在"九五"期间曾组装了 800 W 的平板高温 SOFC 电池组。2003 年 8 月，中国科学院大连化学物理研究所在中温 SOFC 研究方面取得了重大进展，成功组装并运行了由 12 对电池组成的电池组，输出功率达到 616 W，向实用化迈出了一大步。吉林大学、中国科学技术大学、清华大学、哈尔滨工业大学等主要进行了 SOFC 基本材料的合成与性能研究及电解质薄膜制备工艺研究，并进行平板型 SOFC 的研发。2007 年成立的中国科学院宁波材料技术与工程研究所设有燃料电池与能源事业部，并组建了国家固体氧化物燃料电池工程中心，目的是形成拥有自主知识产权的 SOFC 技术，为大规模商业化打下基础。

我国最早研发生产 SOFC 的是潮州三环(集团)股份有限公司(以下简称"潮州三环")。该公司于 2004 年开始开展 SOFC 电解质隔膜开发和生产业务；2012 年开始批量生产 SOFC 单电池；2015 年收购澳大利亚 Ceramic Fuel Cell 公司，获得其电堆和小功率 SOFC 系统技术基础；2016 年将 SOFC 专利授权 Solid Power 公司使用，并且为其供应单电池；2017 年开始向国内市场推出 SOFC 电堆。潮州三环出货量最大的是电解质隔膜、单电池，同时具备电堆量产能力，系统则主要由 Ceramic Fuel Cell 在德国的生产基地完成，以 1.5 kW 系统为主。目前，潮州三环成为全球最大的 SOFC 电解质隔膜供应商和欧洲市场上最大的 SOFC 单电池供应商。2010 年中国矿业大学(北京)与香港鸿百佳(国际)控股集团有限公司签署了燃料电池产业化项目合作协议，在南通市共建 SOFC 研发生产基地。2011 年，国家"973"科技项目"碳基燃料固体氧化物燃料电池体系基础研究"落户连云港，该项目一期开发家用电器燃料电池板块；二期开发燃料电池发电站板块；三期开发新能源汽车动力燃料电池。同年，苏州华清京昆新能源科技有限公司正式试生产国内首批新型 SOFC 发电系统核心元件，一举填补了国内在该发电领域的空白，2018 年 7 月公司签约投建徐州华清集团 SOFC 项目。2019 年 8 月，徐州华清集团子公司徐州华清京昆能源有限公司 SOFC 项目首批 20 万片单电池片生产线投产试产。成立于 2014 年的宁波索福人能源技术有限公司(SOFCMAN)是一家从事 SOFC 发电系统研发的高科技公司，SOFCMAN 由中国科学院宁波材料技术与工程研究所的 SOFC 研发团队组成，经过多年的集中研究，SOFCMAN 在 SOFC 发电系统的发展上取得了卓越的成就。该公司提供从粉末、电池、电堆到系统的整个产品链。此外，徐州华清京昆能源有限公司、清华大学、中国矿业大学(北京)还联合山西晋煤集团煤化工研究院共同开发以煤为原料的 SOFC 整体示范工程。2018 年 8 月 2 日，山西晋煤集团煤化工研究院对外宣布，他们建设的全国首个以煤为原料的 15 kW SOFC 项目在山西晋煤集团天溪煤制油分公司燃料电池实验室打通全流程，实现了煤经气化再通过固体氧化物燃料电池发电的工程示范。此外，潍柴动力股份有限公司于 2018 年 5 月以 4000 多万英镑收购英国知名 SOFC 开发商 Ceres Power 20%股权，并与其携手在中国潍坊成立合资公司，在 SOFC 领域展开全面合作，2022 年初，该公司首款 30 kW SOFC 热电联供系统在潍坊投入运行，使用的燃料是天然气。

1.2　固体氧化物燃料电池的工作原理

SOFC 采用了陶瓷材料作为电解质、阴极和阳极，为全固态结构，除了具有一般燃料电池系统的特点外，它的燃料不需要是纯氢，可以采用其他可燃的碳氢气体，且 SOFC 不必使用贵金属催化剂。陶瓷电解质要求较高温运行(600～1000℃)，加快了反应速率，还可以实现多种碳氢燃料气体的内部还原，简化了设备；同时系统产生的高温、清洁高质量热气，适于热电联产，能量利用率高达80%左右，是一种清洁高效的能源系统。

单体燃料电池主要组成部分由电解质(electrolyte)、阳极或燃料极(anode, fuel electrode)、阴极或空气极(cathode, air electrode)和连接体(interconnect)或双极分离器(bipolar separator)组成。电解质较高的离子电导率是 SOFC 电池的基础，用于 SOFC 的电解质有两类，即氧离子传导电解质和氢离子(质子)传导电解质。根据传导离子的不同，可以将 SOFC 分为两类：氧离子导体电解质燃料电池和质子导体电解质燃料电池。

当使用甲烷(CH_4)为燃料时，氧离子传导 SOFC 电池反应为

阴极：
$$O_2 + 4e^- \longrightarrow 2O^{2-} \tag{1.1}$$

阳极：
$$4O^{2-} + CH_4 \longrightarrow 2H_2O + CO_2 + 8e^- \tag{1.2}$$

总反应：
$$CH_4 + 2O_2 \longrightarrow 2H_2O + CO_2 \tag{1.3}$$

SOFC 工作时，在阳极一侧持续通入燃料气，如 H_2、CH_4、天然气等，具有催化作用的阳极表面吸附燃料气体（如氢），并通过阳极的多孔结构扩散到阳极与电解质的界面。在阴极一侧持续通入氧气或空气，具有多孔结构的阴极表面吸附氧，由于阴极本身的催化作用，O_2 得到电子变为 O^{2-}，在化学势的作用下，O^{2-}进入起电解质作用的固体氧离子导体，由浓度梯度引起扩散，最终到达固体电解质与阳极的界面，与燃料气体发生反应，失去的电子通过外电路回到阴极。其电化学反应过程如图 1.2 所示。

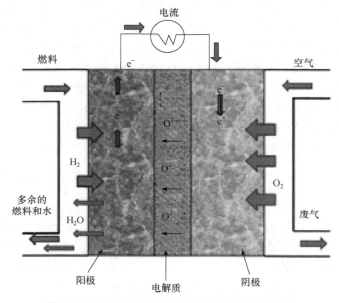

图 1.2　氧离子传导型的 SOFC 的工作原理示意图

当使用氢气为燃料时，质子传导 SOFC 电池反应为

阳极：
$$H_2 \longrightarrow 2H^+ + 2e^-$$
(1.4)

阴极：
$$O_2 + 4H^+ + 4e^- \longrightarrow 2H_2O$$
(1.5)

总反应：
$$2H_2 + O_2 \longrightarrow 2H_2O$$
(1.6)

质子传导型的 SOFC（proton conducting solid oxide fuel cell，PCFC）是基于电解质中存在的质子缺陷，其传导过程始于阳极，燃料气 H_2 在阳极经催化裂解生成质子和电子，质子在浓度梯度和电场作用下通过阳极-电解质界面扩散进入电解质内部向阴极方向传输，电子流经外电路到达阴极，在阴极侧，在催化剂的作用下与氧气发生化学反应，最终生成水并排出。其电化学反应过程如图 1.3 所示。

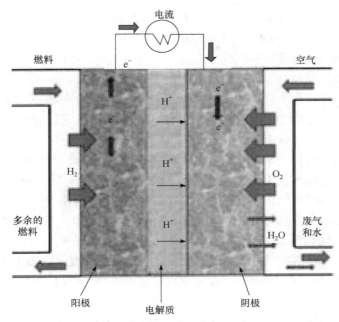

图 1.3　质子传导型的 SOFC 的工作原理示意图

　　质子传导型的 SOFC 与氧离子传导型的 SOFC 不同点在于 CO 不能被质子传导型的 SOFC 利用，同时质子传导型的 SOFC 工作时 H_2O 产生在阴极一侧，这意味着碳氢化合物燃料气体需要经过重整生成 H_2 后才可以加以利用，这无疑会降低燃料的利用率和电池操作便捷性。氧离子传导型的 SOFC 中燃料可以直接在阳极侧被氧离子氧化，产物形成在阳极侧，因此可以直接通入天然气、煤气、生物质气、醇类或烃类等碳氢化合物作为燃料使用。这些优势使氧离子传导型的 SOFC 成为目前 SOFC 研究的重点。

　　需要特别说明的是，由于本书中涉及质子传导型的 SOFC 与氧离子传导型的 SOFC 两种类型，因此，后面书中出现的 SOFC 一般是 SOFC 的统称或特指氧离子传导型的 SOFC，而质子传导型的 SOFC 则用 PCFC 表示。对应的电解池分别是 SOEC 和 PCEC(proton conducting solid oxide electrolysis cell，质子传导型的固体氧化物电解池)。

1.3　固体氧化物燃料电池的特点

　　SOFC 是一种具有很好应用前景的燃料电池，SOFC 及其逆运行装置是清洁、高效的能量转化与储存装置，目前世界上发达国家普遍把其作为一种战略储备技术并已进入商业化应用阶段。SOFC 的特点如下。

(1) 全固态结构。SOFC 采用全陶瓷材料，固态电解质可以避免使用液态电解质所带来的流失和腐蚀等问题，有助于实现电池的长期稳定性。同时全固态结构也有利于模块化设计，提高电池的体积比容量，可以通过多个模块串联或并联的组合方式向外供电，并根据用途和容量进行调节。此外，与大多数其他类型的燃料电池不同，SOFC 可以具有多种几何形状。除了平面设计以外，SOFC 还可以设计成管状、瓦楞状等。

(2) 燃料多样性。根据 SOFC 工作原理，理论上只要能被 O^{2-} 氧化的气体均能作为 SOFC 的燃料。由于 SOFC 工作温度高，一些低分子烃类燃料或者以甲烷为主的气体，如甲烷、丙烷、丁烷和天然气等，可以在阳极内直接氧化或进行内部重整。SOFC 也可以通过外部重整部分高分子的碳氢化合物来提供燃料，如汽油、柴油、喷气燃料 (JP-8) 或生物燃料等。重整后可以获得含 H_2、CO、CH_4 和 CO_2 等的合成气。SOFC 系统可以通过将电化学氧化释放的热量用于碳氢气体的水蒸气重整来提高效率。此外，煤和生物质等固体燃料可通过气化形成合成气作为 SOFC 的燃料。

(3) 高热电效率。SOFC 工作时发电效率接近 60%，同时系统会产生高质量的余热 (余热温度高达 400~600℃)，适于与热汽轮机等设备联用，提高发电系统的效率，能量利用率可达 80% 以上，是一种高效的能源系统。

(4) 环境友好。当 SOFC 以纯氢为燃料时，电池的化学反应物仅为水，可以从根本上消除氮氧化物、硫氧化物及碳氧化物等导致环境污染和温室效应的有害气体的排放；当以矿物燃料制取的富氢气体为燃料时，由于 SOFC 的高转化效率，其二氧化碳的排放量比热机过程减少 40%。从原理上讲，SOFC 和 SOEC 技术可以实现化石类能源利用的"零碳"排放。此外，由于 SOFC 运动部件很少，工作时安静，噪声很小。

(5) 较低的成本。SOFC 高的工作温度 (一般在 600℃ 以上) 可以有效提升电极的反应活性，使得 SOFC 不必像其他类型的低温燃料电池那样使用贵金属作为催化剂，一些具有高活性、低价格的金属和氧化物可以用来作为 SOFC 的电极材料。

1.4   固体氧化物燃料电池的发展趋势

1.4.1   碳氢气体直接在 SOFC 的应用

理论上只要能被 O^{2-} 氧化的气体均能作为 SOFC 的燃料，因此相对于其他类型的燃料电池，SOFC 最主要的优点之一就是能够以更便利的碳氢气体作为燃料，而其他类型的燃料电池(熔融碳酸盐燃料电池 MCFC 除外)则需要氢气作为燃料。但是目前绝大部分氢气需通过碳氢气体的重整获得，这就需要外部的过程来生产 H_2 和移除 CO，从而导致系统效率的降低，并增加了系统的复杂性和成本(图 1.4)[2]。同时，氢气的存储和运输问题还有待解决。由于 SOFC 的工作温度较高，碳氢气体的重整既可以在系统内进行，即可以通过一个不连续的重整器，也可以直接在电池的阳极进行。更进一步，可以直接以碳氢气体为燃料，在阳极中直接氧化，这个过程的热力学效率理论上可以接近 100%。

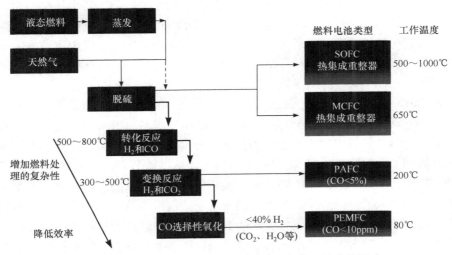

图 1.4　燃料处理的复杂性对不同类型燃料电池效率的影响
PAFC-磷酸燃料电池；PEMFC-质子交换膜燃料电池

1.4.2　SOFC 的中低温化

当 SOFC 在 1000℃左右运行时，发生在 SOFC 中各种界面间的反应以及电极在高温下的烧结、退化等均会降低电池的效率与稳定性。同时，也使电池关键材料——电极、双极板和电解质的选择受到极大限制。若能将 SOFC 的工作温度降到 800℃以下，既能保持 SOFC 的优点，又能避免或缓解上述问题。因此，开发中低温 SOFC 是目前 SOFC 的主要研究方向之一。

中低温 SOFC 是指在 400～800℃内工作的固体氧化物燃料电池。中低温 SOFC 的工作温度一般在 600℃左右，随着工作温度的降低，将会有如下好处：①材料间的相容性相对提高，电池的稳定性相对增加，延长了电池的使用寿命；②完全可以采用成本不高的不锈钢材料作为双极板及其他辅助材料设备，极大地降低电池总成本；③相对于高温 SOFC，缩短了电池的启动时间，提高了启动速度，使得 SOFC 在小型分散应用领域将会有非常广阔的应用前景；④由于其工作温度适中，一些碳氢气体和天然气不需外部重整而直接作为燃料，还可以直接使用甲醇、乙醇、二甲醚、汽油、柴油等液体燃料；⑤可以应用于移动电源、分散电源、辅助电源，也可以和燃气轮机联合建立大型发电站，甚至在发电的同时还可以进行化工生产形成热、电、化学品联产。

1.4.3 PCFC 的快速发展

将 SOFC 的使用温度降低到中低温，甚至是降到 550℃以下，是解决 SOFC 材料老化和电池耐久问题的主要途径。但是随着温度的降低，特别是在 550℃以下，氧离子的活化和传输都变得越发困难，SOFC 也越来越难以突破其固有性能极限，这是传统以氧离子为载体的传输及反应模式所决定的。采用质子导体作为 SOFC 的电解质，构建质子传导型的 SOFC，即 PCFC，有望从根本上解决上述几个问题。相比氧离子，质子迁移活化能更低。

自 2015 年 Duan 等[3]在 *Science* 上报道了在 500℃低温碳氢燃料中稳定高效运行 1400 h 无衰减的扣式电池后，与 PCFC 电极材料、电解质材料相关的研究逐渐成为 SOFC 领域内的研究热点和主流，全世界范围内相关的研究小组均将研究重点转向了 PCFC。2019 年，Duan 的研究团队[4]又在 *Nature Energy* 上报道了 PCFC 的可逆应用，即 PCEC 在二氧化碳转化和储能领域的应用潜力，引领了近几年 PCEC 相关研究的热潮。另外，国内的一些前沿团队，如清华大学、中国矿业大学(北京)以及中国科学技术大学的 SOFC 研究团队，近年来均在 SOEC 研究上集中发力，主攻 SOFC 电解水和电解二氧化碳等基础研究。作者认为，借助国内碳达峰、碳中和目标的东风，结合国际上质子导体电池/电解池的研究热潮，低温型 SOFC(PCFC)或是 SOEC(PCEC)有望先于传统氧离子 SOFC 实现大规模商业化应用。PCFC 与 SOEC(PCEC)未来的大规模应用，也将会反过来带动 SOFC 的商业化发展。

第2章 固体氧化物燃料电池的电化学基础

热力学是研究热现象中物质系统在平衡时的性质和建立能量的平衡关系，以及状态发生变化时系统与外界相互作用（包括能量传递和转化）的学科，对于电化学反应体系，涉及电能与化学能之间的转化，因此电化学热力学的研究对象是电能与化学能的相互转化过程。对于燃料电池，热力学不但可以预测燃料电池反应是否可以自发进行，而且可以得到电化学反应的效率以及可获得的最大电动势。因而，热力学给出了燃料电池在"理想情况下"的理论性能。任何燃料电池都不可能超越热力学极限。除了热力学知识外，理解燃料电池的实际工作性能还需要动力学方面的知识。因为热力学虽然给出了反应发生的可能性，但不能说明反应将以什么样的速度进行，而动力学研究的正是化学反应过程的反应速率。本章主要介绍 SOFC 的热力学、动力学及其相关内容。

2.1 SOFC 热力学

热力学是研究能量和能量转化的科学。燃料电池是一种能量转化装置，因此可以通过热力学来得出燃料电池的各项参数的理论边界值[5, 6]。

2.1.1 Gibbs 自由能与电池电动势的关系

吉布斯（Gibbs）自由能的物理含义是在等温等压过程中，除了体积变化所做的功外，从系统所能获得的最大功。换句话说，在等温等压过程中，除了体积变化所做的功，系统对外界所做的功只能等于或者小于 Gibbs 自由能的减小。根据热力学中 Gibbs 自由能的定义，在等温等压条件下，热力学温度 T 时，Gibbs 自由能 ΔG 与反应的焓变 ΔH 和熵变 ΔS 之间的关系为

$$\Delta G = \Delta H - T\Delta S \tag{2.1}$$

由于燃料电池的工作原理是在等温条件下将燃料和氧化剂的化学能直接转化为电能，因此燃料电池中的"Gibbs 自由能"定义为：在等温、等压过程中，可用于外部工作的非体积功。"外部工作"包括沿外部电路移动电子。对于一个燃料电池的氧化还原反应，可以将其分解为两个半反应：还原剂的阳极氧化和氧化剂的阴极还原，并与适宜的电解质构成电池，以电化学方式进行反应。根据化学

热力学原理，该过程的可逆电功(即最大功)为

$$\Delta G = -nFE \tag{2.2}$$

式中，E 为电池的电动势(可逆电压)；ΔG 为反应的 Gibbs 自由能变化；F 为法拉第常量(F=96485.3365 C/mol)；n 为反应转移的电子数。该方程是电化学的基本方程，它建立了电化学和热力学之间的联系。

由化学热力学可知，当化学反应在恒压条件下进行时，Gibbs 自由能的变化随温度的变化关系为

$$\left(\frac{\partial \Delta G}{\partial T} \right)_p = -\Delta S \tag{2.3}$$

结合 Gibbs 自由能与电池电动势的关系：

$$\left(\frac{\partial E}{\partial T} \right)_p = \frac{\Delta S}{nF} \tag{2.4}$$

式(2.4)给出了电池电动势随温度变化的关系，其中 $\left(\frac{\partial E}{\partial T} \right)_p$ 称为电池电动势的温度系数。根据热力学第二定律，对于恒温过程，其吸收或放出的热量为

$$Q_R = T\Delta S = nFT \left(\frac{\partial E}{\partial T} \right)_p \tag{2.5}$$

因而，根据 $\left(\frac{\partial E}{\partial T} \right)_p$ 的符号可以判断电池工作时是吸热还是放热。

在常压下，对于任意温度 T 时的电池电动势 E_T 可以表示为

$$E_T = E^{\ominus} + \frac{\Delta S}{nF}(T - T_0) \tag{2.6}$$

从式(2.6)可以看出，在假定 ΔS 不是温度函数的前提下，如果该反应的 ΔS 为正值，则 E_T 将随着温度的升高而增加；而当该反应的 ΔS 为负值时，则 E_T 将随着温度的升高而减小。对于燃料电池的电化学反应而言，ΔS 大多数为负值，因此随着温度的升高燃料电池的电动势将会下降，但这并不表明燃料电池要在尽可能低的温度下工作，这是因为燃料电池的动力学损耗会随着温度的升高而降低，而计算表明，一般的氢氧燃料电池温度每升高 100 K，电池电动势大约只下降 23 mV，因此，燃料电池实际性能随着温度的升高而明显提高。

同样，当化学反应在恒温条件下进行时，Gibbs 自由能的变化随压强的变化关系为

$$\left(\frac{\partial \Delta G}{\partial p}\right)_T = \Delta V \tag{2.7}$$

结合 Gibbs 自由能与电池电动势的关系：

$$\left(\frac{\partial E}{\partial p}\right)_T = -\frac{\Delta V}{nF} \tag{2.8}$$

由此可见，燃料电池的电动势随压强的变化与反应的体积变化有关，电池的电动势会随着压强的增大而增加，其中 $\left(\frac{\partial E}{\partial p}\right)_T$ 称为电池电动势的压力系数。然而与温度一样，压强的变化对燃料电池电动势的影响也很小，计算表明，对于一般的氢氧燃料电池，氢气增压 3 atm（1 atm=1.01325×10⁵ Pa），氧气增压 5 atm，电池电动势仅增加 15 mV。

2.1.2　能斯特方程

燃料电池的电化学反应通常发生在多相多组分系统中，因此在使用热力学判据来判断反应过程时，一般通过偏摩尔量——化学势（chemical potential）来进行相关计算。根据化学势的定义，体系中组分 B 的化学势 μ_B 与体系的 Gibbs 自由能的关系为

$$\mu_B = \left(\frac{\partial G}{\partial n_B}\right)_{T,p,n_i}, \quad i \neq B \tag{2.9}$$

式中，n_i 为体系中组分 i 的物质的量。根据热力学定义，μ_i 可表示为

$$\mu_i = \mu_i^{\ominus}(T) + RT\ln a_i \tag{2.10}$$

式中，a_i 为体系中组分 i 的活度。

对于任一化学反应过程，有

$$\sum_i \nu_i n_i = 0 \tag{2.11}$$

式中，ν_i 为化学式中的化学计量系数（stoichiometric factor），生成物取正值，反应物取负值。随着反应的进行，各组分物质的量均会发生变化，系统的 Gibbs 自由能也会随之改变，对于燃料电池系统而言，一般认为在恒温恒压下运行，则有

$$dG = \sum_i \mu_i dn_i \tag{2.12}$$

即

$$\Delta G = \sum_i \nu_i \mu_i = \sum_i \nu_i \mu_i^{\ominus}(T) + RT\sum_i \nu_i \ln a_i \tag{2.13}$$

式中，$\sum\limits_{i} \nu_i \mu_i^{\ominus}(T)$ 称为反应的标准 Gibbs 自由能变化，用 $\Delta G^{\ominus}$ 表示。

$$\Delta G^{\ominus} = -RT \ln K \qquad (2.14)$$

式中，K 为化学反应的平衡常数。则化学反应过程 Gibbs 自由能的变化可以表示为

$$\Delta G = \Delta G^{\ominus} + RT \sum\limits_{i} \nu_i \ln a_i \qquad (2.15)$$

代入式 (2.2) 中，可得

$$E = E^{\ominus} - \frac{RT}{nF} \sum\limits_{i} \nu_i \ln a_i \qquad (2.16)$$

$$E^{\ominus} = \frac{RT}{nF} \ln K \qquad (2.17)$$

式中，$E^{\ominus}$ 为电池标准电动势。$E^{\ominus}$ 仅是温度的函数，与反应物的浓度、压力无关。

对于理想气体而言，活度 a_i 等于气体的压力 p_i，则有

$$\Delta G = \Delta G^{\ominus} + RT \sum\limits_{i} \nu_i \ln p_i \qquad (2.18)$$

$$E = E^{\ominus} - \frac{RT}{nF} \sum\limits_{i} \nu_i \ln p_i \qquad (2.19)$$

式 (2.19) 即反应电池电动势与反应物、生成物活度关系的能斯特方程。能斯特方程说明：对于整个电池反应，其总的电势随着反应物活度或浓度的提高而增加，燃料电池的理想性能随着产物活度或浓度的增加而降低。它是根据能斯特方程定义所得到的理想电势 E。如果已知电池在标准条件下的标准电势，则电池在其他温度和分压力下的理想电压即可由能斯特方程求得。

对于一般的电池反应：

$$\alpha A + \beta B \longrightarrow \gamma C + \delta D$$

自由能的变化表示如下：

$$\Delta G = \Delta G^{\ominus} + RT \ln \frac{a_C^{\gamma} \cdot a_D^{\delta}}{a_A^{\alpha} \cdot a_B^{\beta}} \qquad (2.20)$$

因此，可以得到

$$E = E^{\ominus} - \frac{RT}{nF} \ln \frac{a_C^{\gamma} \cdot a_D^{\delta}}{a_A^{\alpha} \cdot a_B^{\beta}} \qquad (2.21)$$

2.1.3　燃料电池效率

效率是衡量任何能量转化装置的一个非常重要的指标。对于燃料电池而言，由于燃料电池是将燃料的化学能经电化学反应直接转化为电能，不受卡诺（Carnot）极限效率的限制，因此如果燃料电池在可逆情况下运行，其理想效率可以达到 100%，即在可逆条件下，所有的 Gibbs 自由能都将转化为电能。任一燃料电池的热力学最大效率（可逆效率，理想效率）为

$$\eta_{id} = \frac{\Delta G}{\Delta H} = 1 - T\frac{\Delta S}{\Delta H} \tag{2.22}$$

由此可见，在可逆条件下，燃料电池的热力学效率与其熵变的大小和符号有关，可能会出现效率大于、等于或小于 100% 的情况。熵是表征体系的"混乱度"的状态函数，一般来说，体系的物质的量越大，体系越大，则混乱度越大，对于燃料电池而言，经过电化学反应后体系的 $\Delta S < 0$，其效率小于 100%。但也有例外，如碳的氧化反应。表 2.1 为燃料电池中发生的典型反应在 298 K（25℃）、0.1 MPa 下的热力学与可逆电化学数据。

表 2.1　典型 SOFC 反应的热力学与可逆电化学数据（298 K、0.1 MPa）

燃料电池反应	$\Delta H^{\ominus}$/(kJ/mol)	ΔS/(J/mol)	ΔG/(kJ/mol)	n	E/V	η_{id}/%
$H_2 + 1/2O_2 \longrightarrow H_2O(l)$	−285.1	−163.2	−237.2	2	1.23	83
$CH_4 + 2O_2 \longrightarrow CO_2 + 2H_2O(g)$	−802.4	−4.8	−800.9	8	1.04	100
$CO + 1/2O_2 \longrightarrow CO_2$	−282.9	−86.6	−257.1	2	1.33	91

然而燃料电池在实际运行中并非在理想的可逆条件下，这使得燃料电池的实际效率总是要低于其可逆效率，这主要是由电压损失与燃料利用不完全导致的，因此燃料电池的实际效率（η_{real}）可以表示为

$$\eta_{real} = \eta_{id} \cdot \eta_{voltage} \cdot \eta_{fuel} \tag{2.23}$$

式中，$\eta_{voltage}$ 为燃料电池的电压效率；η_{fuel} 为燃料的利用率。

（1）燃料电池的电压效率 $\eta_{voltage}$ 主要表现为燃料电池由不可逆动力学影响所引起的损失导致的效率下降。要使燃料电池在可逆条件下运行的首要条件是电池的输出电流无穷小，这显然是不可能的，因此燃料电池的输出电压要低于其理论电动势，这部分电压损失使得其实际工作效率有所下降。燃料电池的实际电压效率是由实际工作电压（V）和可逆电压（E）的比值决定的：

$$\eta_{voltage} = \frac{V}{E} \tag{2.24}$$

因为燃料电池的实际工作电压是输出电流的函数，所以 $\eta_{voltage}$ 会随着电流的变化而变化，电流负载越高，电压效率越低。

（2）燃料的利用率 η_{fuel} 是指完全参与电化学反应的燃料占供给电池的燃料的比例，因为在燃料电池实际运行时，或多或少会有部分燃料参与副反应，还有部分燃料流经电池电极而未参与电化学反应并随尾气排出燃料电池系统。

以 v_{fuel} （mol/s）的速率为燃料电池提供燃料，完全反应即 η_{fuel} 为 100% 时产生的电流为 i，则

$$v_{fuel} = \frac{i}{nF} \tag{2.25}$$

实际运行时，由于燃料利用不完全，往往会给燃料电池提供更多的燃料。实际为燃料电池提供的燃料量是根据电流来调节的，一般用化学当量因子 λ 来衡量，即

$$\lambda = \frac{v_{fuel}}{i/(nF)} \tag{2.26}$$

根据燃料电池的电流，就可以确定化学当量因子与供气速率的关系，一般而言，对于氢氧燃料电池，氢气的化学当量因子控制在 1.1～1.5，而氧化剂就大得多，那么燃料的利用率则表示为

$$\eta_{fuel} = \frac{1}{\lambda} = \frac{i/(nF)}{v_{fuel}} \tag{2.27}$$

综合热力学影响、不可逆动力学损失以及燃料的利用率，可以得到燃料电池的实际效率为

$$\eta_{real} = \frac{\Delta G}{\Delta H} \cdot \frac{V}{E} \cdot \frac{i/(nF)}{v_{fuel}} \tag{2.28}$$

由此可见，燃料电池的实际效率与发生在电池内部的化学反应、导电性以及燃料的质量传输都有关系，这些问题将在接下来的电极过程动力学中探讨。

2.2　电极过程动力学

电化学是研究电与化学反应相互关系的学科，电化学过程必须借助电化学池

才能实现。在化学反应中，电荷的转移直接发生在参与化学反应的物质之间，没有自由电子的释放，而电化学则包含电极与化学物质之间的电荷传输，同时伴随着自由电子的释放过程，这是电化学反应和化学反应的本质区别[5, 7]。

燃料电池的电极反应是一种非均相反应，而且与一般的表面非均相化学反应不同，电极反应涉及电子在电解质表面和电极组分之间的转移，以电流的形式将燃料的化学能转化为电能。对于氢气的氧化反应（hydrogen oxidation reaction，HOR）这一电化学过程而言：

$$H_2 \longrightarrow 2H^+ + 2e^- \tag{2.29}$$

如图 2.1 所示，由于氢气和氢离子不能存在于电极中，同样电子又不能存在于电解质中，氢气的氧化反应只能发生在电极与电解质的界面上，并产生电荷的传输，因此，电化学过程必然是异相的。

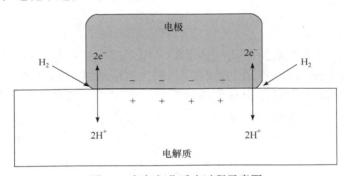

图 2.1　氢气氧化反应过程示意图

燃料电池反应作为一种电化学反应，同样包含着在电极表面与邻近电解质表面的化学物质之间的电子传输，而单位时间传输的电子数（电池电流）则取决于电化学反应的速率（单位时间的反应数），因此提高电化学反应的速率对于燃料电池性能的改善至关重要。

2.2.1　法拉第定律与电化学过程速率

当燃料电池工作时，消耗燃料对外输出电能，理想状态下，燃料电池的燃料和氧化剂的消耗量与输出电量之间的定量关系服从法拉第定律。

法拉第第一定律：燃料和氧化剂在燃料电池内的消耗量 Δm 与电池输出的电量 Q 成正比，即

$$\Delta m = k_e \cdot Q = k_e \cdot I \cdot t \tag{2.30}$$

式中，m 和 Q 分别为反应物的消耗量和产生的电量（C）；I 为电流强度；t 为时

间；k_e 为比例系数，是产生单位电量所需的反应物的量，称为电化当量。

2.2.2　电化学反应速率

同化学反应速率定义一样，电化学反应速率 v 也定义为单位时间内物质的转化量：

$$v = \frac{\mathrm{d}(\Delta m)}{\mathrm{d}t} = k_e \cdot \frac{\mathrm{d}Q}{\mathrm{d}t} = k_e \cdot I \tag{2.31}$$

即电流强度 I 可以表示电化学反应的速率，这也适合于燃料电池。

因为电化学反应都是在电极与电解质的界面上进行的，所以电化学反应速率与界面的面积有关。电流强度 I 与反应界面的面积 S 之比即电流密度 i，它反映了单位电极面积上的电化学反应速率。

$$i = \frac{I}{S} \tag{2.32}$$

由于燃料电池都采用多孔气体扩散电极，反应是在整个电极的立体空间内的三相(气、液、固)界面上进行的。对任何形式的多孔气体扩散电极，由于电极反应界面的真实面积是很难计算的，通常以电极的几何面积来计算电池的电流密度，所得到的电流密度称为表观电流密度，以此来表示燃料电池的反应速率。

2.3　极　　化

当燃料电池运行并输出电能时，输出电量与反应物的消耗量之间服从法拉第定律。而燃料电池的电压也从电流密度为零时 $(i = 0)$ 的静态电势 E_s 降为 V，V 值与电化学反应速率有关。将静态电压 E_s 与燃料电池工作时的电压 V 之差定义为极化，即

$$\eta = E_s - V \tag{2.33}$$

由此可见，极化是电极由静止状态 $(i = 0)$ 转入工作状态 $(i > 0)$ 过程中所产生的电池电压、电极电位的变化。

因为电压与电流的乘积等于功率，再乘以电池运行的时间即输出电能，所以极化表示电池由静止状态转入工作状态能量损失的大小。因此，要减少极化来降低能量损失。

　　通常将 V 与 i 的关系曲线称为极化曲线，即伏安特性曲线（V-i 曲线）。图 2.2 是典型的燃料电池极化曲线。从图中可以看出，燃料电池的极化主要包括电化学极化（也称活化极化）、欧姆极化和浓差极化。

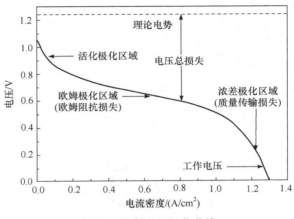

图 2.2　燃料电池极化曲线

2.3.1　电化学极化

　　电化学过程发生在电极表面上，当电化学反应由缓慢的电极动力学过程控制时，电化学极化与电化学反应速率有关。与一般化学反应一样，电化学反应的进行也必须克服一定的能垒，称为活化能，即活化过电位。

　　基于过渡态理论的巴特勒-福尔默（Butler-Volmer）方程是电化学动力学的基本方程，它给出了电化学反应产生的电流密度与活化过电位之间的关系：

$$i = i_0 \left[e^{\frac{\alpha n F \eta}{RT}} - e^{-\frac{(1-\alpha) n F \eta}{RT}} \right] \tag{2.34}$$

式中，i_0 为交换电流密度，代表在平衡条件下，正向反应的电流密度与反向反应的电流密度一致，均为 i_0。α 为传输系数，表示反应界面电势的改变对正向和逆向的活化能垒大小的影响，其值取决于活化能垒的对称性，α 的值介于 0~1，对于"对称"的反应，α 的值取 0.5；而对于大部分电化学反应而言，α 的取值为 0.2~0.5。η 为活化过电位，它代表为克服电化学反应相关的活化能垒而损失的电压，为区别于其他电压损失，一般用 η_{act} 代表 Butler-Volmer 方程中的活化过电位。Butler-Volmer 方程表明了电化学反应产生的电流随活化过电位呈指数增加，同时也说明了要从燃料电池中获得更多的电流，必须要付出更大的电压损失。图 2.3 描绘了完整的 Butler-Volmer 方程曲线，从图中可以看出，在低电流区域，曲线呈明显的线性，而在高电流区域，曲线呈指数性质。

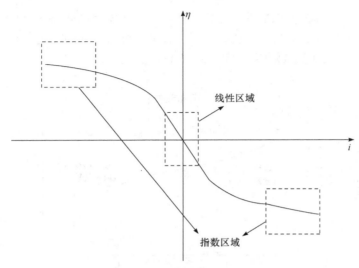

图 2.3　Butler-Volmer 方程曲线

　　对于燃料电池而言，在燃料电池运行并输出电流时，其电极反应的输出电压与开路电压发生了偏离，输出电压降低，这个偏移的大小称为燃料电池的活化损失。研究燃料电池的活化损失时，用 Butler-Volmer 方程过于复杂，一般采用近似来简化活化动力学。

　　（1）$i \ll i_0$。此时活化过电位 η_{act} 非常小，对 Butler-Volmer 方程进行指数项的泰勒展开，可近似得到

$$i = i_0 \frac{nF}{RT} \eta_{\mathrm{act}} \tag{2.35}$$

　　由此可见，电化学反应产生的电流密度与活化过电位呈线性关系，电子通过电化学反应在电极传输时，伏安特性与纯电阻时的行为类似。式（2.35）可以改写为

$$\frac{\eta_{\mathrm{act}}}{i} = \frac{RT}{nFi_0} = R_{\mathrm{act}} \tag{2.36}$$

式中，R_{act} 为电化学反应电阻，交换电流密度越大，电化学反应电阻越小。

　　在所有的燃料电池类型中，固体氧化物燃料电池的操作温度很高，因此交换电流密度很大，满足 $i \ll i_0$，可以直接使用式（2.36）探讨其活化损失。

　　（2）$i \gg i_0$。此时活化过电位 η_{act} 非常大，逆向反应产生的电流密度可以忽略，则 Butler-Volmer 方程可以表示为

$$i = i_0 \, \mathrm{e}^{\frac{\alpha nF\eta_{\mathrm{act}}}{RT}} \tag{2.37}$$

取对数，整理得

$$\eta_{act} = -\frac{RT}{\alpha nF}\ln i_0 + \frac{RT}{\alpha nF}\ln i \qquad (2.38)$$

令 $a = -\dfrac{RT}{\alpha nF}\ln i_0$，$b = \dfrac{RT}{\alpha nF}$，即可得到 Tafel 公式：

$$\eta_{act} = a + b\ln i \qquad (2.39)$$

式中，b 为 Tafel 斜率。图 2.4 是典型的 Tafel 极化曲线，从图中也可以看出降低电极的 Tafel 斜率是降低活化过电位的重要途径。式(2.39)在工作温度较低的燃料电池中使用较多，这是因为在较低温度下，电极反应的速率常数比较小，电极过电位比较大。

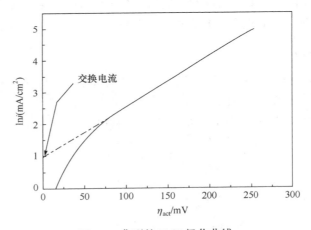

图 2.4　典型的 Tafel 极化曲线

从上述的讨论中可以发现，交换电流密度 i_0 是降低活化过电位的关键因素，改善动力学性能的根源在于增加 i_0。根据交换电流密度的定义，正向反应的交换电流密度为

$$i_0 = nFv_1 = nFc_R^* f_1 P_{act} = nFc_R^* f_1 e^{\frac{\Delta G_1^+}{RT}} \qquad (2.40)$$

式中，v_1 为正方向的反应速率；c_R^* 为反应物浓度；f_1 为衰变速率，由活化物质的寿命和它转化为生成物而非反应物的可能性决定；P_{act} 为反应物处于活化态的概率；ΔG_1^+ 为反应物与活化态之间的势垒(活化能垒)。根据式(2.40)可以看出，可以通过以下方法来提高交换电流密度。

（1）提高反应物浓度 c_R^*。反应物浓度和交换电流密度之间呈线性关系，因此增加反应物浓度对反应的动力学改善是显著的。对燃料电池而言，使其在较高的压力下工作，就可以相应提高气体反应物的浓度，从而增加交换电流密度 i_0。

（2）降低活化能垒 ΔG_1^+。降低活化能垒 ΔG_1^+ 可以使反应物在相同的温度下达到活化态的概率增加，从而提高交换电流密度 i_0。在电极中引入催化剂，通过改变反应表面的自由能，可以有效降低反应的活化能垒，由于活化能垒在指数项上，ΔG_1^+ 略微降低就可以导致交换电流密度显著提高。

（3）提高反应温度 T。一般情况下，提高反应温度，可以使反应物获得足够的能量以达到活化态，从而增加反应速率，提高交换电流密度。但是温度的影响在实际情况中比较复杂，在高过电位时，升高反应温度反而会降低交换电流密度。

（4）增加反应活化点。增加电极的比表面积，从而为电化学反应提供更多的反应活化点，使得交换电流密度明显提高。在燃料电池中多采用多孔电极来扩大反应面积，使表面电流密度显著增大。

2.3.2　浓差极化

迁移和纯化学转变均能导致电极反应区参加电化学反应的反应物或产物浓度发生变化，结果使电极电位改变，即产生浓差极化，因此浓差极化主要发生在传质（mass-transfer）过程中，本书用 η_{conc} 表示。就燃料电池而言，以最常见的氢氧化电极过程为例，其电极反应为

$$H_2 \xrightarrow{催化剂} 2H^+ + 2e^- \tag{2.41}$$

具体反应过程可分为以下几个步骤：

$$H_2(g) \xrightarrow{扩散} H_2(催化剂表面) \tag{2.42}$$

$$H_2 \longrightarrow 2H_a \tag{2.43}$$

$$H_a \longrightarrow H^+ + e^- \tag{2.44}$$

$$H^+ \xrightarrow{电迁移} H^+(电解质) \tag{2.45}$$

从上述步骤可以看出，燃料氢气在流场经对流，然后经过在电极上的扩散等传质过程迁移至催化剂表面，氢气先经过解离生成氢原子，然后吸附在催化剂表面的氢原子在催化剂和电极电位的推动下发生电化学反应，生成氢离子与电子，电子经外电路输出，而生成的氢离子经定向电迁移离开反应活化点进入电解质中。

根据化学反应速率中的复合反应速率近似处理方法，对于一个多步骤的电极过程，往往存在一个最慢的步骤，整个电极反应速率主要由这个最慢步骤的速率

决定，此步骤称为速控步骤，此时整个电极反应所表现出的动力学特征与速控步骤的动力学特征相似。对于有速控步骤的电极过程，速控步骤必须用动力学参数来处理，而其他非速控步骤则用热力学参数来处理。因此可以看出，对氢氧化电极过程而言，只有当电化学反应为速控步骤时，才能忽略浓差极化作用，此时的电化学反应速率很小，电流密度也很低。

高性能的燃料电池必然具有较高的电流密度，因此在这种情况下，浓差极化是不能忽略的。从氢氧化电极反应过程来看，燃料电池中传质过程主要包括反应物扩散到电极反应区和反应产物经定向电迁移离开，此过程则主要是通过对流、分子扩散和电迁移三种方式实现的。

（1）对流是指流体（气态或液态）中各部分的相对运动，包括因密度差（浓度差、温度差）而产生的自然对流和因外力推动（搅拌、压力差）而产生的强制对流。

（2）分子扩散（简称扩散）是指在化学位差或其他推动力的作用下，由于分子、原子等的热运动所引起的物质在空间的迁移现象。最普遍的推动力为化学位梯度，可近似视为浓度梯度。

（3）电迁移是指带电粒子在电场作用下的定向移动，其推动力为电位梯度。

2.3.3　欧姆极化

燃料电池中的欧姆极化（η_{Ω}）主要是由电解质中的离子或电极中的电子导电阻力引起的，其主要来源包括燃料电池部件本身的电阻、电解质的离子导电电阻以及部件之间的接触电阻，即

$$\eta_{\Omega} = IR_{\text{ohm}} \tag{2.46}$$

式中，I 为燃料电池的输出电流；R_{ohm} 为燃料电池的总电阻，包括电子、离子和接触电阻。由于燃料电池一般输出电压较小，而输出电流较大，即使一个很小的电阻也会造成相当可观的电压降，从而阻碍了燃料电池性能的提高。

综上所述，燃料电池的极化可以表示为

$$\eta = \eta_{\text{act}} + \eta_{\text{conc}} + \eta_{\Omega} \tag{2.47}$$

由此可见，影响极化的因素除了温度、压力和电流密度外，还有电极材料、电极的表面状态、电解质的性质等。对于燃料电池而言，在阳极和阴极上均有极化的存在，因此燃料电池的极化还可以表示为

$$\eta = \eta_{\text{a}} + \eta_{\text{c}} + \eta_{\Omega} \tag{2.48}$$

式中，η_{a} 和 η_{c} 分别为阳极与阴极的过电位，由电极反应决定。在有电流输出的情况下，端电压由下式决定：

$$E = E_{\text{s}} - \eta_{\text{a}} - \eta_{\text{c}} - IR_{\text{ohm}} \tag{2.49}$$

极化会导致 SOFC 中较大的电压损失，为了提高效率需要将极化降低至较低的范围内。SOFC 的欧姆损耗源于电子和离子通过材料的电阻，主要是电解质电阻，研究结果表明 SOFC 采用厚度大于 100 μm 的氧化钇稳定的氧化锆（YSZ）作电解质时，在低于 900℃ 温度下欧姆损耗很大。因此，现在一般采用较薄电解质的电极支撑电池，以减小电解质电阻。浓差极化是由电极和界面物质迁移引起的电阻，通常阴极的浓差极化最大，特别是采用阴极支撑的电池。在高电流密度下，当气体物质通过电极多孔间隙不能快速扩散时，造成电解质/电极界面缺乏燃料（阳极）或氧化剂（阴极）会产生大的电压降。在阳极，采用低分子质量的燃料时扩散较快。这就意味着支撑电池的阳极即使相对较厚，通常也会表现出低的浓差极化。活化极化是电极/电解质界面处因反应缓慢而引起的电压降。电子迁移需要几个过程来实现，特别是阴极材料上如果没有离子电导，这些过程就会局限在三相界面（triple phase boundary，TPB）处。现在已普遍采用复合或单相的混合离子传导（mixed ionic/electronic conductor，MIEC）阴极来扩展 TPB 或延伸反应区，这样可以有效降低活化极化，并且在较低温度下表现出较好的性能。

大量研究数据显示，对于研究至今的材料，极化主要来自阴极反应。还原过程动力学主要由材料组成和阴极微观结构决定。通过选择合适的材料、组成和形貌，可以使电极极化最小。从微观结构角度来看，紧邻电解质的电极的多孔结构越细微，活化极化越低。相反，为了减小浓差极化，电极应该是疏松的多孔结构。因此，理想的电极结构是梯度的，在电解质附近为细微小孔以减小活化极化，在远离电解质区域为疏松大孔以减小浓差极化。

2.4　SOFC 混合系统热力学

如果电池系统的运行环境对周围环境不产生影响，则可将该系统称为可逆系统。图 2.5 给出了一个满足该要求的可逆燃料电池-热机混合系统。可逆空气热泵（HPA）和燃料热泵（HPF）将反应物空气和燃料气由环境状态（T_0, p_0）转变到电池热力学状态（T, p）。需要的热量是来自环境的能量和可逆热泵所提供的㶲。FC 在工作时排出的尾气热量和对外做的功可用式（2.50）表达。未混合的尾气通过可逆热机（HEG）由电池热力学状态（T, p）转变到环境状态（T_0, p_0）。HEG 所能提供的可逆功等于尾气在（T, p）状态所具有的㶲。最终，可以通过卡诺循环（CC）对 FC 和环境之间进行热量管理。燃料电池可与热机之间进行可逆的热交换，正如燃料电池和环境之间的可逆热交换一样。

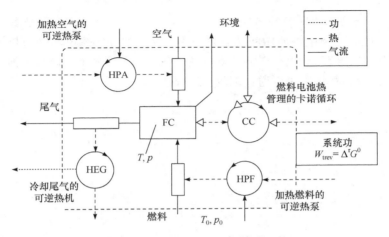

图 2.5　可逆燃料电池-热机混合系统

在可逆系统中，燃料电池所做的功可用下式表示：

$$W_{FCr} = \Delta^r G = \Delta^r H - T\Delta^r S \tag{2.50}$$

产生的可逆热：

$$Q_{FCr} = T \cdot \Delta^r S \tag{2.51}$$

燃料电池产生的热量是热机循环的热源，产生热量为可逆热 Q_{FCr}。热机卡诺循环的可逆功：

$$W_{CCr} = Q_{FCr} \cdot \left(1 - \frac{T_0}{T}\right) = T \cdot \Delta^r S \cdot \left(1 - \frac{T_0}{T}\right) \tag{2.52}$$

可逆热为

$$Q_{CCr} = Q_{FCr} \cdot \frac{T_0}{T} = T_0 \cdot \Delta^r S \tag{2.53}$$

在可逆混合系统中，燃料热泵必须提供可逆热 Q_{HPFr} 来加热燃料：

$$Q_{HPr} = W_{tHPFr} + Q_{HPFr} \tag{2.54}$$

式中，可逆功 W_{tHPFr} 和来自环境的可逆热 Q_{HPFr} 组成了燃料热泵所需要的总能量 Q_{HPr}。加上用于空气可逆加热的功 W_{tHPAr} 以及尾气可逆冷却的功 W_{tHFGr}，得到可逆燃料电池热机系统的总可逆功：

$$W_{sysr} = W_{FCr} + W_{CCr} + W_{tHPFr} + W_{tHPAr} + W_{tHFGr} \tag{2.55}$$

卡诺循环所做的功 W_{CC} 随着燃料电池温度 T 的升高而增加，燃料电池产生的功 W_{FC} 随着燃料电池温度的升高而减小，两者之间可以相互补偿，系统功与电池温度没有关系。

　　通过预热器和热回收器来代替可逆热泵，可以对图 2.5 中的系统进行简化（图 2.6），此时燃料电池所做的功为可逆功，而少部分燃料电池的余热被用来加热空气和燃料，此时热机卡诺循环不可逆。在此简单模型下，燃料电池与热机联合循环的实际运行情况可以通过㶲效率来描述：

$$\xi = \frac{W_{\text{real}}}{W_{\text{rev}}} \tag{2.56}$$

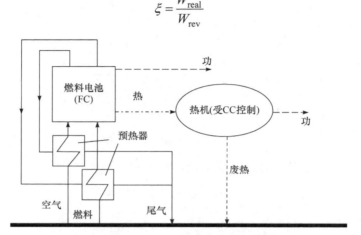

图 2.6　可逆燃料电池-热机混合系统简化模型

　　众所周知，热机的㶲效率为 0.7~0.8，而各自燃料电池的实际效率为 55%~65%，运行温度对电池实际效率几乎不产生影响。根据文献资料报道，SOFC 在所有燃料电池中具有最高的㶲效率。所有㶲效率 $\xi < 1.0$ 的系统，系统效率 η_{syst} 随着电池温度的升高而增大，直到其最大值。系统效率 η_{syst} 的最大值取值随着电池㶲效率的增大向着电池温度 T 降低的方向移动。当燃料电池的㶲效率 ξ 为恒定值时，在系统最大值区间改变电池的运行温度对系统效率的影响不大。因此，设计出系统效率在 80%左右的燃料电池-热机混合循环系统是可行的，一些 SOFC-燃气轮机混合系统的效率甚至已经超过这一数值。为了降低热机和电池材料成本，需要在系统效率最大值区间内尽可能地降低温度，延长系统使用寿命。

　　当使用天然气和其他碳氢气体为燃料时，SOFC 需要对燃料进行重整等热处理，此时的系统则需要重新设计。甲烷重整和 SOFC 联合循环，可以视作是一个以氢气为燃料的 SOFC 和一个以 CO 为燃料的 SOFC 并联运行模型。SOFC 自身是燃料重整和蒸发的热源，此时 SOFC 的工作温度 T 与重整温度 T_{ref} 和蒸发温度 T_{evap} 的关系为

$$T \geqslant T_{\text{ref}} \geqslant T_{\text{evap}} \tag{2.57}$$

该关系适用于任何 SOFC 系统。

　　一般地，外重整 SOFC 的系统效率要比一体化重整 SOFC 的系统效率低

5%～7%，这是由系统内部余热利用方式不同所引起的。外部重整器使用外部燃烧器产生附加熵增，增加了系统余热，外部重整器不能像一体化重整器那样利用SOFC 的余热实现熵循环，在电池运行过程中，余热温差不足以用来发电，导致外部重整系统效率稍有减小[1]。

第3章 固体氧化物燃料电池的关键材料

SOFC单电池主要由电解质、阳极(或燃料极)和阴极(或空气极)组成,在组装电堆时还需要使用连接体或双极分离器和密封材料(sealant)。SOFC一般在较高的温度(600~1000℃)下工作,因此对每个SOFC组件的功能和属性都有较高的要求。本章对SOFC的关键组件做具体的说明。

3.1 电解质材料

固体电解质作为SOFC的核心部件,其氧离子传输能力是决定SOFC性能的关键因素。电解质材料的选取很大程度上决定了SOFC其他部件材料的选取以及电池的制备工艺。同时电解质层也是电池欧姆电阻的主要来源,对电池性能影响很大。理想的SOFC电解质材料应该具有如下条件:①具有较高的离子电导率且能长时间保持,为氧离子传导提供通道,但不能有电子电导,防止短路;②从室温到工作温度范围内保证对燃料气体和氧化气体的完全隔绝,其相对密度一般要高于94%,易于制备成致密的薄膜;③在SOFC操作温度下,电解质在氧化性气氛和还原性气氛下必须具有足够的化学稳定性、形貌稳定性和尺寸稳定性;④在制备和运行过程中,电解质材料必须与其他电池组件均具有良好的化学相容性,不与电极发生反应,不生成界面离子阻隔层,界面电阻低;⑤电解质的热膨胀系数(coefficient of thermal expansion,CTE)必须与其他电池材料在室温至操作温度范围内相匹配;⑥电解质材料还应具有高强度、高韧性、易加工、低成本的特点。

目前使用的氧离子导体的电解质材料包括萤石结构电解质材料、钙钛矿结构电解质材料以及磷灰石类电解质材料。而质子导体电解质材料主要以钙钛矿型氧化物为主。

3.1.1 萤石结构电解质材料

萤石结构电解质材料是应用最广泛的SOFC电解质的材料,包括ZrO_2基材料、CeO_2基材料以及Bi_2O_3基材料。电导率是评价电解质材料性能优劣的重要判据,陶瓷电解质的电导率随温度的变化趋势一般服从Arrhenius关系。常用的固体氧化物电解质材料的电导率如图3.1所示[8],萤石结构电解质材料的电导率存在如下关系：d-Bi$_2$O$_3$ > CeO$_2$ > ZrO$_2$。

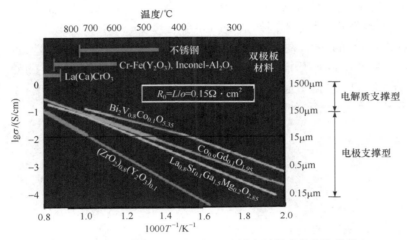

图 3.1　固体氧化物电解质材料的电导率随温度的变化关系

1. ZrO$_2$ 基固体电解质材料

氧化锆（ZrO$_2$）是最早被用作 SOFC 电解质的材料，如图 3.2 所示，ZrO$_2$ 有三种晶型结构，即单斜相（m-ZrO$_2$）、四方相（t-ZrO$_2$）和立方相（c-ZrO$_2$）。其中 c-ZrO$_2$ 是属于萤石结构的面心立方结构晶体，空间群为 $Fm\bar{3}m$，其中由 Zr^{4+} 构成的面心立方点阵占据了 1/2 的八面体空隙，O^{2-} 占据面心立方点阵所有的 4 个四面体空隙；t-ZrO$_2$ 的结构相当于立方萤石结构沿着 C 轴伸长而变形的晶体结构，它的空间群为 $P42/nmc$；m-ZrO$_2$ 的氧化锆晶体可以看作是 t-ZrO$_2$ 晶体结构沿着 β 角偏转一个角度构成的，其空间群为 $P21/c$。

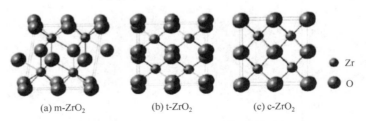

(a) m-ZrO$_2$　　　　　(b) t-ZrO$_2$　　　　　(c) c-ZrO$_2$

图 3.2　三种氧化锆晶型结构示意图

从热力学角度来说，m-ZrO$_2$（密度为 5.65 g/cm^3）可在室温下稳定存在，而当温度达到 1170℃时，m-ZrO$_2$ 转变为 t-ZrO$_2$（密度为 6.10 g/cm^3）；继续增加温度到 2370℃时，转变为 c-ZrO$_2$（密度为 6.27 g/cm^3）；c-ZrO$_2$ 加热到 2715℃时转变为液相的 ZrO$_2$，其相变过程伴随明显的体积变化。

　　ZrO_2 的特点是强度高，稳定性好，离子电导率低，常被用作高温电解质。通过在晶格中引入低价金属元素，可增加 ZrO_2 的氧空位浓度以提升其离子电导率。Arachi 等[9]研究了含不同掺杂量的镧系元素（Ln = Sc^{3+}、Yb^{3+}、Er^{3+}、Y^{3+}、Dy^{3+}、Gd^{3+}）掺杂的 ZrO_2 在 1000℃时的电导率以及电导率最高时对应的离子掺杂浓度（图 3.3）和掺杂离子半径之间的关系（图 3.4）。结果表明 ZrO_2-Ln_2O_3 体系中在类萤石相区的边界附近显示出最大值的电导率，同时电导率最高时掺杂浓度随掺杂离子半径的增大而降低。

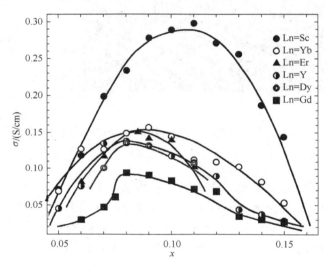

图 3.3　$(ZrO_2)_{1-x}(Ln_2O_3)_x$（Ln = Sc^{3+}、Yb^{3+}、Er^{3+}、Y^{3+}、Dy^{3+}、Gd^{3+}）体系在 1000℃时
电导率与掺杂浓度的关系

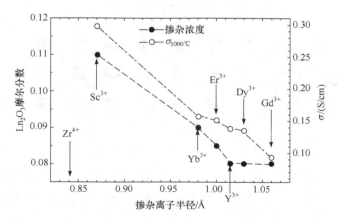

图 3.4　$(ZrO_2)_{1-x}(Ln_2O_3)_x$（Ln = Sc^{3+}、Yb^{3+}、Er^{3+}、Y^{3+}、Dy^{3+}、Gd^{3+}）体系在 1000℃时
电导率与掺杂离子半径的关系

　　YSZ 是目前研究最多的 ZrO_2 电解质材料(表 3.1)，当晶格中引入超过 3 mol%(摩尔分数)的 Y_2O_3 后，ZrO_2 从单斜相开始转变为四方/立方相。随着掺杂含量的升高，YSZ 中的立方相增多，材料的电导率也不断提升，当达到 8 mol%时，材料的电导率达到最高。虽然继续增加掺杂含量可以进一步提升立方相含量，但考虑到材料的电性能，通常认为 8 mol%是最优掺杂含量。YSZ 电解质具有优良的材料相容性、机械强度和非常低的电子电导率，在 SOFC 中得到了广泛的应用。但 YSZ 的缺点是电导率在中低温范围内较低。而其他氧化物如 Yb_2O_3 和 Sc_2O_3 稳定的 ZrO_2，虽然具有很高的氧离子电导率，但存在相结构不稳定、制备工艺困难或成本过高等弱点而没有得到广泛应用。

表 3.1　不同元素稳定的氧化锆的电子电导率

掺杂物	M_2O_3 含量(摩尔分数)/%	电导率(1000℃)$\times 10^{-2}$/(S/cm)	活化能/(kJ/mol)
Nd_2O_3	15	1.4	104
Sm_2O_3	10	5.8	92
Y_2O_3	8	10.0	96
Yb_2O_3	10	11.0	82
Sc_2O_3	10	25.0	62

2. CeO_2 基固体电解质材料

　　与 ZrO_2 类似，CeO_2 为立方萤石结构，但是 CeO_2 从室温到高温下均为稳定的立方相结构，无相变发生。CeO_2 基电解质材料比 ZrO_2 基电解质材料电导率更高，可使 SOFC 的工作温度更低。CeO_2 基电解质材料与阴阳极的化学相容性更好，不会产生如 ZrO_2 系统中的 $La_2Zr_2O_7$ 绝缘相；与 Sr、Mg 掺杂的 $LaGaO_3$(LSGM)电解质相比，CeO_2 成本更低，在工作时与电极相容性更好，是一种很有潜力的中温电解质材料。

　　如图 3.5 所示，氧化铈在室温到高温下都具有稳定的立方萤石(CaF_2)结构，在一个理想的 CeO_2 晶胞中，Ce^{4+} 按面心立方排列，O^{2-} 占据所有四面体的顶点位置，每个 O^{2-} 与相邻最近的 4 个 Ce^{4+} 进行配位，而每个 Ce^{4+} 被 8 个 O^{2-} 包围，纯 CeO_2 空间群为 $Fm\bar{3}m$。在没有低价阳离子进行掺杂时，氧化铈的离子电导率非常低，在氧化铈中掺杂少量的二价碱土金属氧化物或者三价稀土氧化物，能够产生一定浓度的氧空位使氧化铈成为氧离子导体：

$$M_2O_3 \xrightarrow{2CeO_2} 2M'_{Ce} + 3O + V_O'' \tag{3.1}$$

$$MO \xrightarrow{CeO_2} M'_{Ce} + O + V_O'' \tag{3.2}$$

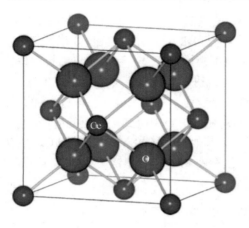

图 3.5 CeO_2 的萤石结构示意图

低价的阳离子取代了正四价的 Ce^{4+} 离子，形成氧空位[式（3.1）和式（3.2）]。材料的氧离子传导能力与氧空位浓度密切相关。从理论上讲，掺杂物的浓度越高，氧离子空位的浓度越高，电导率越高，但是事实并非如此。首先，掺杂物在氧化铈晶格中的固溶度是有限的；其次，随着掺杂量的增大，缺陷缔合等因素的存在反而会使电导率减小。因此不同的氧化物掺杂氧化铈最高电导率出现在不同的掺杂浓度。总体来说，一般碱土金属氧化物在氧化铈中的固溶度比稀土金属氧化物要低得多，三价金属离子掺杂的电导率要高于二价金属离子，这是由于 Ce^{4+} 元素本身就是稀土元素，其离子半径（0.097 nm）与大多数的稀土元素相差无几，而碱土金属氧化物中，除 Ca^{2+} 的离子半径与 Ce^{4+} 较为接近外，其他的碱土金属氧化物大多数离子半径相差较大，在氧化铈中的固溶度很低，导致掺杂效果不佳。对于多数的稀土金属氧化物来说，最佳的掺杂浓度为 10 mol%～20 mol%（表 3.2）。掺杂效果最好的两种稀土离子是 Gd^{3+} 和 Sm^{3+}，当 Gd^{3+} 和 Sm^{3+} 的掺杂浓度为 20 mol%时，氧化物具有最高的电导率。超过这个浓度，则掺杂离子缺陷之间的缺陷缔合效应以及排布的无序化都会加剧，氧离子传导时需要克服额外增加的结合能导致材料的电导率下降。由于常用的几种稀土金属元素如 Sm、Gd、Y、La、Nd 等离子半径较为接近，最佳掺杂浓度在 20 mol%附近的现象也具有一定的普遍性。但是对于掺杂剂含量是固定的 $(CeO_2)_{0.8}(MO_x)_{0.2}$，其氧空位的迁移率取决于掺杂剂阳离子的离子半径，如图 3.6 所示，$(CeO_2)_{0.8}(MO_x)_{0.2}$ 的离子电导率随着离子半径从 Yb 到 Sm 的增加而增加，但在 $r > 0.109$ nm 时就会下降[10]。

表 3.2 氧化铈基材料的电导率

掺杂物	组分（摩尔分数）/%	电导率（800℃）× 10^{-2}/(S/cm)	活化能/(kJ/mol)
La_2O_3	10	2.0	—
Sm_2O_3	20	11.7	49
Y_2O_3	20	5.5	26
Gd_2O_3	20	8.3	44
SrO	10	5.0	77
CaO	10	3.5	88

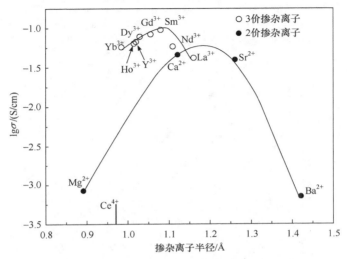

图 3.6　$(CeO_2)_{0.8}(MO_x)_{0.2}$ 在 800℃时的离子导电半径与掺杂剂阳离子半径的关系

　　CeO_2 基电解质的主要缺点是在还原气氛中 Ce^{4+}容易被还原为 Ce^{3+}，产生电子电导：

$$O_O^x + 2Ce_{Ce}^x \longrightarrow \frac{1}{2}O_2(g) + V_O'' + 2Ce_{Ce}' \tag{3.3}$$

其电子电导率与氧分压的关系式是

$$\sigma_e = \sigma_e^0 p_{O_2}^{-\frac{1}{4}} \tag{3.4}$$

　　图 3.7 是不同温度下钐掺杂氧化铈(SDC)电子电导率与氧分压的关系图[11]，从图中可以看出，在 1073 K 时，电子电导率发生了偏差，这主要是源于空穴，尤其是在低氧分压的条件下，这种偏差更加明显。即使温度低于 873 K，在低氧分压时也可以看到电子传导，并且与 $p_{O_2}^{-\frac{1}{4}}$ 成正比，由此可见，在低氧分压条件下，SDC 的电子电导是难以避免的。电子电导的存在会造成电池内部短路，开路电压远低于理论电动势，导致效率降低，在薄膜电池中和较高温度下操作对效率影响更大。因此一般认为 SDC 作为 SOFC 的电解质时，其工作温度最好要低于 600℃。

　　3. Bi_2O_3 基固体电解质材料

　　在所有已知的氧离子导体中，高温的 δ-Bi_2O_3 拥有最高的电导率(表 3.3)，在 800℃时电导率大于 1 S/cm。然而 Bi_2O_3 在不同的温度或条件下，共有 α、β、γ、δ、ε 和 ω 六种相存在，室温下 Bi_2O_3 最稳定的结构为 α 单斜相，晶格中的氧离子呈有序排布，在加热过程中 α 相向 δ 相转变，当温度升至 730℃时，完全转变

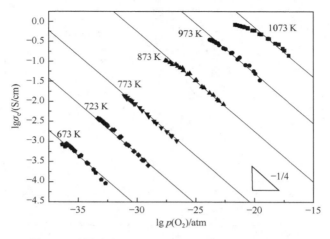

图 3.7　不同温度下 SDC 电子电导率与氧分压的关系

为 δ 相，δ-Bi$_2$O$_3$ 呈萤石结构(图 3.8)，此时氧离子的有序排布被打破，大多数氧离子从四面体中位移出来，并几乎位移到了 Bi-四面体的三角形中心，随着温度的升高，位移量也增大，材料的电导率陡然升高约 3 个数量级。δ-Bi$_2$O$_3$ 相只能稳定在 730~825℃，高于 824℃后 Bi$_2$O$_3$ 开始融化。

表 3.3　Bi$_2$O$_3$ 相的电导率参数

相	存在区间/℃	电导率(600℃)/(S/cm)	电导率(650℃)/(S/cm)
α-Bi$_2$O$_3$	0~730	约 10^{-4}	约 3×10^{-4}
β-Bi$_2$O$_3$	648~500 500~663	约 10^{-3}	约 2×10^{-3}
γ-Bi$_2$O$_3$	650~600	约 3×10^{-3}	约 5×10^{-3}
δ-Bi$_2$O$_3$	≥730	Na	约 1

注：Na 表示未检测。

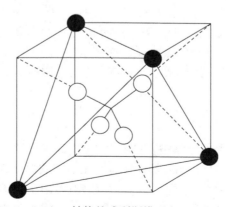

图 3.8　δ-Bi$_2$O$_3$ 结构的威利斯模型(Willis model)

为了降低 δ-Bi_2O_3 的稳定温度，一般通过离子掺杂向其中加入三价金属氧化物（M = Y 或者稀土元素，表 3.4）形成固溶体，但是掺杂同时会导致材料的电导率下降。大多数用作离子导体的 $Bi_2O_3\pm M_2O_3$ 固溶体基于 fcc-Bi_2O_3 构型（如 $Bi_2O_3\pm Y_2O_3$）或斜方相结构（如 $Bi_2O_3\pm La_2O_3$），形成的结构类型取决于掺杂剂类型（主要是掺杂剂的离子半径）和浓度。$Bi_2O_3\pm Gd_2O_3$ 体系同时属于 fcc 相和斜方相，是非常好的离子导体。一般来说，相对较大的 M^{3+} 离子会形成斜方相，而 fcc 结构通常在相对较小的阳离子半径的情况下形成。图 3.9 显示了 $Bi_2O_3\pm M_2O_3$ 系统中存在的斜方相和 fcc 相区域[12]。

表 3.4　Bi_2O_3-M_2O_3 体系电导率

掺杂物	M_2O_3 的含量（摩尔分数）/%	电导率 $\times 10^{-2}$/(S/cm)	
		500℃	700℃
Dy_2O_3	28.5	0.71	14.4
Er_2O_3	20	0.23	37.0
Y_2O_3	20	0.80	50.0
Gd_2O_3	14	0.11	12.0
Nd_2O_3	10	0.30	85.0
La_2O_3	15	0.20	75.0

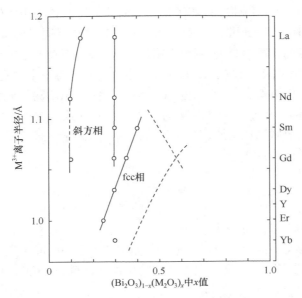

图 3.9　基于 M^{3+} 离子半径和 M_2O_3 含量的固溶体斜方相和 fcc 相的形成范围

Y$_2$O$_3$被用来部分取代 Bi 离子，当加入 25 mol%～43 mol%的 Y$_2$O$_3$就可以有效扩大δ-Bi$_2$O$_3$电解质的稳定温度区间，700℃时(Bi$_2$O$_3$)$_{0.75}$-(Y$_2$O$_3$)$_{0.25}$的电导率可到 1.6×10^{-1} S/cm，500℃时为 1.2×10^{-2} S/cm。据报道，采用 Er$_2$O$_3$掺杂氧化铋时可以获得更高的电导率，最佳掺杂组成为(Bi$_2$O$_3$)$_{0.8}$(Er$_2$O$_3$)$_{0.2}$，其 700℃和500℃时的电导率分别可以达到 3.7×10^{-1} S/cm 和 2.3×10^{-1} S/cm。然而采用稀土氧化物稳定的氧化铋在 600℃时会转变成氧离子有序排布的斜方相，大大降低材料的电导率[13]。掺杂氧化铋材料作为电解质使用的最大问题是很容易被阳极侧的还原气氛还原成金属铋。有建议采用双层结构，在阳极侧添加一层更稳定的电解质[如钆掺杂氧化铈(GDC)或 SDC]可以在一定程度上解决这一问题。

目前 ZrO$_2$基电解质的研究主要集中在低成本、操作简单可靠的薄膜制备技术方面，而 CeO$_2$基和 Bi$_2$O$_3$基电解质材料的研究主要集中在掺杂改性方面，目的是提高其稳定性和机械强度，降低电子电导率。

3.1.2 钙钛矿结构电解质材料

钙钛矿的通用表达式为 ABO$_3$，在钙钛矿中 A 位阳离子可以是镧系元素、碱金属和碱土金属元素，而 B 位阳离子通常是过渡金属。元素周期表中超过 90%的阳离子都可以掺杂进入钙钛矿体相。理想的钙钛矿通常是简单立方结构，如图 3.10 所示(对应 $Pm\overline{3}m$ 空间群)。其中 A 位阳离子处在由 B 位阳离子组成的立方体中间，而氧离子处在立方体边缘的中间。B 位阳离子和周围氧离子是八面体配位，而 A 位阳离子和周围氧离子是十二面体配位。正因为钙钛矿可以容纳各种离子进入晶格中，因此可以通过调整 A 位、B 位或者同时调整 A 和 B 位的阳离子组成来改变钙钛矿材料的各种物化性质。此外，钙钛矿立方结构的稳定性主要取决于八面体和十二面体之间几何的匹配性。要获得一个稳定的 BO$_6$八面体结构，B 位阳离子的离子半径需要大于 0.51 Å。将 A 位阳离子放置到十二面体腔体中有可能会导致 BO$_6$八面体结构的扭曲，从而导致形成更为稳定的正交结构或者斜方结构。通常钙钛矿的结构稳定可以用容限因子 t 来评价，其中 t 的数值可以用以下公式计算：

$$t = \frac{r_A + r_O}{\sqrt{2}(r_B + r_O)} \tag{3.5}$$

式中，r_A 为 A 位阳离子的平均离子半径；r_B 为 B 位阳离子的平均离子半径；r_O为氧离子的平均离子半径。当钙钛矿的晶体结构为理想的简单立方时，容限因子 t 应该为 1。但是实际上，很多立方结构的钙钛矿材料的 t 值为 0.75～1，而不是绝对为 1[13]。

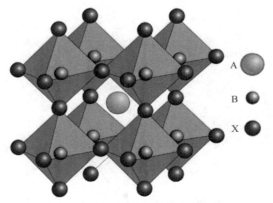

图 3.10　ABO_3 钙钛矿材料的晶体结构

　　钙钛矿氧化物属于斜方晶系，可用不同价态的离子对其 A、B 位掺杂，通过引入低价态的阳离子部分取代 A 或 B 位的阳离子而形成大量的氧空位[式(3.6)和式(3.7)]，如 A 位用碱土金属 Sr、Ca、Ba 等氧化物作为掺杂剂，B 位用碱土或过渡金属 Mg、Cr、Fe 等氧化物作为掺杂剂。通过引入氧空位，氧化物具有较高的离子电导率，其离子电导率仅次于 Bi_2O_3。钙钛矿类电解质材料的导电能力与材料的结构参数(容限因子、相对自由体积、氧缺陷浓度及离子半径)密切相关；容限因子、相对自由体积是离子半径的函数，容限因子随着相对自由体积的增加而减小。要获得长寿命、高离子电导率的钙钛矿类氧化物，容限因子和氧缺陷浓度应分别保持在 0.96 和 0.2 左右。

$$\text{La 位：} \qquad MO + La_{La}^x + \frac{1}{2}O_O^x \longrightarrow M'_{La} + \frac{1}{2}V_O'' + \frac{1}{2}La_2O_3 \qquad (3.6)$$

$$\text{Ga 位：} \qquad MO + Ga_{Ga}^x + \frac{1}{2}O_O^x \longrightarrow M'_{Ga} + \frac{1}{2}V_O'' + \frac{1}{2}Ga_2O_3 \qquad (3.7)$$

　　目前，应用于中低温固体氧化物燃料电池中的钙钛矿结构的电解质材料主要是二价离子掺杂 A、B 位的 $LaGaO_3$，Islam 等[14]计算了不同二价金属离子掺杂 $LaGaO_3$ 的固溶能，如图 3.11 所示，在所研究的二价离子中，Sr^{2+} 掺杂固溶能最低，是 La^{3+} 位的最佳掺杂元素，而 Mg^{2+} 则是 Ga^{3+} 位的最佳掺杂元素。虽然 Cu^{2+} 和 Ni^{2+} 取代 Ga^{3+} 的固溶能也很低，计算表明这两个掺杂离子会增加固溶体的 p 型电子电导率。LSGM 由于在中低温下具有很高的氧离子电导率(800℃时的离子电导率在 0.1 S/cm 左右)及在还原气氛中不易被还原(表 3.5)，而被作为较为理想的中低温 SOFC 电解质[15]。后继的研究又对 LSGM 进行了组成优化和复合掺杂，发现在 LSGM 里掺杂少量的 Co_2O_3(即 LSGMC 电解质)，会极大地提高 LSGM 的电导率，LSGMC 电解质的发现使电解质支撑型的电池性能极大地提高，极大地推动了中低温 SOFC 的发展。

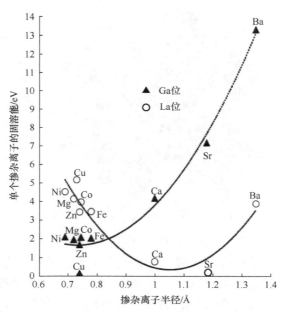

图 3.11 二价金属离子掺杂剂在 La 位和 Ga 位的计算固溶能与掺杂离子半径之间的关系

表 3.5 $La_{1-x}Sr_xGa_{1-y}Mg_y$ 电解质的电导率

$La_{1-x}Sr_xGa_{1-y}Mg_y$		电导率 × 10⁻² /(S/cm)		活化能/eV
x	y	600℃	800℃	
0.1	0	0.897	3.65	0.81
	0.05	2.20	8.85	0.87
	0.1	2.53	10.7	1.02
	0.15	2.20	11.7	1.06
	0.2	1.98	12.1	1.13
	0.25	1.92	12.6	1.17
0.15	0.05	1.93	8.11	0.918
	0.1	2.80	12.1	0.98
	0.15	2.59	13.1	1.03
	0.2	2.11	12.4	1.09
0.2	0.05	2.12	9.13	0.874
	0.1	2.92	12.8	0.950
	0.15	2.85	14.0	1.06
	0.2	2.21	13.7	1.15
0.25	0.1	1.72	4.48	1.02
	0.15	1.97	10.4	1.12

近年来得到广泛研究的钙钛矿结构的电解质材料还包括 $SmAlO_3$、$NdGaO_3$、$LaScO_3$ 等，研究工作涉及离子传导能力、相的稳定性、机械和热化学性能、微观结构以及如何避免与阳极材料发生化学反应和阴极材料中 Co、Fe 的过渡金属元素在高温时向电解质扩散等方面的问题。

钙钛矿类电解质材料由于具有离子电导率高，热化学性能稳定，与 Sr 掺杂的 $LaMnO_3$(LSM)、Sr 掺杂的 $LaCoO_3$(LSC)、Sr 和 Fe 掺杂的 $LaCoO_3$(LSCF)等电极材料热膨胀性能匹配较好的优点，被作为一种极具前途的中低温电解质材料。这类材料的缺点是高温下与传统阳极材料的相容性较差，同时由于组成相对复杂，使用传统的气相沉积方法或与阳极共烧结的方法制备 LSGM 薄膜困难，加上镓氧化物成本高、易挥发、易被还原且在处理过程中容易产生杂相，因此，目前钙钛矿型电解质材料的研究主要集中在与阳极材料的相容性及薄膜化上。

3.1.3　Aurivillius 型氧化物电解质材料

在相对较低的温度(400~600℃)下开发具有高氧离子导电性的新型固体电解质是 SOFC 研究领域的主要目标之一。为了合成新的离子导体，一种方法是将非本征掺杂剂的氧空位与结构中固有的氧空位结合起来；另一种方法是通过制造具有大自由体积和更高极化离子的结构来降低相邻位置之间跳跃的激活能势垒。Aurivillius 型氧化物正是由于其特殊的结构，在提高导电性方面起着重要作用。通常情况下，Aurivillius 型氧化物材料指 Bi 系二元金属氧化物层状钙钛矿结构材料，由$[MO_6]^{2-}$钙钛矿片层(M 代表其他金属元素)和$[Bi_2O_2]^{2+}$萤石片层交替排列堆叠形成。

钒酸铋 ($Bi_4V_2O_{11}$) 是一种 Aurivillius 型氧化物，$Bi_4V_2O_{11}$ 的结构由 $(Bi_2O_2)_n^{2n+}$ 萤石片层和 $[(V/Me)O_{3.5}\square_{0.5}]_n^{2n-}$ 的 $(A_{n-1}B_nO_{3n+1})_n^{2n-}$ 类钙钛矿层交替形成，根据 $(A_{n-1}B_nO_{3n+1})_n^{2n-}$ 通式，其中□表示八面体 B 位 n 层(1~5 层)中包含的一个氧空位。$(Bi_2O_2)^{2+}$层由氧原子(形成基面)与 Bi^{3+}离子(顶端位置)交替在正方形上方和下方形成的平面方形金字塔协调组成，每一个 Bi^{3+}离子都位于相邻钙钛矿层的 A 位位置之上，形成键长约 2.3 Å 的强 Bi—O 共价键。铋酸盐层夹在钒酸盐层之间。γ 型 $Bi_4V_2O_{11}$ 的理想结构如图 3.12 所示[16]。氧化物离子的导电性与钒酸盐层中的空位有关。在 $Bi_4V_2O_{11}$ 中，铋酸盐层保持不变，许多空位分布在钙钛矿(钒酸盐)层上。在钙钛矿层中，氧空位的比率为 12.5%。从结构上看，$BiMeVO_x$ 相的导电性是高度各向异性的。在 600℃时，氧化物离子导体的电导率达到了 0.2 S/cm。

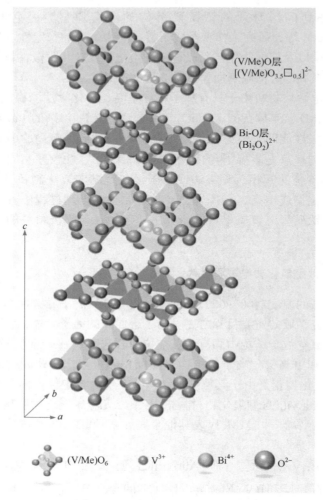

彩图 3.12

图 3.12　γ 型 $Bi_4V_2O_{11}$ 的理想构型

$Bi_4V_2O_{11}$ 通常以三种多态形式存在：α、β 和 γ。通过加热，$Bi_4V_2O_{11}$ 的这些多态会经历两个可逆相变：在 450℃时从单斜 α 相到正交 β 相，在 560℃时从正交 β 相到四方 γ 相。这些相变温度与 Bi：V 比和部分取代 V 的掺杂剂类型与浓度的变化有关。反应可以表示为

$$Bi_2O_3 + \frac{1-x}{2}V_2O_5 + xMeO_n \longrightarrow Bi_2Me_xV_{1-x}O_z \qquad (3.8)$$

式中，n 和 z 的数值取决于 Me 阳离子的价态。结合差示扫描量热（DSC）测量，在化合物 $Bi_4V_2O_{11-\delta}$ 电导率的 Arrhenius 图（图 3.13）中可以看出三个不同活化能的线被很好地区分出来。这些区域与 α、β 和 γ 三个主相的稳定区（可逆转变）相

关，在 $\alpha \leftrightarrow \beta$ 相转变极限处观察到明显的热滞后现象，而在加热过程中对称性增加，表明结构内部的有序性降低。在高温相中氧空位可能是无序的，而两个低温相中每个相都存在不同的有序性。因此，四方 γ 相具有更高的氧离子传导性。通过采用不同尺寸和价态的各种金属掺杂剂能够部分替代钒（在某些情况下还可以替代铋）将四方空位无序相稳定到室温，使其在相对较低的温度下表现出极高的导电性。$Bi_4V_{1.8}Cu_{0.2}O_{11-\delta}$（$BiCuVO_x$）在 300℃下具有高的氧离子传导性。该化合物在 300℃时的离子电导率约为 1×10^{-3} S/cm，在该温度范围内，其电导率比任何其他固体电解质都大 50～100 倍[16]。

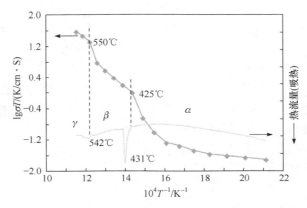

图 3.13 $Bi_4V_2O_{11-\delta}$ 的总电导率（σ）Arrhenius 图与 DSC 曲线

值得注意的是，$BiMeVO_x$ 不能直接用作 SOFC 的电解质。到目前为止，直接使用 $BiMeVO_x$ 作为电解质仍然面临与 Bi_2O_3 基电解质材料一样的问题。制造包括 $BiMeVO_x$ 层的双层电解质，似乎是有希望克服这个问题的方法之一。在双层电解质中，可以引入更稳定的氧化物（如 YSZ、GDC 和 SDC）的致密的薄层，这将通过避免 $BiMeVO_x$ 直接接触还原气体来保护 $BiMeVO_x$ 免受还原/分解。此外，可以通过改变两层的厚度比来调节界面氧分压。因此，如何制备具有稳定氧化层的 $BiMeVO_x$ 双层致密电解质将是提高 SOFC 开路电压的关键问题。

3.1.4 磷灰石类电解质材料

由于萤石结构与钙钛矿类的电解质仍存在一些难以解决的问题，开发性能优异的新型电解质材料更加受到人们的重视，磷灰石类电解质材料正是在这种情况下出现的。磷灰石类氧化物（apatite-type oxide）是中低温下具有低活化能和高氧离子电导率的新型固体电解质，通式为 $M_{10}(XO_4)_6O_{2\pm y}$，其中 M 一般是稀土金属或碱土金属，X 主要是 p 区元素中的 P、Si 或 Ge。磷灰石类氧化物具有六方晶体结构，其结构空间群为 $P6_3/m$，其晶体结构如图 3.14 所示，从图中可以看出，

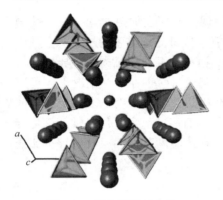

图 3.14　磷灰石类氧化物
$M_{10}(XO_4)_6O_{2\pm y}$ 的晶体结构图
四面体-XO_4；大球-M；小球-O

孤立的 XO_4 四面体以准密排的方式堆积在六方结构外缘，为氧离子和 M 大球提供不同的平行于 c 轴的运行通道，氧离子通道是氧化物离子导电性的中心[17]。

磷灰石类氧化物作为一类新型的电解质材料，具有离子电导率高和热膨胀性能与电极材料相匹配等优点。稀土硅酸盐 $Ln_{10-x}(SiO_4)_6O_y$ （Ln=La、Pr、Nd、Sm、Gd、Dy）有高的离子电导率，且 $Ln_{10-x}(SiO_4)_6O_y$ 的离子电导率随阳离子 Ln^{3+} 的半径的增大而增大，活化能随阳离子 Ln^{3+} 的半径的增大而减小。其中 $Ln_{10}Si_6O_{27}$ 的离子电导率最大、活化能最小。

磷灰石类氧化物导电性能和机理与萤石结构和钙钛矿类氧化物有明显的不同。磷灰石类氧化物是一种低对称性的氧化物，其独特的导电性能与其晶体结构有着密切的关系。图 3.15 是 $Ln_{9.33}(SiO_4)_6O_2$ 单晶的电导率与温度的关系图，$Ln_{9.33}(SiO_4)_6O_2$ 的离子传导具有各向异性，沿 c 轴方向的电导率比垂直于 c 轴的电导率大一个数量级[18]。

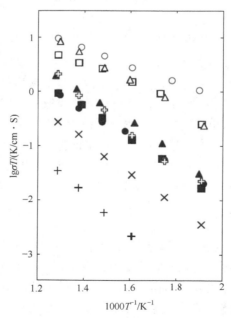

图 3.15　$Ln_{9.33}(SiO_4)_6O_2$ 单晶的电导率与温度的关系图
○-$Pr_{9.33}(SiO_4)_6O_2$ (//c)；●-$Pr_{9.33}(SiO_4)_6O_2$ (⊥c)；□-$Nd_{9.33}(SiO_4)_6O_2$ (//c)；■-$Nd_{9.33}(SiO_4)_6O_2$ (⊥c)；△-$Sm_{9.33}(SiO_4)_6O_2$ (//c)；▲-$Sm_{9.33}(SiO_4)_6O_2$ (⊥c)；⊕-$Pr_{10}Si_6O_{27}$；×-$Nd_{10}Si_6O_{27}$；+-$Sm_{10}Si_6O_{27}$

　　磷灰石类电解质材料一经发现，有关掺杂对其性能影响的研究也随之展开。通过在磷灰石型电解质材料掺杂以形成阳离子空位或间隙氧离子，从而提高材料的离子电导率，通常在 Ln 位掺杂 Mg、Ca、Sr 等元素，在 Si 位掺杂 Mg、Mn、Ni 等元素。$Ln_{10}(SiO_4)_6O_2$ 中的 Ln 部分用 Sr 取代可以提高其在低温段的离子电导率，$Ln_9SrSi_6O_{26.5}$ 电导率的大小与 GDC 和 LSGM 相近。在 Si 位掺杂 Al 制备的 $La_{10}Si_{5.5}Al_{0.5}O_{26.75}$ 在 700℃的电导率为 $1.01×10^{-2}$ S/cm，在 Ln 位和 Si 位双掺杂制备的 $La_{9.8}Si_{5.7}Mg_{0.3}O_{26.4}$ 在 700℃获得了 $5.1×10^{-2}$ S/cm 的电导率。

　　目前，除了对稀土硅酸盐系列氧化物进行了研究外，还对稀土锗酸盐系列氧化物以及碱土硅/锗酸盐系列氧化物进行了研究。研究表明，稀土锗酸盐的离子电导率一般大于对应的碱土锗酸盐，但是 Ge 在高温下易挥发限制了稀土锗酸盐的使用，即使 $Ln_{10-y}Si_{6-x}Ge_xO_{26}(0<x<6)$ 的电性能已经完全可以满足 SOFC 对电解质的要求。

　　虽然磷灰石类氧化物在中低温段具有较高的离子电导率，然而它能否广泛应用于中低温 SOFC 中还需对其化学稳定性以及与电极材料的相容性进行进一步研究。此外，磷灰石类氧化物的烧结温度太高，很难制得致密的电解质层，这也是阻碍其应用的一个主要因素。

3.1.5　质子导体电解质

　　在 20 世纪 80 年代早期，Iwahara 等首先证实了 $SrCeO_3$、$BaCeO_3$ 以及其他一些钙钛矿相关材料在高温湿氢气中的质子传导特性。质子传导现象离不开中高温条件下质子缺陷、游离水蒸气和氧离子空位的存在。质子缺陷的形成源自水蒸气的分解，分解产物质子与晶格氧形成了共价键，羟基则填补了材料氧空位。该过程可以用 Kroger-Vink 规则来表达：

$$H_2O + O_O^x + V_O'' \Longleftrightarrow 2OH_O' \tag{3.9}$$

　　目前，研究者普遍认为钙钛矿氧化物中的质子扩散过程可以分两步进行，如图 3.16 所示：①羟基基团的化学键被其邻近的氧离子弯曲，使得键长缩短，从

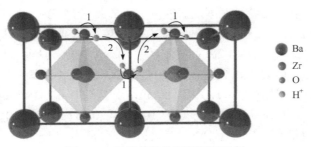

图 3.16　质子传导的迁移跃迁机制

彩图 3.16

而导致质子迁移活化能降低，然后质子就可以通过氢键的形成与断裂不断地在晶格中迁移。②质子通过质子缺陷在两个相邻的阳离子间发生跃迁，质子可以通过突破能量较低的 O—H 键形成新的 O—H 键，从一个氧离子迁移至另一个氧离子，从而在晶格间不断迁移[19]。

质子在材料晶格中的长程传输通路往往会受到钙钛矿晶格畸变、掺杂导致的化学平衡扰动以及质子间的协同效应等影响。任何破坏材料晶格对称性使其偏离理想立方晶型的扰动，都不利于材料的质子传导性。最常见的例子就是 Y 掺杂的 $BaCeO_3$ 和 $SrCeO_3$，Y 掺杂的 $SrCeO_3$ 更偏向于形成正交晶体结构，导致其质子迁移率低于掺杂的 $BaCeO_3$。质子与杂质之间的协同效应（质子陷阱）也是影响电解质质子电导率的一个重要问题。带正电荷的质子与带负电的杂质会相互吸引，从而影响质子迁移过程。Y 掺杂 $BaZrO_3$ 的核磁共振实验结果表明，当质子扩散系数降低时，质子必须克服一定的势垒才能发生传输。例如，Y 掺杂 $BaZrO_3$ 晶格中的质子（陷入掺杂位点的质子）必须克服 9 kJ/mol 的结合能以及 16 kJ/mol 的一般活化能才能发生长距离的质子传输。目前常用的质子传导氧化物（proton conducting oxide，PCO）材料主要有以下几类。

1. Ce 基电解质材料

Ce 基钙钛矿是最常用的质子导体电解质材料之一，一般属于 ABO_3 型简单钙钛矿结构。目前研究最多的有 $SrCeO_3$ 和 $BaCeO_3$，这两种材料在 400～800℃ 的中低温，在氢气和水蒸气的条件下展现出极高的质子电导率。$BaCeO_3$ 的电导率要比 $SrCeO_3$ 稍高一些，它在所有铈基质子导体材料体系中（包括 Sc、Hf、Ta、In、Y、Zr）电导率是最高的。其原因可归结为 Ba 元素较大的离子半径。$BaCeO_3$ 的晶胞参数要比其他材料体系更大，可供质子自由迁徙的空间也就更大一些。此外，$BaCeO_3$ 较低的电负性和晶界电阻效应也是可能的原因。

往往通过稀土元素的掺杂来进一步提升铈基质子导体的质子形成和传输特性。例如，Y、Gd、Sm 掺杂的 $BaCeO_3$ 的电导率明显要高于 La、Nd、Yb 和 Tb 等元素掺杂的 $BaCeO_3$。Gu 等[20]通过对 $BaCe_{0.85}Ln_{0.15}O_{3-\delta}$（Ln = Gd、Y、Yb）陶瓷材料的电导率和烧结特性开展的研究发现，Y 掺杂的 $BaCeO_3$ 具有最高的电导率和较好的烧结活性，$BaCeO_3$ 材料也由此被广大研究者进一步开发和使用。$Ba_xCe_{0.90}Y_{0.10}O_{3-\delta}$（$0.80 \leqslant x \leqslant 1.20$）材料体系中 Ba 含量会对其电导率产生影响，当 $x = 0.95$ 时，$Ba_{0.95}Ce_{0.90}Y_{0.10}O_{3-\delta}$ 在 1000℃ 条件下展现出最高的电导率（干燥空气中 1.2×10^{-1} S/cm，湿空气中 1.1×10^{-1} S/cm，湿氢气中 6.7×10^{-2} S/cm）。此外，Y 掺杂含量也会影响 $BaCe_{1-x}Y_xO_{3-\delta}$（$x = 0$、0.1、0.15、0.20）的电导率，若要在 500～600℃ 获得最高的电导率，Y 的最佳掺杂含量为 0.15 mol。在另一项工作中，Suksamai 等[21]对 10 mol% 和 25 mol% Y 掺杂的 $BaCeO_3$（BCY10 和 BCY25）

的导电离子流进行了研究。研究者发现 BCY10 试样在 500~750℃占据主导地位的是质子电导，当温度高于 750℃时则呈现出质子和氧离子混合电导，而对于 BCY25 而言，其在 550℃以上就呈现出混合离子电导。

SrCeO₃ 是另一种潜在的铈基质子导体材料，它在还原气氛中需要在更高的温度下才能展现与 BaCeO₃ 材料相当的质子电导，其在 800℃、氢气中的电导率为 10^{-3}~10^{-2} S/cm。通常采用三价的稀土金属，如 Yb、Y、Gd、La 和 Sc 等对其进行掺杂改性，其中 Yb 和 Y 掺杂的 SrCeO₃ 电导率性能最好（600~800℃时 10 mol% Yb 掺杂 SrCeO₃ 电导率为 10^{-4}~10^{-3} S/cm，900℃时 5 mol% Yb 掺杂的 SrCeO₃ 电导率为 4×10^{-3} S/cm 左右）。虽然掺杂的 BaCeO₃ 和 SrCeO₃ 具有良好的导电特性，但是它们在含有 H₂O 和 CO₂ 气氛中的化学稳定性却非常差，这也导致了质子型 SOFC 的应用被严重限制。铈基电解质是非常基础的氧化物，它可以很轻易地与 CO₂ 发生反应，生成过氧化物和氢氧化物。铈基电解质在水汽和二氧化碳中的化学稳定性往往会限制电池在甲烷等碳氢气体燃料中的性能表现。BaCeO₃ 与 H₂O、CO₂、H₂S 和 SO₂ 的反应可以用如下方程来表示：

$$BaCeO_3 + H_2O \longrightarrow Ba(OH)_2 + CeO_2 \tag{3.10}$$

$$BaCeO_3 + CO_2 \longrightarrow BaCO_3 + CeO_2 \tag{3.11}$$

$$BaCeO_3 + H_2S \longrightarrow BaS + CeO_2 + H_2O \tag{3.12}$$

$$BaCeO_3 + SO_2 \longrightarrow BaSO_3 + CeO_2 \tag{3.13}$$

SrCeO₃ 也会与 CO₂ 发生反应生成 SrCO₃，进一步降解为 SrO，其反应可以用如下方程来表示[22]：

$$SrCeO_3 + CO_2 \longrightarrow SrCO_3 + CeO_2 \tag{3.14}$$

$$SrCO_3 \longrightarrow SrO + CO_2 \tag{3.15}$$

$$SrCeO_3 + H_2O \longrightarrow Sr(OH)_2 + CeO_2 \tag{3.16}$$

因此，目前研究者开展了大量的工作，旨在提升电解质材料在酸性气体和水汽环境中的长期稳定性。SrCeO₃ 的稳定性稍微优于 BaCeO₃，但作为实用性电解质而言其稳定性是远达不到要求的。因此，会用一些离子如 Zr、Sn、Nb 和 Ti 等取代钙钛矿中的一部分 Ce 来提升材料的化学稳定性，但这会牺牲材料的部分导电性。因此，在保证优良的电导率的情况下，找到合适的方法来提升电解质材料的化学稳定性是实现 PCFC 应用的必由之路。

2. Zr 基电解质材料

一些碱土金属的锆酸盐，如 $CaZrO_3$、$BaZrO_3$ 和 $SrZrO_3$ 等在化学稳定性和机械强度上要明显优于其铈酸盐。当材料中的部分 Zr 元素被其他三价离子替代时，电解质会呈现出更好的质子溶解度和导电性。前面提到，$BaCeO_3$ 在同级材料中的电导率是最高的，但是它的化学稳定性在酸性气体和水汽环境中非常差，以至于几乎没有实用性。在诸多材料掺杂体系中，稀土元素掺杂的 $BaZrO_3$ 是目前比较实际的一个解决方案。$BaZrO_3$ 的各种掺杂体系的结构特性因不同掺杂元素的浓度不同而各有不同。$BaZrO_3$ 材料由于高稳定性的 Zr—O 键的存在而具有非常优异的物理性能和热传导特性。此外，$BaZrO_3$ 相比于 $BaCeO_3$，其 CTE 要低得多，而熔融温度、机械强度和化学稳定性要好得多，尤其在含 CO_2 和 H_2O 的气氛中。但 $BaZrO_3$ 的烧结活性要比 $BaCeO_3$ 差得多。

目前，有关 $BaZrO_3$ 不同掺杂体系电导率的研究已经较为完备。稀土阳离子被广泛用作 $BaZrO_3$ 体系的掺杂元素。这些掺杂的电解质一般会具有更高的体积电导性和较高的化学稳定性，但 $BaZrO_3$ 电解质的晶界电阻非常高，极大地限制了它的商业应用。掺杂元素的含量和类型对电解质的体电导率会有较大的影响。当 Y 掺杂的 $BaZrO_3$（BZY）中 Zr 元素的含量增加时，电解质相应的烧结温度也会提高，但这会导致材料电导率的降低，20 mol% BZY 具有较高的稳定性和电导率。Cervera 等[23]研究了在较低温度（350℃）条件下合成的 25 mol%钪（Sc）掺杂的 $BaZrO_3$（BZSc）质子导体材料。实验中试样分别在 800℃ 和 1250℃下进行了退火处理，1250℃退火试样的平均晶粒尺寸在 68.5 nm 左右，500℃总电导率约为 $1.27×10^{-3}$ S/cm。此项研究还暗示了提高 Sc 含量可以有效降低电解质的表观活化能。

最近，研究者发现 $BaZr_{0.75}Y_{0.2}Pr_{0.05}O_{3-\delta}$（BZYPr）电解质材料在 CO_2 气氛中具有优良的稳定性。只需在 BZY 中添加微量的 Pr 元素，就可以提升质子导体材料的烧结活性和在还原性气氛中的结构稳定性。以 BZYPr 为电解质的 H-SOFC 在 600℃可以获得 124 mW/cm^2 的功率输出，这对锆基电解质支撑的电池而言已经是相当高的数据了。作为对比，Liu 等[24]采用了三价的 Nd^{3+}对 BZY 电解质进行了掺杂研究，发现 1 mol% Nd^{3+}掺杂的 $BaZr_{0.7}Nd_{0.1}Y_{0.2}O_{3-\delta}$（BZNY）电解质试样的烧结性能得到了提升。此外，BZNY 电解质在 600℃的干空气、湿空气、氢气以及湿氢气气氛中的电导率分别达到了 $4.15×10^{-3}$ S/cm、$4.64×10^{-3}$ S/cm、$1.08×10^{-3}$ S/cm 和 $2.76×10^{-3}$ S/cm，均比 BZY 的电导率值要高。Nd^{3+}掺杂虽然提高了材料中碳酸盐的形成概率，但是 BZNY 在 CO_2 气氛中的稳定性依然相当高，这也使得 BZNY 成为一种具有突出烧结性能、化学稳定性以及质子传导能力优良的质子导体电解质候选材料。另外，NiO、CuO、ZnO、CaO 以及 $LiNO_3$

也是能够降低 BaZrO₃ 基电解质材料烧结温度的潜在烧结助剂。但目前的研究表明，即使拥有各式各样不同的掺杂体系，BaZrO₃ 基电解质在 CO₂ 气氛中的稳定性和它的烧结性能仍然是不够的。因此，这一电解质材料需要进一步改进和优化。

3. Zr 基与 Ce 基混合体系电解质材料

BaCeO₃-BaZrO₃ 混合材料体系具有铈基和锆基质子导体电解质的综合特点，也被认为是 H-SOFC 潜在的电解质材料。通过调节体系中 Ce/Zr 的比例，可以找到离子电导与化学稳定性的平衡点。一般认为，提升混合体系中 Zr 的比例可以提升电解质的热力学和动力学稳定性，但是离子传导性能将会降低，在混合体系中用 10 mol%～50 mol% 的锆取代铈是最优的掺杂比例范围。

考虑到 BaCeO₃-BaZrO₃ 体系电解质良好的电导率和稳定性，人们对其进行了更深入的研究与改性工作。镧系元素掺杂通常被认为是提升电解质电导率的有效手段，$BaCe_{0.7}Zr_{0.1}Gd_{0.2}O_{3-\delta}$ 的电导率是纯 BaCeO₃ 的三倍，Bu 等[25]研究了 $BaZr_{0.5}Ce_{0.3}Ln_{0.2}O_{3-\delta}$(Ln = Y、Sm、Gd、Dy)体系中不同离子掺杂效应对电导率的影响，结果发现 Y 掺杂的 $BaZr_{0.5}Ce_{0.3}Ln_{0.2}O_{3-\delta}$ 在干、湿空气中均具有最小的电阻(图 3.17)，在 600℃湿空气中具有最高的离子电导率(2.1×10^{-3} S/cm)，其中 Y 的掺杂量为 10 mol%～20 mol%。对于 Y 掺杂的 BaCeZrO₃ 体系而言，材料的电导率随着 Ce 含量的增加而升高，而增加 Zr 的含量则会导致电导率绝对值的下降。因此，各掺杂元素的含量必须要精确地控制和研究。

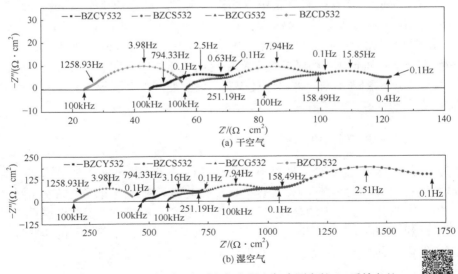

图 3.17　600℃温度下，在干空气和湿空气中测定的 Ln 系掺杂的
BaCeZrO₃ 陶瓷的电化学阻抗谱

彩图 3.17

近年来，陆续报道了有关 $BaZrCeYYbO_{3-\delta}$（BZCYYb）这一高质子传导性能和短期稳定的钙钛矿材料的研究工作，展现了 PCFC 电解质良好的应用可行性。$BaZr_{0.1}Ce_{0.7}Y_{0.2-x}Yb_xO_{3-\delta}$（$x=0\sim0.2$）在 700℃时的电导率高达 0.06 S/cm，且在一些常见的燃料气体中均体现了足够的稳定性。有趣的是，当温度升高时，BZCYYb 材料内部的离子电导率将从由质子传导主导转变为由氧离子传导主导。在 750～850℃出现混合离子电导现象的原因是材料中+4 价的铈被+3 价的 Y 和 Yb 共取代，在材料中产生了相对较高的氧空位浓度。相比于前述 Ce/Zr 为 7∶1 的掺杂体系，当体系中 Ce 和 Zr 的比例控制为 1∶1 时（BZCYYb4411），材料的化学稳定性和离子电导率得到了显著提升。此时，BZCYYb4411 配比的电解质材料在纯 CO_2 气氛中的稳定性表现是所有 BZCYYb 体系材料之中最好的[26]。

3.2　阳 极 材 料

阳极是 SOFC 的关键组件，是燃料气体发生电化学反应的场所，其主要作用包括导入燃料气体、催化燃料反应、传导反应释放的电子到外电路以及导出生成气体等。此外，阳极有时还在含薄膜电解质的 SOFC 起到支撑层的作用。为实现这些功能，SOFC 阳极材料应具备以下条件：①阳极材料在还原气氛中要具有足够高的电子电导率，以降低阳极的欧姆极化，同时还具备高的氧离子电导率，以实现电极立体化；②在燃料气氛中，阳极必须具有良好的化学稳定性和结构稳定性；③阳极必须具有足够高的孔隙率，以确保燃料的供应及反应产物的排出；④阳极材料必须对燃料的电化学氧化反应具有足够高的催化活性，且具备抗积碳和抗硫中毒能力；⑤阳极需具备良好的化学相容性和热匹配性，在电池制备和操作温度范围内不与其他组件反应，不发生变形、开裂等；⑥阳极还必须具有强度高、韧性好、加工容易、成本低的特点。

3.2.1　金属-电解质复合阳极材料

多孔的金属-陶瓷复合阳极材料主要是指通过在阳极电催化剂中添加一定量的电解质材料构成的金属-陶瓷复合材料。在此体系中，电解质形成连续网络结构，用于支撑分布于其中的金属粒子，在以后长期高温工作中限制金属粒子尺寸改变和微观形貌的改变，同时金属粒子也形成连续结构，用于电子的传导。常用的阳极催化剂有 Ni、Co 等以及一些贵金属材料，如表 3.6 所示。

表 3.6 常见的金属-陶瓷复合阳极的组成

电催化剂	电解质
Ni、Cu、Co、Fe、Pt、Ag、Ru	YSZ
Ni、Cu、Co、Fe、Pt、Ag	SDC（GDC）
Cu/CeO$_2$	YSZ
金属合金	SDC

1. Ni 基多孔阳极

金属 Ni 由于具有高活性、低价格的特点而得到广泛的应用，如 Ni/YSZ、Ni/GDC 等。此类材料在高温还原气氛下化学稳定性好，与电解质材料化学相容，CTE 相近。其中金属 Ni 催化剂是良导体，可以提供足够高的电子电导，对氢气的氧化有很高的催化活性，是目前较为理想的阳极材料。

目前的研究主要集中在优化金属和电解质材料的比例来得到最大的三相界面，或通过调节 NiO 粉末和电解质粉末的粒径来优化阳极的微观结构，这些研究均取得了很大进展。在中低温 SOFC 中，阳极负载型电池应用较多，因此对阳极的孔结构提出了更高的要求，因为阳极的厚度较大，如果不能保证燃料和产物的顺利传输，就会极大地增加浓差极化。通过制备功能梯度的阳极结构，使阳极具备扩散层和催化层结构，很好地消除了浓差扩散。掺杂的 CeO$_2$（如 SDC）具有高于 YSZ 的混合电导率，而且对烃类有很高的催化活性，将 SDC 等加入阳极催化剂 Ni 中，可以使电极上发生电化学反应的三相界面得以向电极内部扩展，从而提高了阳极的反应活性，不仅提高了电极的催化活性，也降低了其极化电阻。

Ni 基金属陶瓷阳极的主要优点之一是在操作条件下，Ni 对 H$_2$、CO、碳氢化合物氧化具有较高的电催化活性，对甲烷水蒸气重整具有较高的催化活性。然而，Ni 还可以在还原条件下催化碳氢化合物形成碳，这可以阻断活性 Ni 位点。此外，Ni 催化剂很容易被硫（天然气中常见的杂质）中毒，硫还可以阻止活性 Ni 位点，并可能在 Ni 内扩散。在某些情况下，Ni-S 共晶液体甚至可以在操作条件下形成。最终，碳沉积和硫中毒将导致阳极失活并失去耐久性。因此，需要进一步开发镍基阳极，以增强对结焦和硫中毒的耐受性。关于替代阳极材料的选择，除 Ni 外，还研究了许多其他过渡金属；然而，在性能和成本方面，它们都无法与 Ni 竞争并完全取代 Ni。另外，镍合金有助于缓解碳和硫的诱导失活，同时保持 SOFC 的固有材料结构和性能。例如，使用镍表面合金可以抑制碳的形成，如 Cu/Ni 或 Au/Ni 等。此外，对 Ni 合金阳极的几项实验研究表明，Ni 合金（如

Mo、Fe、Cu、Pd 和 Sn）对燃料电池性能的影响是有益的。

　　为了进一步了解镍合金阳极材料的催化特性，An 等[27]采用密度泛函理论（density functional theory，DFT）研究了不同合金元素对催化性能的影响，计算了不同原子 O、S、C、H 和反应中间体 OH、SH 和 CH_n（n=1、2 和 3）在 M/Ni 合金模型催化剂（M = Bi、Mo、Fe、Co 和 Cu）上的化学吸附的结合能，并将此信息用于量化 SOFC 阳极氧化的预期催化活性，如图 3.18 所示。结果发现，通过选择性地形成双金属表面合金，可以抑制不需要的中间产物（如 C 和 S）的结合，并且可以调整镍基阳极表面的催化活性以实现氧化。特别是铜/镍、铁/镍和钴/镍阳极催化剂对阳极氧化最为活跃。另外，预计钼/镍合金表面在抑制碳和硫沉积方面是最有效的催化剂（同时仍保持相对较高的催化活性）。表面合金的形成，即合金元素富集在最上面的表面，对镍合金催化剂的活性至关重要。

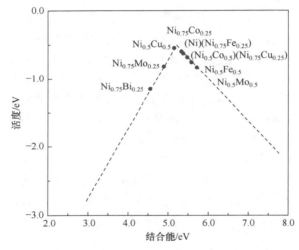

图 3.18　过渡金属表面 O 的理论活度与结合能的关系曲线

　　尽管金属-陶瓷复合阳极中的 Ni 对氢气有很高的活性，但直接使用烃类或醇类作为燃料时，会催化 C—C 键形成，容易在阳极发生积碳反应。积碳不仅会使阳极的活性迅速降低，造成电池输出性能的衰减，而且会堵塞燃料的传输通道，使电池不能正常运行。特别是燃气中含有的硫，会和 Ni 反应，使 Ni 发生硫中毒而失去催化作用。因此无 Ni 阳极材料逐渐成为 SOFC 直接氧化阳极的研究方向。

2. Cu 基多孔阳极

　　对碳氢燃料，常规的 Ni 阳极存在不可避免的积碳问题，人们考虑用一种没有足够活性的金属来代替 Ni 形成金属陶瓷阳极。Cu 是一种惰性金属，对形成

C—C 键没有足够的催化活性，不会存在积碳的问题。同时 CuO 具有很高的氧离子传输能力，因此 Cu 基金属陶瓷材料有潜力成为 SOFC 的直接氧化阳极材料。

　　Cu-YSZ 阳极在碳氢燃料气氛中性能稳定，但对碳氢燃料的反应呈现惰性，因此电池性能较差，需要加入对甲烷等碳氢燃料有良好催化作用的 CeO_2。使用 Cu/CeO_2 催化剂时，Cu 在抑制积碳形成的同时，起到了电子导电作用；CeO_2 对碳氢类燃料具有一定的催化活性。但是 Cu_2O 和 CuO 的熔点比较低，因此制备 Cu-YSZ 阳极的烧结温度不能过高，制备阳极支撑的 SOFC 时，不宜采用阳极电解质共烧结的方式制备。因此通过浸渍法制备的 Cu/CeO_2-YSZ 阳极材料在直接以碳氢气体为燃料的 SOFC 中得到了较好的应用。

　　在 Cu/CeO_2 阳极方面，该阳极主要采用湿法浸渍法制备，将铜前驱体溶液浸渍在致密电解液上预烧结的高孔隙率 SDC 骨架中，然后还原负载的铜氧化物，形成附着在 SDC 表面的纳米铜颗粒。然而，在 SOFC 的工作温度下，铜颗粒会产生团聚和晶粒生长。最近，Kwak 等[28]提出了通过非均相掺杂原位合成负载型金属纳米催化剂的方法。整个制备过程包括金属源涂层、非均相掺杂、金属源刻蚀和还原合成均匀分布的铜纳米颗粒(nanoparticles，NPs)。通过沿 SDC 晶界非均相掺杂铜离子，然后还原扩散的铜离子，形成纳米团簇。所制备的 Cu 纳米粒子主要位于 SDC 晶界与氧化物表面的结合处，能有效抑制金属颗粒的生长，具有很高的化学耐久性和优异的电化学催化活性。但上述两种方法工艺复杂，无法用于大规模制备 SOFC。作者探索了一步法制备 Cu-SDC 阳极的方法，该方法拟采用碳铜钐共掺杂氧化铈为阳极前驱材料，利用离子掺杂和溶出作用，通过共压烧结和旋涂法来制备阳极支撑的 SOFC，该电池具有优良的抗积碳、抗硫毒化的性能和输出特性[29]。

　　对于金属-陶瓷复合阳极来说，此类材料的缺点是长时间在高温下工作容易团聚，但在中低温范围内时团聚可得到改善。因此目前抗积碳和硫毒化的阳极材料仍然是人们研究的重点。

3.2.2　氧化物阳极材料

　　为了克服金属-陶瓷复合阳极材料的缺点，一些具有混合离子-电子电导的萤石结构和钙钛矿结构的氧化物被引入阳极的制备中，并针对消除积碳和硫毒化进行了大量的研究。

　　1. 萤石结构材料

　　具有萤石结构的 ZrO_2-Y_2O_3-TiO_2 固溶体，与 YSZ 电解质有很好的相容性，电化学反应发生在电极和气体界面处，氧离子和电子混合电导有效降低了电极的极化损失。掺杂的 CeO_2 基材料在阳极燃料气氛下由于 Ce^{4+} 还原成 Ce^{3+} 而具有一定的电子电导，而作为阳极的替代材料，研究发现 CeO_2 基阳极存在活动的晶格氧而降低了积碳的速率，而且对甲烷氧化具有较高的电化学催化活性。稳定性较好的 $La_{1-x}Sr_xCrO_3$ 材料是一种研究较早的钙钛矿结构阳极材料，但由于其在还原气氛中机械承受能力差和晶格参数不稳定，同 Ni/YSZ 阳极材料的电化学性能相差太大，因此其一般和金属一起使用作为阳极材料。

2. 钙钛矿结构材料

钙钛矿类氧化物由于具备出色的热力学稳定性和电催化活性、对杂质容忍度高、晶格结构可调、内部具有天然氧缺陷等一系列特点，长期以来一直被用作 SOFC 的阴极。某些具有混合电导的钙钛矿氧化物在氧化还原气氛中具有较高的稳定性，又与常见的电解质材料兼容，同时具备一定的耐硫、耐积碳的能力，是良好的 SOFC 阳极替代材料。目前已报道的钙钛矿电极材料主要有单钙钛矿型的 $SrTiO_3$、$LaCrO_3$ 和 $SrFeO_3$ 基电极材料，双钙钛矿型的 $Sr_2MgMoO_{6-\delta}$、$Sr_2FeMoO_{6-\delta}$ 电极材料和以 $Pr_{0.8}Sr_{1.2}(Co,Fe)_{0.8}Nb_{0.2}O_{4+\delta}$ 为代表的类钙钛矿电极材料等。几类钙钛矿材料的晶体结构如图 3.19 所示[30]。

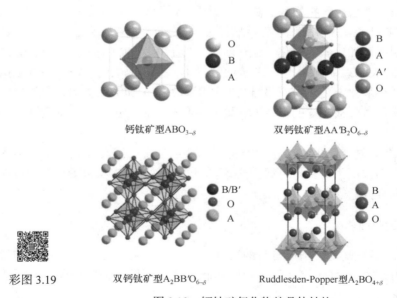

钙钛矿型$ABO_{3-\delta}$　　　　双钙钛矿型$AA'B_2O_{6-\delta}$

双钙钛矿型$A_2BB'O_{6-\delta}$　　Ruddlesden-Popper型$A_2BO_{4+\delta}$

彩图 3.19

图 3.19　钙钛矿氧化物的晶体结构

$LaCrO_3$ 最初是 SOFC 的陶瓷连接体材料，因其在还原气氛中稳定性较高，且具有一定的抗积碳性能，早期被当作阳极材料研究。但其本身的氧空位浓度较低，导致催化活性不高。研究发现，通过在 $LaCrO_3$ 的 A 位引入碱土金属或在

B 位引入过渡金属，可使其电导率和燃料催化活性获得明显提升。Sr 和 Mn 共掺杂的 $La_{0.75}Sr_{0.25}Cr_{0.5}Mn_{0.5}O_{3-\delta}$(LSCM) 阳极材料在高温下表现出了较高的催化活性，在 850℃ 的湿氢气中，LSCM 的极化电阻仅为 0.6 $\Omega\cdot cm^2$。当电极在 CH_4 燃料中工作 7 h 后，其表面只有微量的碳被检测到，表现出良好的抗积碳能力。

SrTiO$_3$ 在低氧分压下的电导率较高，在还原气氛中稳定性良好，也是较早被研究的钙钛矿阳极之一。其中，A 位的 Sr^{2+} 可以被 La^{3+}、Y^{3+} 等取代，B 位的 Ti^{4+} 可以被 Nb^{5+}、Mn^{4+}、Co^{4+}、Fe^{3+}、Sc^{3+} 等元素取代，以提高其氧缺陷浓度。在掺杂程度非常高的情况下，$SrTiO_3$ 依旧可以保持结构的稳定。经过 A 位 La 掺杂后，$La_{0.3}Sr_{0.7}TiO_{3+\delta}$(LST) 的电导率在 600℃ 时高达 600 S/cm，而 CTE 只有 11×10^{-6} K^{-1}，与氧化铈电解质的匹配性较好。但 $SrTiO_3$ 体系的阳极材料的离子电导较低，燃料催化活性与传统金属阳极差距较大，导致了电池功率输出不足，其应用受到较大限制。

Huang[31]等于 2006 年最早报道了 $A_2BB'O_6$ 型 $Sr_2MgMoO_{6-\delta}$ (SMMO) 双钙钛矿阳极，受到广泛关注。以 SMMO 为阳极，LSGM 为电解质的单电池在 H_2 中的最高功率密度超过了 800 mW/cm^2，在甲烷燃料中其功率密度达到了 400 mW/cm^2。当使用含 5 ppm H_2S 的碳氢燃料时，电池的长期运行衰减率在 5% 以内，有较好的抗硫、抗积碳性。随后，研究人员又对 $Sr_2NiMoO_{6-\delta}$ 和 $Sr_2CoMoO_{6-\delta}$ 进行了研究，发现两者虽然都能获得较高的单电池瞬时功率，但是在还原性气氛中的结构稳定性不佳。

Liu 等[32]在 2010 年报道了一种钙钛矿材料 $Sr_2Fe_{1.5}Mo_{0.5}O_{6-\delta}$(SFM)，其在 780℃、氢气中的电导率高达 330 S/cm，850℃ 时的阳极极化电阻仅为 0.21 $\Omega\cdot cm^2$。SFM 展现了比 LSCM 更优越的阳极性能，接近传统的 Ni-YSZ 阳极。不仅如此，SFM 还展现出了一定的氧还原活性，其在 780℃ 的空气中的电导率高达 550 S/cm，850℃ 时的极化电阻为 0.10 $\Omega\cdot cm^2$，与传统的 LSM-YSZ 阴极性能相当。SFM 的结构通式与 SMMO 相似，起初研究者认为该材料是属于 $Fm\bar{3}m$ 空间群的立方双钙钛矿结构，不过之后有研究者利用中子衍射和第一性原理计算，得出该材料的准确结构应为 $Pnma$ 正交单钙钛矿结构。SFM 因在氧化还原气氛中的优越性能被认为是极具潜力的阳极候选材料，也是目前研究最多的 SOFC 阳极材料之一。

继 SFM 之后，Yang 等[33]又开发了 K_2NiF_4 型 $Pr_{0.8}Sr_{1.2}(Co,Fe)_{0.8}Nb_{0.2}O_{4+\delta}$(K-PSCFN) 电极材料。该材料中的 Co、Fe 元素在还原气氛中会析出，均匀分布到颗粒的表面，形成纳米级的 Co-Fe 合金(CFA)，使得材料表面的催化活性位大幅增加。在以 LSGM 电解质为支撑的单电池测试中，表面有 Co-Fe 催化剂的 PSCFN 在 850℃ 氢气中的功率密度达到了 960 mW/cm^2，当氢气中混入 100 ppm

的 H_2S 后，电池的功率密度依旧能够保持在 890 mW/cm² 左右，表现了良好的耐硫性。CFA-PSCFN 在甲烷和丙烷中运行时的功率密度可达 600 mW/cm² 和 940 mW/cm²，并且能够稳定运行 150 h，具有较好的抗积碳性能。不过美中不足的是，PSCFM 需要在 900℃的还原气氛中才能析出纳米 CFA，这也给其他电池组件造成了较大的压力。若没有纳米催化剂的帮助，该阳极材料的性能会大幅下降，不足原来的 1/4。

LnBaMn₂O$_{5+\delta}$(Ln=Pr、Gd、Sm、Nd、La) 系阳极材料自其报道以来便受到持续广泛的关注。其中，PrBaMn₂O$_{5+\delta}$(PBMO) 最先被报道，也是目前该体系中性能最佳的材料。2014 年，圣安德鲁斯大学(University of St Andrews)的 Sengodan 等[34]报道了一种由 $Pr_{0.5}Ba_{0.5}MnO_{3-\delta}$ 氧化物在还原性气氛中退火制得的层状钙钛矿阳极材料 PBMO。PBMO 在氧化还原气氛中稳定，在氢气中的电导率在 800℃时可达 8.1 S/cm。当使用 LSGM 为电解质时，PBMO 在氢气和丙烷为燃料的单电池功率密度可达 1 W/cm² 以上，且长期稳定性好。

PBMO 为 A 位有序的层状钙钛矿氧化物，由无序的 $Pr_{0.5}Ba_{0.5}MnO_{3-\delta}$ 在氢气中还原制得，转变温度在 450℃左右。由于 PBMO 中的 Pr^{3+} 和 Ba^{2+} 的离子半径差异较大，故两者倾向于占据不同的位置，于是形成了沿着晶格 c 轴方向的-[BaO]-[MnO₂]-[PrO$_x$]-[MnO₂]-[BaO]-层状交替排布(图 3.20)[35]。为了释放层间的

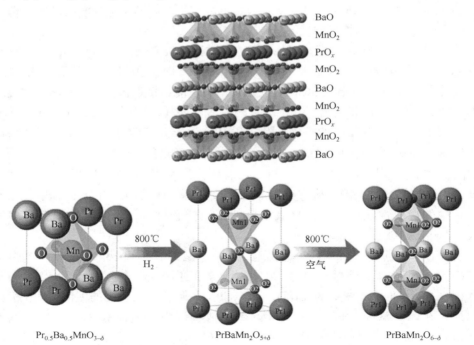

图 3.20　PBMO 的层状结构及相变过程

应力，[PrOₓ]层间的氧离子会根据外界氧分压的变化部分或整体失去，导致晶格中形成大量的氧空位。这一特性使得 PBMO 具有较高的离子电导，成为极佳的阳极候选材料。

　　PBMO 在氧化还原气氛中的晶型转变对其性能有重要影响。Shin 等[35]通过原位 X 射线衍射（XRD）对其晶体结构进行了分析，从图 3.20 中可以看出，精修后的结果显示，在空气中制备得到的 $Pr_{0.5}Ba_{0.5}MnO_{3-\delta}$ 为立方钙钛矿结构。在氢气中还原后，其 A 位原子发生重排，PrO_x 层中的氧原子全部失去，与 BaO 分层排布，转变为层状 PBMO。将 PBMO 在 800℃的空气中再次高温氧化后，依旧保持 A 位有序结构，但层间氧离子的数量发生变化，可表示为 $PrBaMn_2O_{6-\delta}$。在 PBMO 的还原过程中，因为晶格中氧的失去，六配位的 Mn 的价态也随之改变，Mn^{3+}/Mn^{4+}离子对向 Mn^{2+}/Mn^{3+}转移。Mn 的变价会影响 PBMO 内部的氧离子传导机制，从而影响其电性能。作者在 1200℃合成了单钙钛矿 $Pr_{0.5}Ba_{0.5}MnO_{3-\delta}$，然后在 800℃的氢气中进行还原，生成层状钙钛矿 PBMO。试样还原前后的 XRD 分析结果（图 3.21）表明在空气中合成的 $Pr_{0.5}Ba_{0.5}MnO_{3-\delta}$ 包含了立方相和六方相结构，在高温下经氢气还原之后，六方相消失，试样呈现四方相结构。

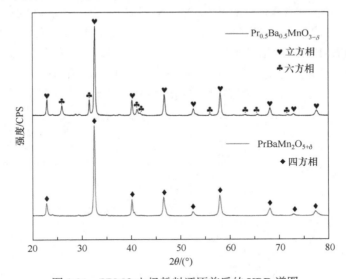

图 3.21　PBMO 电极粉料还原前后的 XRD 谱图

　　PBMO 的特殊结构使其更易通过离子掺杂进行改性。采用 Co 掺杂的 $PrBaMn_{1.8}Co_{0.2}O_{5+\delta}$（PBMCo）电极在 850℃的氢气中，Co 元素会析出到电极的表面形成纳米级的氧化物，显著提升电极催化活性。通过分别测试 PBMCo 在发电和电解两种不同模式下的性能发现，在 900℃时，SOFC 模式下以乙烷为燃料的电池功率密度将近 1 W/cm²，在 SOEC 模式下，以 1.5 V 电压电解 CO₂/CO 混合气体的电流密度可达 2.5 A/cm²。此外，利用 Mo 掺杂的 $Pr_{0.5}Ba_{0.5}Mn_{0.9}Mo_{0.1}O_{3-\delta}$
(PBMMo)可用于电池的阳极材料，通过 H_2-TPR（程序升温还原）和 NH_3-TPD
（程序升温脱附）等表征发现，PBMMo 比 PBMO 具有更多的表面游离氧和酸性
活性位点，燃料催化活性得到大幅提升，电化学测试显示其单电池功密度比
PBMO 提升了 20%。作者针对 PBMO 电极的催化活性比传统阳极低的问题，使
用过渡金属对其进行掺杂改性，系统对比了过渡金属 Fe、Co、Ni 掺杂对 PBMO
电化学性能的影响。测试了 10 mol% 掺杂含量的 PBMFe、PBMCo 和 PBMNi 电
极的交流阻抗，并将其与 PBMO 进行对比。从图 3.22（a）中可以看出，800℃条
件下 PBMO 的极化电阻约为 0.49 $\Omega \cdot cm^2$，而 PBMFe、PBMCo、PBMNi 的极化
电阻分别为 0.42 $\Omega \cdot cm^2$、0.38 $\Omega \cdot cm^2$、0.33$\Omega \cdot cm^2$，相比 PBMO 分别减小了
14%、22% 和 32%。发现在相同掺杂浓度下，Ni 和 Co 对 PBMO 的性能提升作用
较大，而 Fe 掺杂的提升作用较小。这是由于在高温还原气氛条件下，PBMNi 中
的 Ni 会从晶格中析出形成金属相（图 3.23），同时有研究表明 PBMCo 在氢气
中长期还原，也存在和 PBMNi 类似的析出现象，而 PBMFe 的稳定性最高，
在还原过程中不会发生析出现象，故 Fe 掺杂对 PBMO 性能的提升作用相对较
小。研究 PBMO 和 PBMX(X=Fe、Co、Ni)的极化电阻随温度的变化关系发现
[图 3.22（b）]，掺杂后的各试样的活化能相比 PBMO 均有不同程度的下降。
PBMCo 和 PBMNi 的活化能相近，相对 PBMO 降低 27% 左右，而 PBMFe 试样
的活化能下降较少，与交流阻抗的结果一致。在 PBMO 中引入 Fe、Co 和 Ni 可
降低电极反应发生的势垒，提高电极催化活性。

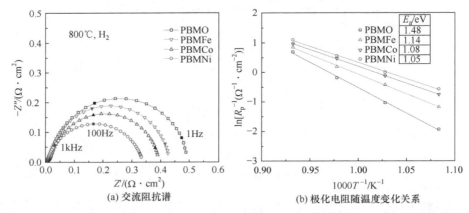

图 3.22　PBMO 和 PBMX（X=Fe、Co、Ni）电极的交流阻抗谱和极化电阻随温度变化的关系

　　此外，PBMO 在作为高效阳极的同时还是一种良好的电极催化材料。通过
在多孔的 Ni-BaZr$_{0.1}$Ce$_{0.7}$Y$_{0.1}$Yb$_{0.1}$O$_{3-\delta}$ 质子导体阳极骨架中浸渍 PBMO 和 Ni$_4$Co
双功能催化剂可以使 Ni-BZCY 阳极在 CH$_4$/CO$_2$ 混合燃料气体中的电池功率在

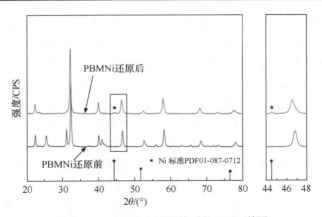

图 3.23   PBMNi 在还原前后的 XRD 谱图

700℃时达到 1.2 W/cm²。将 PBMO 直接浸渍到 Ni-YSZ 电极的表面作为催化剂可将 C 转化为 CO_2 从而抑制积碳过程，同时它还能将 S 转化为 SO_2 从而防止 Ni 被毒化，有效提升传统 Ni-YSZ 阳极的抗硫毒化、抗积碳性能。

PBMO 体系中由于元素 Ba 的存在，其与最广泛使用的氧化锆电解质无法在高温下相容。作者对 PBMO 和 YSZ 的化学相容性进行了研究，结果发现还原前的 PBMO 粉料与 YSZ 混合粉料，经 1000℃煅烧 2 h 后出现了第三相 $BaZrO_3$，如图 3.24 所示，说明 PBMO 与 YSZ 在高温下发生了明显的固相反应。

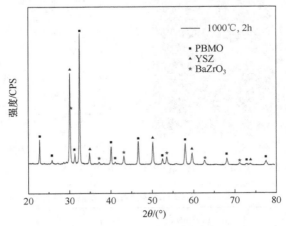

图 3.24   PBMO 与 YSZ 混合粉料经高温煅烧后的 XRD 谱图

为此，作者引入了掺杂的氧化铈作为 SOFC 电极的过渡层材料，对其化学相容性和电化学性能进行了研究。将还原前的 PBMO 与 GDC、SDC、钇掺杂的氧化铈（YDC）三种氧化铈材料进行混合，经 1200℃煅烧后测得的 XRD 谱图里仅含 PBMO 的钙钛矿结构特征峰以及氧化铈的萤石结构特征峰，未发现第三相存在，说明掺杂氧化铈材料与 PBMO 在高温下具有较好的化学相容性，适合用作电极过渡层。在 800℃、氢气中测试了添加和未添加过渡层试样的交流阻抗谱，拟合得到了各频段电阻以及总的极化电阻 R_p 的值。一般而言，高频阻抗代表了电极与电解质界面之间的离子传导过程，中频阻抗对应离子在电极内部的传输和分子的解离过程，而低频阻抗则代表了气体扩散等非电荷转移过程。由图 3.25 和表 3.7 可知，无过渡层试样的中高频电阻 R_1、R_2 要远大于添加了过渡层试样的值，说明电极的电荷转移过程受到了阻碍。一个可能的原因是界面上 $BaZr_{1-x}Y_xO_3$ 的形成阻隔了氧离子在电极界面的传导，另一个可能原因是高温反应导致了电极材料的降解，破坏了 PBMO 内部的离子传输及其表面的气体解离。此外，无过渡层试样总的界面极化电阻约为 $2.75\ \Omega \cdot cm^2$，而添加过渡层试样的极化电阻约为 $0.65\ \Omega \cdot cm^2$，是无过渡层试样的 1/4，表明引入氧化铈过渡层可大幅降低 PBMO 电极的极化电阻，防止高温扩散引起的电性能衰减。作为对比实验，在 1000℃ 条件下制备了无过渡层的 PBMO 电极。此时，测得的 PBMO 电极的 R_p 和 R_1 均低于 1100℃ 烧结电极的数值，说明温度越高，PBMO 与 YSZ 之间的扩散反应越严重，电极性能衰减越明显。该结论暗示了若在更低温度下制备电极，可能会避免扩散反应[36]。

(a) 电极横截面SEM照片

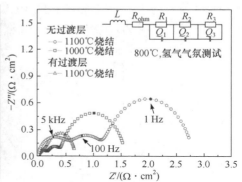

(b) 引入过渡层前后PBMO电极的交流阻抗谱

图 3.25　含 GDC 过渡层的 PBMO 电极的微观结构与交流阻抗

表 3.7　EIS 拟合得到的各频段阻抗

试样	$R_1/(\Omega \cdot cm^2)$	$R_2/(\Omega \cdot cm^2)$	$R_3/(\Omega \cdot cm^2)$	$R_p/(\Omega \cdot cm^2)$
无过渡层, 1100℃	6.21×10^{-1}	6.17×10^{-1}	1.52	2.75
无过渡层, 1000℃	2.27×10^{-1}	2.32×10^{-1}	1.15	1.61
有过渡层, 1100℃	1.67×10^{-1}	3.24×10^{-3}	0.48	0.65

　　因此，目前 PBMO 仅限于在 LSGM、GDC 等中低温电解质上使用，而较低的工作温度限制了 PBMO 的性能。此外，PBMO 与 LSGM 电解质在高温下依旧存在因相互扩散形成 $LaMnO_3$ 的风险，需要 $La_{0.4}Ce_{0.6}O_{1.8}$（LDC）作为保护层，增加了使用难度。总体而言，PBMO 是继 SFM 之后出现的又一具有代表性的钙钛矿阳极材料，值得更加深入的研究。通过贵金属 Pt、Ru 的少量掺杂，可以极大地提高此类阳极材料对碳氢类燃料的催化活性，同时还消除了积碳现象，目前最有希望用在直接以碳氢气体为燃料的中低温 SOFC 的阳极材料中。但是单纯以氧化物作为阳极，由于其电子电导率较低，很难获得较好的电性能。

3.2.3　PCFC 阳极材料

　　在质子导体 SOFC 的系统中，阳极是提供燃料气体质子化反应的重要场所，所以阳极材料必须满足一些性能指标：①必须有较高的催化活性，能够将燃料快速地催化氧化，有效地降低阳极的极化电阻。②还需要较高的电子电导率，能够将反应产生的电子传送到集流体上，实现对外供应电流。③阳极必须多孔，这是为了减少燃料气体传输的气阻，使其能够迅速达到电解质与阳极界面发生反应。与传统 SOFC 相比，PCFC 的反应产物水不在阳极区域产生，燃料不会被稀释，所以 PCFC 阳极不需要排除水分，对气孔率的要求也没有 SOFC 那样高。Ni-YSZ 金属陶瓷的性能一般是随着气孔率的增加而提高的，因此成型时需要加入大量的造孔剂。相比之下，孔隙率在 37 vol%（体积分数）左右的 Ni-BZCYYb 在 750℃时就能获得最高 1.2 W/cm^2 的功率输出。④阳极材料具有一定耐高温性能，能够在长期的工作中保持其物相结构的稳定性。⑤阳极材料必须与电解质、集流体和封接材料在高温下保持良好的热匹配性，避免出现剥离或者断裂的现象，所以阳极材料通常与电解质材料复合。⑥阳极材料必须价格低廉，以便于实现应用。⑦阳极材料作为支撑体，还需要具备加工性能且有一定的机械强度，这样能保证其长期的稳定性。

　　目前，关于 PCFC 阳极材料的研究是比较少的，仍然是在氢离子导体的基础上采用镍基阳极，用质子导体的电解质与 NiO 复合，用石墨或者淀粉作造孔剂，其微结构的可控性较差。在长期的工作中，催化剂 Ni 的颗粒会粗化，从而降低阳极的催化活性。当燃料是碳氢化合物时，同样也会积碳。所以在阳极上担载纳米颗粒的 Ni 催化剂是一种有效的办法，不仅可以提高反应活性位点，还可以提高反应的面积[37]。通过硝酸盐燃料法制备纳米颗粒的复合阳极材料来提高其各项性能[38]。将 $BaCe_{0.9}Y_{0.1}O_{2.95}$ 纳米粉体均匀搅拌分散在硝酸镍溶液中，然后将混合均匀的悬浮液蒸干，在 1000℃下合成得到了纳米颗粒的 $NiO-BaCe_{0.9}Y_{0.1}O_{2.95}$ 复合阳极粉体。当以体积比为 65：35 和 45：55 的 NiO 与电解质材料的混合物作为阳极材料时，制得的阳极随着 Ni 的含量增加其孔隙率也随之增加，并且其电子电导率大幅度提高，从 70 S/cm 增至 500 S/cm。这说明 Ni 在阳极中的含量对阳极材料的催化活性及电子导电性有着显著的作用。另外通过在阳极支撑层和电解质层之间增加一层孔隙率较小的阳极功能层来优化阳极的结构和性能。采用改进的燃烧法合成高活性阳极功能层可以显著提高电池在中间工作温度(550~650℃)下的性能，功能层由高活性 NiO-BZCY 粉末制成，构成电解质和阳极之间的关键组成部分，通过最大限度地降低电极的欧姆电阻来改善电极界面，有效地降低了界面电阻，优化了阳极/电解质界面，在 650℃下可以取得 489 mW/cm^2 的最大功率密度和 0.37 Ω · cm^2 的低电极极化电阻。

目前 PCFC 的研究工作主要以阴极和电解质为主，对阳极的研究相对较少。综合各种因素考虑，用于 PCFC 阳极的最优材料是由 NiO 和质子传导电解质材料以一定比例复合而成，在还原性气氛下可以将 NiO 还原为 Ni。这样不仅可以提高阳极的混合电导性，而且电解质材料的引入使两者之间的 CTE 更匹配，降低了阳极从电解质表面剥落的可能性，而且可以使反应的活性区域扩展到整个阳极。

3.3　阴极材料

SOFC 的阴极是氧分子被还原成氧离子的场所，其主要作用包括：将氧分子还原成氧离子，氧离子在阴极表面或者内部扩散穿越阴极-电解质界面进入电解质等。为实现这些功能，SOFC 的阴极材料应满足以下条件：①阴极材料必须具有足够高的电子电导率，以降低在 SOFC 操作过程中阴极的欧姆极化；此外，阴极还必须具有一定的离子导电能力，以利于氧化还原产物向电解质的传递。②在氧化气氛中，阴极材料必须具有足够的化学稳定性，且其形貌、微观结构、尺寸等在电池长期运行过程中不能发生明显变化。③阴极材料必须在 SOFC 操作温度下，对氧化还原反应具有足够高的催化活性，以降低阴极上电化学活化极化过电位，提高电池的输出性能。④为保证阴极反应快速进行，扩大有效反应面积，阴极应具有足够的孔隙率，以利于气体扩散降低浓差极化损失。⑤在工作温度或者在烧成温度下阴极材料与相邻的电池其他组件(如电解质和连接材料)间具有良好的化学相容性和热膨胀匹配性。⑥容易制备。目前，普遍应用的和在研开发的阴极材料以钙钛矿结构材料为主。

3.3.1　掺杂的锰酸盐

立方钙钛矿结构的 LnMnO$_3$(Ln 指镧系金属)是一种通过阳离子空位导电的 p 型半导体，其内部的氧缺陷随其所处气氛的不同而不同，甚至造成材料不稳定，但通过在 A 位或 B 位掺杂碱金属或稀土金属氧化物，就可以得到电导率很高、稳定性较好的材料。由于具备在高温有着良好的性能、稳定的结构以及与广泛使用的 YSZ 电解质有着很好的化学及机械匹配性等优点，$LnMnO_3$ 成为目前使用最广泛的阴极材料，其中以 LSM 应用最多。

LSM 的电子电导率会随着 Sr 掺杂含量的增加（至 50%）而增加，最大的电导率超过了 100 S/cm。但是 LSM 单独作为电极材料时，其性能会随着 SOFC 工作温度的降低而大幅衰减。LSM 电极的极化阻抗在 900℃为 $0.39\ \Omega \cdot cm^2$，但当温度降到 700℃后，阻抗急剧增大到 $55.7\ \Omega \cdot cm^2$。在中低温区域，LSM 电化学催化活性差是由其低的氧离子传导能力所致。为了提高 LSM 阴极材料的电化学性能，即增强阴极材料的氧离子传导能力，同时增加氧电化学还原反应的活性点即三相界面及调整 LSM 的 CTE，通常在 LSM 中加入一定量的电解质材料，制成复合阴极。研究表明，YSZ 的引入可以明显降低 LSM 基复合电极的极化阻抗，但是 LSM 会和 YSZ 相互作用，反应生成 $La_2Zr_2O_7$ 杂质相。此外 Barnett 等[39]总结了在不同温度下 LSM、LSM-YSZ 复合电极和 LSM-GDC 复合电极在含不同电解质材料的 SOFC 中的极化电阻。从表 3.8 中可以看出，700℃时，基于 YSZ 电解质的 LSM 电极的极化阻抗为 $7.82\ \Omega \cdot cm^2$，而基于 GDC 电解质的 LSM 电极的极化阻抗下降为 $2.67\ \Omega \cdot cm^2$；同样基于不同电解质的 LSM-GDC 复合电极的极化阻抗由 $1.06\ \Omega \cdot cm^2$ 下降到了 $0.75\ \Omega \cdot cm^2$，由此可见，由于 GDC 材料有着更高的氧离子传导能力，因此有利于降低电极的极化电阻，而在中低温条件下，由于 LSM 随着工作温度的降低，性能下降很快，不能满足中低温 SOFC 的使用要求，一般通过添加离子电导率较高的 SDC 或 GDC 电解质材料来降低 LSM 的使用温度。

表 3.8   LSM 基阴极在不同温度下的极化电阻

电解质材料	阴极材料	极化电阻/$(\Omega \cdot cm^2)$			
		750℃	700℃	650℃	600℃
YSZ	LSM-GDC50	0.49	1.06	2.51	6.81
	LSM-YSZ50	1.31	2.49	4.92	11.37
	LSM	3.5	7.82	20.58	51.03
GDC	LSM-GDC50	0.34	0.75	1.74	4.44
	LSM	1.13	2.67	6.38	16.32

除了引入具有高氧离子传导率的相外，开发新型的 LSM 相关的材料也很重要。其他一系列 $Ln_{1-x}Sr_xMnO_3$（Ln = La、Pr、Nd、Sm、Gd）材料被合成出来并用于 SOFC 的阴极材料。以不同镧系元素掺杂的 $LnMnO_3$（Ln = La、Pr、Nd、Sm、Gd、Yb、Y）材料中，$Pr_{1-x}Sr_xMnO_3$ 材料有着最高的电导率。而且随着操作温度的下降，$Pr_{1-x}Sr_xMnO_3$ 电极的过电势维持在较低水平。以 Bi 元素取代常用的镧

系元素合成的 $Bi_{0.5}Sr_{0.5}MnO_3$(BSM)材料可以作为 SOFC 的电极材料。其 CTE 约为 $14×10^{-6}$ K^{-1}，这与常用的电解质材料的 CTE 接近。BSM 在 $600\sim800℃$ 时的电导率为 $82\sim200$ S/cm，且其电极的极化阻抗要小于 LSM。如图 3.26 所示，$600℃$ 时，以 BSM 为阴极的单电池最大功率密度达到了 277 mW/cm^2，当以 BSM-SDC 作为阴极时，单电池最大功率密度更是高达 349 $mW/cm^{2[40]}$。此外，Ca 也被用来取代 Sr 掺杂 $GdMnO_3$ 材料，和 Sr 掺杂的 $GdMnO_3$ 相比，虽然电化学性能的提升并不明显，但是材料和 YSZ 之间的相容性得到了提升。

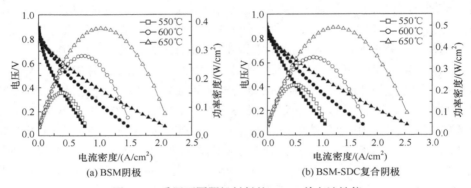

(a) BSM阴极   (b) BSM-SDC复合阴极

图 3.26　采用不同阴极材料的 SOFC 单电池性能

实心表示电压数据，空心表示功率密度数据

一些过渡金属(Sc、Cr、Fe、Co、Ni、Cu)被用来取代 Mn 来提高 LSM 的催化活性。利用价态较低的 Sc(+3 价)掺杂可以在 LSM 中引入更多的氧空穴，从而提高了 LSM 的氧离子传导能力。但是当 Sc 的掺杂量超过 5 mol%会生成 Sc_2O_3 杂质相。当用 Co 取代部分 Mn，则获得 LSCM 材料的电化学性能与 LSM 相比有较为明显的提升，$La_{0.6}Sr_{0.4}Co_{0.8}Mn_{0.2}O_3$ 材料的电导率高达 1400 S/cm，且该电极在 $800℃$、300 mA/cm^2 极化电流下的过电势仅为 2.5 mV，远小于 LSM 的过电势。然而 Co 掺杂量的升高，会导致 LSCM 材料 CTE 变大，其结构稳定性以及与电解质的化学相容性下降。

3.3.2　掺杂的钴酸盐

当 LSM 中的 Mn 完全被 Co 取代时，则转变为钴酸盐 $Ln_{1-x}Sr_xCoO_3$，该材料也有着较高的电催化活性。掺杂的钴酸盐代表性材料主要有 LSC、LSCF 以及 Sr 掺杂的 $SmCoO_3$(SSC)等离子-电子混合导电材料。与 LSM 阴极材料相比，这些材料具有更高的电子电导率和离子电导率。

LSC 阴极具有高的电子和离子导电性以及高的氧还原活性特点，但是 LSC 在高温下容易与 YSZ 反应生成绝缘相的 $La_2Zr_2O_7$ 和 $SrZrO_3$，同时还存在着 CTE 大与电解质匹配性差以及结构不稳定的缺点。为了改善 LSC 的性能，Fe 元素被用来部分取代 Co 形成 $La_{1-x}Sr_xCo_{1-y}Fe_yO_3$ (LSCF)材料, 研究表明 $La_{0.6}Sr_{0.4}Co_{0.8}Fe_{0.2}O_{3-\delta}$ 的离子电导率在 800℃可以达到 0.03 S/cm 左右, 同时电子电导率可以达到 1000 S/cm, 这都与 $La_{0.6}Sr_{0.4}CoO_3$ 接近, 如图 3.27 所示。说明 LSCF 也具有良好的氧还原催化活性[41]。尽管 Fe 的加入可以缓和阴极材料和 YSZ 之间的相反应, 但在高温时依然无法避免, 因此也无法将 LSCF 直接应用于 YSZ 电解质上, 目前主要采用 Ce 基电解质材料制备薄膜阻隔层来实现 LSCF 在 YSZ 电解质上的应用, 或者将 LSCF 应用于 Ce 基电解质的 SOFC 中。在制备电池的过程中, 在 YSZ 电解质和 LSCF 阴极之间涂覆了一层 0.3 μm 厚的 GDC 电解质薄层可以用来防止相反应的发生。在 700℃、0.7 V 的输出电压下, 电池的电流密度达到了 1.7 A/cm²。为了进一步提高 LSCF 电极的电化学性能和降低 LSCF 相对较高的 CTE, 往往会向其中添加高氧离子传导率的材料, GDC 的加入会对 LSCF 的性能产生影响。在 975℃烧制的纯 LSCF 阴极在 600℃的极化阻抗为 1.2 Ω·cm², 在相同条件下随着 GDC 的加入, 复合电极的极化阻抗逐渐减小, 当 LSCF-GDC 复合电极中 GDC 的质量分数增加到 60%时达到最佳, 此时复合电极的极化阻抗降到了 0.17 Ω·cm², 采用该复合阴极的阳极支撑型(GDC 电解质的厚度为 49 μm)单电池在 600℃的最大功率密度为 422 mW/cm²。随着 Fe 掺杂量的提高, 可以进一步降低 LSCF 材料的 CTE, 但也会导致其电导率的下降, 但是下降后的电导率依然高于 100 S/cm。而且 $Sm_{0.5}Sr_{0.5}Co_{0.2}Fe_{0.8}O_{3-\delta}$ 电极在 800℃的极化阻抗也仅为 0.1 Ω·cm²。此外, 为了尽可能缓和 LSCF 和 YSZ 之间的相反应, Sm、Pr、Nd、Gd 等镧系元素也被用来取代 La。结果显示取代后的材料有着和 LSCF 类似的电化学性能。

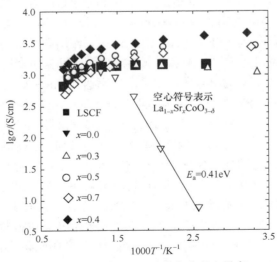

图 3.27 LSC 和 LSCF 在空气中的电导率

当采用不同碱土金属掺杂制备 $Sm_{0.7}M_{0.3}CoO_3$（M=Ca、Sr 和 Ba）材料时，Sr 掺杂的材料具有最好的氧还原活性。将 SDC 电解质材料引入 SSC 电极中可以提高电极的氧还原催化活性，SDC 在阴极中的最佳含量为 30%，电极的最佳制备温度为 950℃。在该优化条件下复合电极 600℃的极化阻抗为 0.18 Ω·cm²。掺杂的钴酸盐阴极材料是目前较为理想的中低温固体氧化物燃料电池的阴极材料之一，图 3.28 为 1000℃烧结的 SSC-SDC 阴极层的 XRD 谱图。

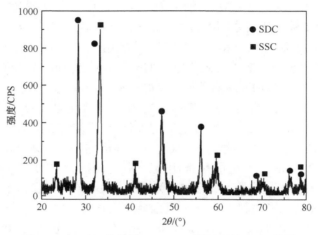

图 3.28　1000℃烧结的 SSC-SDC 阴极层的 XRD 谱图

3.3.3　掺杂的铁酸盐

由于 $LaSrFeO_3$（LSF）有着和电解质材料接近的 CTE（约 $12×10^{-6}$ K^{-1}）和高的电导率（在 750℃的电导率为 155 S/cm），因此不含 Co 的 LSF 材料也被用于 SOFC 阴极材料研究中。LSF 与 YSZ 之间的相互作用和 LSC 相比大为减弱，即使在 1400℃煅烧也没有 $La_2Zr_2O_7$ 和 $SrZrO_3$ 相生成（图 3.29）[42]。采用 LSF 电极的单电池在 750℃、0.7 V 输出电压下的输出功率达到 0.8～0.95 W/cm²。但是当温度降低到 650℃后，电池的性能仅为 0.4 W/cm² 左右。这对于中温 SOFC 而言是稍微偏低的。最近，一种 Bi 掺杂的 $Bi_{0.5}Sr_{0.5}FeO_3$ 材料被发现有着良好的催化性能。测试发现致密的 $Bi_{0.5}Sr_{0.5}FeO_3$ 薄膜有着比 LSF 更高的氧交换速率。该 $Bi_{0.5}Sr_{0.5}FeO_3$ 薄膜电极的极化阻抗为 2.8 Ω·cm²，相同情况下 LSF 样品的极化阻抗达到了 8.2 Ω·cm²，$Bi_{0.5}Sr_{0.5}FeO_3$ 材料有着更好的电化学性能可能是因为 Bi^{3+} 阳离子有额外的 6 s 孤对电子，这会促进氧空穴的迁移。与此同时，$Bi_{0.5}Sr_{0.5}FeO_3$ 材料的 CTE 为 $12.4×10^{-6}$ K^{-1}，这和电解质材料接近。其较低的 CTE 可能是因为体相中 Fe^{4+} 的含量较低，而来自 Fe^{4+} 还原导致的化学膨胀较弱。

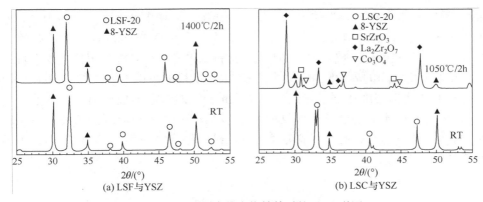

图 3.29　不同混合物在烧结前后的 XRD 谱图

3.3.4　Ruddlesden-Popper 型材料

最近，Ruddlesden-Popper (R-P) 氧化物因其相对较高的氧化物离子扩散率、快速的氧表面交换性能、与常用电解质相容的 CTE 以及在氧化条件下的高电催化活性而被作为潜在的 SOFC 阴极材料来研究。

R-P 型材料通常可以表达为 $A_{n+1}B_nO_{3n+1}$ ($n = 1$、2、3)。最低阶的 R-P 型材料通常又称为 K_2NiF_4 型材料。常见的 Ln_2NiO_4 (Ln 为镧系元素) 就属于这一类结构的氧化物。一般而言，K_2NiF_4 型材料的电化学性能要比钙钛矿型材料的电化学性能差。但是因为 K_2NiF_4 型材料的特殊层状结构，LnO 盐岩层可以容纳间隙氧，从而使其盐岩层具备了传导氧离子的能力，而不需要在材料中掺杂碱土金属来提高材料的氧离子传导能力。$La_2NiO_{4+\delta}$ 阴极和 LSGM 电解质的单电池在 750℃、800℃和 850℃的最大功率密度分别为 160 mW/cm²、226 mW/cm² 和 322 mW/cm²，且该电池在 800℃、448 mA/cm² 的电流密度下可以稳定工作 144 h。这表明 $La_2NiO_{4+\delta}$ 材料和 LSGM 电解质材料之间具有很好的化学兼容性。为了进一步提高电极的电化学性能，氧离子导体也被加入 $La_2NiO_{4+\delta}$ 电极中。当加入 20 wt% SDC 后，采用 $La_2NiO_{4+\delta}$ 阴极的单电池在 800℃的性能从 170 mW/cm² 提高到 370 mW/cm²，说明 SDC 等氧离子导体的加入可以促进氧还原反应中的电荷转移过程，从而提高电极的电化学性能。此外，通过电流极化的方式也可以提高 $La_2NiO_{4+\delta}$ 电极的电化学性能，但是一旦取消电流极化，$La_2NiO_{4+\delta}$ 电极的电化学性能又会恢复到原来的状态，而且该方法对 $La_2NiO_{4+\delta}$-SDC 复合电极无效。由此可见，形成复合电极是提高 $La_2NiO_{4+\delta}$ 电极性能的有效方法之一，但是该性能的提升依然不能满足中低温 SOFC 的要求。

从图 3.30 中可以看出，在 $Ln_2NiO_{4+\delta}$ (LNO，Ln=La、Nd、Pr) 材料中，$Nd_2NiO_{4+\delta}$ 尤其是 $Pr_2NiO_{4+\delta}$ 具有更吸引人的离子电导率[43]。$Pr_2NiO_{4+\delta}$ 材料在

900℃时有着和 LSCF 接近的最高氧离子电导率，而在中低温下其氧离子电导率还要高于钙钛矿型结构氧化物。其氧扩散系数和表面交换系数也是最高的。$Pr_2NiO_{4+\delta}$电极的极化阻抗要比 LSM 电极材料低得多，而且极化阻抗主要来自于电极和电解质之间的界面阻抗。采用 $Pr_2NiO_{4+\delta}$阴极的单电池在 750℃、0.8 V 输出电压下的功率密度达到了接近 0.7 W/cm^2。同时该电池展现出了良好的稳定性，运行 1000 h 后的衰减速率仅为 3%。尽管 $Nd_2NiO_{4+\delta}$材料的氧还原活性较 $Pr_2NiO_{4+\delta}$要差一些，但是该材料有着更好的结构稳定性以及抗 Cr、抗 CO_2 中毒的能力。

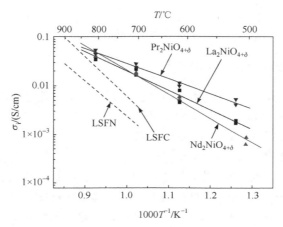

图 3.30　不同氧化物材料的离子电导率与温度之间关系的比较

当用 Cu、Al、Co、Ga 和 Mo 等元素取代 Ni 的掺杂时，材料的物理化学性质也会发生变化，但适当的掺杂比例依然可以优化材料性能。通过在 LNO 的 B 位使用 Cu 代替 Ni 制备的 $La_2Ni_{1-x}Cu_xO_{4+\delta}$（LNC$x$，$x$ = 0、0.1、0.2、0.3）的阴极材料中，随着 Cu 含量的增加，阴极材料的制备烧结温度降低，CTE 也降低，但是 Cu 掺杂会导致材料的氧离子传导和电化学性能变差，电导率下降，且 LNCx 对称电池的极化电阻也会增加。但是 LNCx（x = 0.2）组成单电池后，700℃时的最大输出功率依然可以达到 340 mW/cm^2，说明适量的 Cu 掺杂可以提升阴极的电化学性能。而在 LNO 的基础上在 A 位掺杂 Eu 可以改良材料的结构和电学性能，随着 Eu 含量增加，阴极材料呈现结合良好的多孔网络结构，为氧空位提供了足够的 TPB，$La_{1.8}Eu_{0.2}NiO_{4+\delta}$在 700℃时的最小极化电阻为 1.3 $\Omega \cdot cm^2$，表明适量 Eu 掺杂可以提高阴极材料性能。

此外，通过 A 位掺杂 Pr、B 位掺杂 Cu 的方式制备出的新型阴极材料 $La_{1.5}Pr_{0.5}NiO_{4+\delta}$（LPN）和 $La_{1.5}Pr_{0.5}Ni_{0.9}Cu_{0.1}O_{4+\delta}$（LPNC）表现出了与电解质良好的相容性和接近的 CTE。制得的 NiO-SDC|SDC|LPNC 单电池在 800℃的极化电阻为

$0.047\ \Omega\cdot cm^2$，最大功率密度为 $567\ mW/cm^2$，高于以 LPN 为阴极的 $504\ mW/cm^2$。Zhou 等[44]在 LPN 基础上，对 $La_{1.5}Pr_{0.5}Ni_{0.95-x}Cu_xAl_{0.05}O_{4+\delta}$电化学性能进行了进一步研究，如表 3.9 所示。所有的阴极材料在 700℃和 800℃下连续运行 72 h 表现出了良好的稳定性。最大电导率是 $La_{1.5}Pr_{0.5}Ni_{0.7}Cu_{0.25}Al_{0.05}O_{4+\delta}$在 350℃的 50 S/cm。所有材料在 30~1000℃条件下的平均 CTE 为 13.3×10^{-6}~$15.1\times10^{-6}\ K^{-1}$，与 SDC 电解质接近。在 800℃条件下，在 SDC 电解质材料上测得的阴极最低极化电阻是 $La_{1.5}Pr_{0.5}Ni_{0.85}Cu_{0.1}Al_{0.05}O_{4+\delta}$(LPNCA10) 的 $0.04\ \Omega\cdot cm^2$。以此材料作为阴极制得的电解质支撑的单电池 NiO-SDC/SDC/LPNCA10 的最大功率密度在 800℃时达到了 $532\ mW/cm^2$。这些结果表明，Cu 和 Al 共掺杂的 LPN 有望成为中低温 SOFC 阴极的替代物。

表 3.9 $La_{1.5}Pr_{0.5}Ni_{0.95-x}Cu_xAl_{0.05}O_{4+\delta}$阴极材料物理与电化学性能

阴极材料	$CTE\times10^{-6}/(K^{-1})$	活化能/(kJ/mol)	极化电阻/(Ω/cm^2)			最大功率密度/(mW/cm^2)		
			800℃	700℃	600℃	800℃	700℃	600℃
$La_{1.5}Pr_{0.5}NiO_{4+\delta}$	15.1	11.9	0.06	0.18	1.07	504	244	60
$La_{1.5}Pr_{0.5}Ni_{0.95}Al_{0.05}O_{4+\delta}$	15.0	10.8	0.05	0.15	1.02	458	213	51
$La_{1.5}Pr_{0.5}Ni_{0.85}Cu_{0.1}Al_{0.05}O_{4+\delta}$	14.5	9.9	0.04	0.15	0.97	532	287	61
$La_{1.5}Pr_{0.5}Ni_{0.7}Cu_{0.25}Al_{0.05}O_{4+\delta}$	14.2	7.3	0.07	0.21	1.04	479	249	56
$La_{1.5}Pr_{0.5}Ni_{0.45}Cu_{0.5}Al_{0.05}O_{4+\delta}$	14.0	11.0	0.08	0.23	1.28	438	220	53
$La_{1.5}Pr_{0.5}Ni_{0.2}Cu_{0.75}Al_{0.05}O_{4+\delta}$	13.7	12.8	0.10	0.39	2.24	429	216	51
$La_{1.5}Pr_{0.5}Cu_{0.95}Al_{0.05}O_{4+\delta}$	13.6	5.6	0.27	0.81	4.76	357	205	30
$La_{1.5}Pr_{0.5}Cu_xO_{4+\delta}$	13.3	7.1	0.43	1.25	4.94	396	211	48

常见的高阶 R-P 型氧化物包括 $La_3Ni_2O_{7-\delta}$ 和 $La_4Ni_3O_{10-\delta}$ 两种材料，这两种材料同样也被用于 SOFC 阴极研究。这些高阶材料和 $La_2NiO_{4+\delta}$相比，具有更好的相稳定性、更高的电导率、低的 CTE 以及更高的氧还原催化活性。此外，在高阶 R-P 型材料中，其氧的实际计量比要低于理论计量比。较低的氧含量意味着具有更多的氧空穴，这将有利于提升 $La_4Ni_3O_{10-\delta}$材料的氧离子传导能力。Takahashi 等[45]以 $La_{n+1}Ni_nO_{3n+1}$(n = 1、2、3)作为阴极，SDC 作为电解质，Ni-SDC 作为阳极对其电极性能做了详细的测试，如图 3.31 所示，从图中可以看出高阶 R-P 型氧化物具有更优的电化学性能。但是关于高阶 R-P 型氧化物性能的报道并不多，其原因可能是纯相的高阶 R-P 型氧化物制备较难。制备温度的变化以及 La、Ni 比例的稍微变化波动都会导致最终相组成发生较大变化。但是近来一些新的制备方法，包括柠檬酸辅助法、连续水热法和溶胶-凝胶法都已成功合成

出这些高阶 R-P 型氧化物。

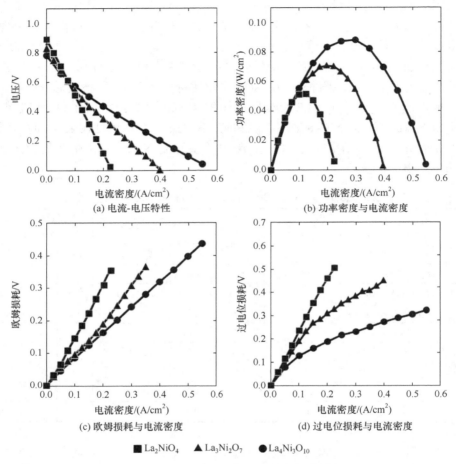

图 3.31　单电池 La$_{n+1}$Ni$_n$O$_{3n+1}$｜SDC｜Ni-SDC 在 700℃时的电化学性能

3.3.5　PCFC 阴极材料

MIEC 因具有极佳的电子电导以及氧还原反应(oxidation-reduction reaction, ORR)活性而被广泛用作 SOFC 的阴极材料。目前，PCFC 的绝大部分阴极材料都是从氧离子传导型的 SOFC 上直接转移过来使用的。但是，当几乎没有质子传导能力的 MIEC 用作 PCFC 的阴极时，电池的电化学性能就会受到很大的限制。其原因在于：当质子通过质子导体电解质传导至阴极和电解质的界面处时，阴极缺乏传导质子的能力，大量质子被阻塞于界面处，不像氧离子那样可以迅速扩散至整个电极区域参与反应。此外，由于反应仅限于在界面处发生，质子与氧离子结合生成的水长期聚集在界面附近区域，无法及时去除，极易导致电极从界面处分层开裂。为了使得 PCFC 能够高效运作，阴极不仅仅需要传导 O^{2-} 和 e^-，还需要能够传导质子 H^+，也就是说它应该是一个三相导体氧化物(three-phase conductor oxide，TCO)[47]。不同类型的质子导体阴极的活性反应区域示意图如图 3.32 所示[3]。

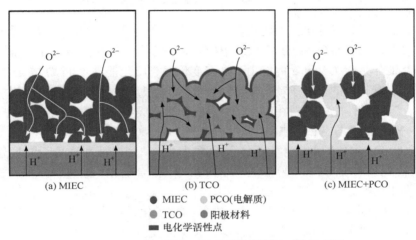

(a) MIEC　　　　　　(b) TCO　　　　　　(c) MIEC+PCO

● MIEC　　● PCO(电解质)
● TCO　　● 阳极材料
■ 电化学活性点

图 3.32　三种不同类型的质子导体阴极对比示意图

1. 具有质子亲和性的 MIEC 材料

有关 MIEC 材料的氧还原反应机理研究已经相当完备，许多研究者在现有理论和实验基础上，将一些质子亲和性较好的 MIEC 材料应用到高温 PCFC 中，以考察其阴极性能。例如，$La_{0.6}Sr_{0.4}Fe_{0.8}Co_{0.2}O_{3-\delta}$(LSCF)、$Ba_{0.5}Sr_{0.5}Co_{0.8}Fe_{0.2}O_{3-\delta}$(BSCF)、$PrBaCo_2O_{5+\delta}$(PBCO)以及 $Pr_2NiO_{4+\delta}$(PNO)这四种典型的钙钛矿材料均可用作质子导体阴极。其中，氧空位浓度较高的氧化物(BSCF 和 PBCO 等)相比于低氧空位的氧化物(LSCF 等)往往具有更好的水合特性，也反映了氧空位在电极从水中摄取质子的相关反应中起到了关键性的作用$\left(\ddot{V}_O + O_O^x + H_2O \longrightarrow 2OH_O^* \right)$。在电化学性能方面，PBCO 和 PNO 内部存在质子电导，是潜在的 PCFC 阴极材料。对 PBCO、BSCF 和 PNO 而言，提高水蒸气的浓度分压可以提升电极性能，这些电化学性能表征均印证了 PCFC 电极过程中存在与 O^{2-} 和 H^+ 相关的反应过程[46]。

另外，层状结构的钙钛矿材料由于在 PCFC 的工作条件下具有优异的氧还原活性和质子反应活性，也被认为是有应用前景的阴极候选。用通式 $AA'B_2O_{5+\delta}$ 可以代表层状钙钛矿家族的分子结构，其中 A 为三价的镧系元素(Ln = Pr、Nd、

Sm、Gd 等)，A′通常为 Ba^2 和 Sr^{2+} 等碱土金属，B 通常是第一排过渡金属元素或是它们的混合。层状钙钛矿包含了两层形如…|A′O|BO$_2$|AO$_\delta$|BO$_2$|…交替堆叠的结构。以 $LnBaCoO_{5+\delta}$(Ln = Pr、Sm、Gd)为阴极的 PCFC 在 700℃时的最大功率密度可达 266～382 mW/cm²[47]。

2. 基于在质子导体中重度掺杂过渡金属的三相导体氧化物

为了提升三相导体电极的电化学性能，研究者使用过渡金属元素对质子导体材料如 $BaZrO_{3-\delta}$(BZO) 和 $BaCeO_{3-\delta}$(BCO)等进行了大量的掺杂研究，希望以此来提升其催化生成 O^{2-} 和 e^- 的能力。许多变价的金属元素进入 PCO 的 B 位时，往往可以提升材料的氧离子动力学特性。例如，通过 Pr 和 Gd 进行 B 位掺杂的 $BaCeO_{3-\delta}$ 三相导体电极材料在湿空气中具有 p 型半导体的传导特性；通过 Sm、Eu 和 Yb 等变价元素掺杂可以提升 $BaCeO_{3-\delta}$ 的 p 型电导，其中 $BaCe_{0.9}Yb_{0.1}O_{3-\delta}$(BCYb)的电荷迁移数可通过建立缺陷模型和测量不同氧分压下的电导率计算得到，其在 600 ℃呈现空穴和离子混合电导。通过研究水蒸气分压和氧分压中的热力学平衡和扩散动力学特性来探索三相导体中的复杂传导行为时发现[48]，根据缺陷化学的模型，材料内部的质子化反应会随着水蒸气分压的增加，由摄入大量水分子的水合反应向氢化反应转变。

$$H_2O + O_O^x + V_O'' \longrightarrow 2OH_O' \text{，水合反应} \tag{3.17}$$

$$H_2O + O_O^x + 2h' \longrightarrow 2OH_O' \text{，氢化反应} \tag{3.18}$$

Co 、 Fe 等过渡金属掺杂的 $BaZrO_{3-\delta}$ 也是一种三相导体材料，如 $BaCo_{0.4}Fe_{0.4}Zr_{0.2}O_{3-\delta}$(BCFZ) 在 $BaZr_{0.1}Ce_{0.7}Y_{0.1}Yb_{0.1}O_{3-\delta}$(BZCYYb)电解质支撑的电池上就呈现出很好的稳定性，它的表观活化能大约在 76 kJ/mol，明显要比 LSCF 的活化能(138 kJ/mol)更低。Duan 等[47]报道了一种更稳定的质子导体电极材料 $BaCo_{0.4}Fe_{0.4}Zr_{0.1}Y_{0.1}O_{3-\delta}$(BCFZY0.1)，将其作为阴极催化剂浸渍到 $BaCe_{0.6}Zr_{0.3}Y_{0.1}O_{3-\delta}$(BCZY63) 骨架中后，Ni-BZCYYb/BZCYYb/ BZY63-BCFZY0.1 构型的单电池 500℃时的功率密度可以达到 455 mW/cm²。即使以 BCFZY0.1 作为阴极时，如图 3.33 所示，单电池 500℃时的最大功率密度依然可以达到 405 mW/cm²，同时单电池经 1100 h 的运行过程中，电池电压和功率密度实际上略有增加，这是由于在最初 600 h 的运行期间阳极持续被还原，同时经过 1100 h 的运行后，电池依然保持完好，其微观结构几乎与未经测试的单电池相同。阴极/电解质和阳极/电解质界面没有出现分层迹象，并且保持了良好连接的界面特征，没有任何可见的裂纹或孔隙形成，表明电极与电解质具有良好的热膨胀兼容性和稳定性。

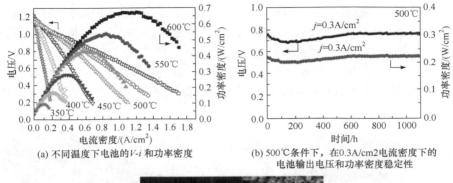

(a) 不同温度下电池的 *V-i* 和功率密度

(b) 500℃条件下，在0.3A/cm2电流密度下的
电池输出电压和功率密度稳定性

(c) 电池在氢气中运行1100h 后的横截面图
(插图是BCFZY0.1 阴极在运行1100h 后的高倍视图)

图 3.33   Ni-BZCYYb/BZCYYb/ BCFZY0.1 单电池在氢气/空气条件下的性能和微观结构

3. MIECs 和质子导体混合阴极

许多研究者借鉴氧离子导体阴极的优化策略，将 MIEC 和质子导体电解质混合起来使用，以此来拓展阴极三相界面。例如，交流阻抗表征显示质量比为 1∶1 的 $LSCF\text{-}BaCe_{0.9}Yb_{0.1}O_{3-\delta}$ 复合阴极的电化学性能要明显优于单相的 LSCF 阴极。这一结果也暗示了 PCFC 的电化学反应仅在 LSCF 阴极和质子导体电解质的界面处发生，而在阴极中复合了 $BaCe_{0.9}Yb_{0.1}O_{3-\delta}$ 质子导体材料后，电极的反应活性区域被大幅拓展了。此时，Ni-BZCYYb/BZCYYb/BZCY-LSCF 单电池的最大功率密度在 650℃时可以达到约 660 mW/cm²。类似的研究有很多，这里就不赘述了。但需要说明的是 MIEC 和质子导体电解质材料在最佳混合比例时才能发挥最大的电化学性能。另外，两种材料的颗粒尺寸对 TPB 也有较大的影响，微观形貌对复合电极的电性能的影响也值得继续探究。

3.4   双极连接体材料

单体 SOFC 只能产生 1 V 左右的电压，为了获得较高的电压以满足应用，必须将若干个单电池以串联的方式组装成电池组，在此过程中就需要采用双极连接体来实现。双极连接体在 SOFC 中起连接相邻单电池阳极和阴极的作用，如图 3.34 所示，对于管式 SOFC 而言，双极连接材料称为连接体，对于平板式 SOFC，双极连接材料称为双极板，同时兼顾导电和传输气体的作用，即将燃料气和氧化气通过双极连接体上的流场（flow field）输送到电极中去参与电化学反应，同时将反应的生成物和电子顺利排出，以保证电化学反应的持续稳定进行。

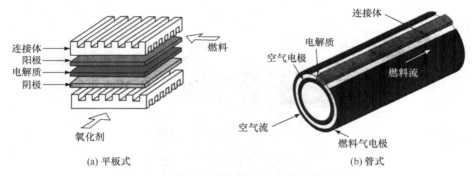

图 3.34　固体氧化物燃料电池单体结构示意图

连接体在 SOFC 中起着多重作用，同时是所有 SOFC 电池组件中要求最高的。连接体两侧存在氧化气氛和还原气氛的化学势梯度，其所处的工作环境苛刻，使得对连接体材料的选择非常严格。连接体的性能将直接影响电堆的稳定性和输出功率，在电堆中起着至关重要的作用。此外连接体的成本是 SOFC 各个部件中成本最高的，其制备成本占到了 SOFC 成本的一半甚至更高。因而对于高性能、低成本连接材料的研究开发将是 SOFC 最终实现商业应用的关键。为了得到期望的性能，连接体材料必须具有以下特性：①在 SOFC 的工作温度和环境（阴极的氧化气氛和阳极的还原气氛）下，连接体必须具有极好的导电性。这样连接体上的欧姆损失才会对电堆的功率密度损失影响最小，同时要保证其电导率在预期寿命内没有很大的变化。②连接体一侧为氧化气氛，一侧为还原气氛，连接体两侧存在着巨大的氧分压梯度，这就要求连接材料不受氧分压变化影响，要在 SOFC 的高工作温度下具有很高的化学和物理稳定性，包括尺寸、微观结构、化学含量、相结构等方面均稳定，同时与邻近电极之间没有相互反应和扩散。③在工作温度范围内，连接材料与电池其他组件材料的 CTE 要相匹配，以保证连接体与电极的良好接触，防止因温度变化产生内部应力。④连接体材料要致密，从室温到工作温度范围内保证对燃料气体和氧化气体的完全隔绝，避免两侧气体混合产生化学反应而导致电堆性能的下降甚至爆炸。⑤连接体必须具有非常好的热导率，一般认为其热导率不能小于 5 W/(m·K)，尤其是在平板式结构中。连接体的高热导率易于促进阴极产生的热量传导到阳极，使得阳极的燃料重整反应顺利进行，同时防止在 SOFC 电堆中由热温度梯度产生的热应力积累对电极和电解质的破坏。⑥连接体的阳极侧要具有优良的抗积碳、抗硫化的特性。⑦连接体成本要低，在高温下要具有良好的综合机械性能，易于加工。目前主要有两类材料能够满足 SOFC 连接材料的要求，一类是陶瓷连接体材料，另一类是合金连接体材料。

传统的高温 SOFC 工作温度一般在 1000℃左右。因此，能够满足上述条件的连接体材料只有少数具有钙钛矿结构的陶瓷氧化物材料，如 LaCrO 等 ABO$_3$型氧化物。随着 SOFC 技术的不断发展，通过降低传统电解质 YSZ 膜的厚度或采用具有高氧离子电导率的电解质膜，以及新型电极材料的开发，可使 SOFC 的操作温度从 1000℃左右降低到 600～800℃。这使金属材料取代传统陶瓷材料作为连接体成为可能。与陶瓷材料相比，金属连接体材料具有低成本、易加工、良好的电子电导率和热导率、优异的机械性能等优点。近年来，金属连接体材料作为最具潜力的 SOFC 连接体候选材料而受到广泛的关注。

3.4.1　陶瓷连接体材料

陶瓷连接体是氧化物，因此其化学稳定性和耐热腐蚀性能好，适用于 800℃以上的高温 SOFC，但是，其电导率相对较低、机械加工性能较差。

1.掺杂铬酸盐材料

在过去的几十年中，由于 LaCrO$_3$ 在低氧分压和氧化环境下表现出的比较高的电导率、化学稳定性，以及与 SOFC 相邻组件之间具有良好的相容性，因此其成为最适作为 SOFC 连接体材料的钙钛矿结构的氧化物。LaCrO$_3$属于 ABO$_3$钙钛矿型氧化物，熔点为 2490℃，室温下为正交晶型（*Pbmn* 空间群），在 240～280℃时由正交结构向菱形结构转变，菱形结构在 1000℃以下是一种稳定的结构，在1650℃转变为立方结构。

尽管具有上述优点，但是 LaCrO$_3$材料仍然存在下述难以解决的问题。

（1）烧结性能。由于 LaCrO$_3$ 在进行烧结时会发生 Cr 化合物的挥发，因此很难烧结致密，具体原因是在达到固相烧结温度之前，气相传质会导致晶粒增长，而不是致密化。尽管目前采用的高温烧结方法可以有效地提高 LaCrO$_3$ 的致密度，但是采用高温烧结时在 LaCrO$_3$ 内部形成的液相会向阳极界面甚至内部扩散，同时有可能与其他材料发生反应，降低电池性能，因此如何实现 LaCrO$_3$ 在低温环境下的致密烧结是目前急需解决的问题。

（2）导电性。LaCrO$_3$基材料是一种 p 型半导体，其电导率依赖于氧分压的变化。由于阳极侧氧分压较低（10^{-18}～10^{-8} atm），连接体的离子补偿机制将产生氧空位，这将导致连接体电导率的降低，同时增加了氧从阴极扩散到阳极的概率，相应地增加了 SOFC 的浓差极化，降低 SOFC 工作效率。连接体在阴极侧的电导率较高，而在阳极侧的电导率则相对较低，存在一个电导率的梯度。对于 $La_{1-x}Ca_xCrO_3$ 来说，阳极侧和阴极侧的电导率可以相差近 30 倍。此外，$LaCrO_3$ 的导电性在中温范围内时呈现出较低的水平，因此常采用向 La 位置掺杂 Sr 或 Ca 等元素、向 Cr 掺杂 Mn、Ni、Cu、Co 等元素的方式来提高 $LaCrO_3$ 的导电性。但是在提高电导率的同时，材料的 CTE 也会被提高，过高的 CTE 会使材料不能作为连接体材料使用。

（3）化学稳定性。$LaCrO_3$ 在 SOFC 的工作温度下（≤1000℃）不与其他相邻部件反应，但是其吸附的 CO_2 在与 LSM 阴极材料共烧结时，两者易发生化学反应。通过对 CO_2 程序升温脱附和红外光谱的研究发现，CO_2 在不同材料上的吸附率排序为 $LaCrO_3$ > $LaFeO_3$ > $LaCoO_3$。此外，CO_2 在与 LSM 阴极材料共烧结时，两者易发生化学反应是由于 CO_2 提高了 Sr 的表面偏析动力学，促进了 $SrCO_3$ 的形成。

目前，主要采用碱土金属或过渡金属元素分别对 La 位和 Cr 位进行掺杂来改进 $LaCrO_3$ 的上述不足。

通常在 $LaCrO_3$ 的 A 位掺入二价离子，最常用的掺杂离子是 Sr、Ca、Mg 等碱土金属的二价阳离子。Ca、Sr、Mg 等掺杂 $LaCrO_3$ 后所得物质在电导率、稳定性、CTE、机械强度等有关性能方面的变化有一定的差异，Sr 和 Ca 的掺杂对 $LaCrO_3$ 影响程度是不同的，但其作用方式基本相同，Sr 的掺杂对热膨胀性能影响显著，当氧分压降低时，材料强度增大且体积膨胀减小，铬氧化物的活性随之降低；相对于 Sr 掺杂，Ca 的掺杂相容性较高，而且性质更稳定，电导率随着掺杂量的增加显著增大，其他元素只有在和 Sr、Ca 一起掺杂时才有效。此外，Sr 和 Ca 掺杂不但能够提高 $LaCrO_3$ 的电导率，而且还都能改善 $LaCrO_3$ 的烧结性能，因为在烧结过程中会有低熔点的液相 $CaCrO_4$ 和 $SrCrO_4$ 出现，从而增加了烧结的致密度，即所谓的"液相烧结机制"。通过适当比例的掺杂，以 Sr、Ca、Al 等部分取代 La，可以使 $LaCrO_3$ 的相变温度降低，掺杂 10% 的 Sr 即可使 $LaCrO_3$ 在常温下为六方晶系结构。

而对于 B 位掺杂，如图 3.35 所示，Co、Mn 和 Cu 掺杂可以使电导率升高，但是 CTE 也随之急剧升高，Ni 掺杂可以在很大程度上提高电导率，但是该材料的稳定性不佳[49]。此外，Fe 掺杂在提升电导率的同时，降低了 CTE，总体来说，B 位掺杂对电导率的提升程度都不如 A 位掺杂[49]。

还有一些对 A 和（或）B 位共掺杂的材料，如 $La_{1-y}Sr_xCa_yO_{3-\delta}$、$La_{1-x}Sr_xCr_{1-y}Ni_yO_{3-\delta}$、$La_{0.95}Ca_{0.05}Cr_{0.84}Al_{0.16}O_{3-\delta}$、$La_{0.80}Sr_{0.20}Cr_{0.92}Co_{0.08}O_{3-\delta}$ 等，这些材料在电导率、烧结性能及 CTE 等方面都得到了改善，但都有待于进一步研究。

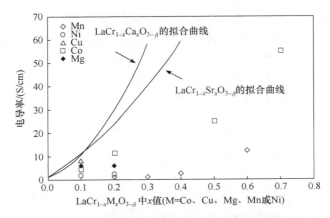

图 3.35　在 1273 K 下，B 位掺杂 Co、Cu、Mg、Mn 或 Ni 的铬酸镧在空气中的电导率

2. 掺杂钛酸盐材料

由于掺杂铬酸盐作为连接体材料存在不少难以解决的问题，如烧结性能差、p 型导电行为使其在阳极侧电导率低等，掺杂钛酸盐连接体材料作为其替代材料已引起关注。

$CaTiO_3$ 钙钛矿陶瓷作为一种合适的阳极和互连材料，因其能够接受多种稀土元素进入钛酸盐固溶体中而备受研究和关注，其中 La^{3+} 是最受关注的稀土元素，它将 $CaTiO_3$ 转化为 n 型半导体 $La_xCa_{1-x}TiO_3$。$La_xCa_{1-x}TiO_3$ 因在大范围氧分压下的稳定性以及在高温还原气氛下的高电导率而闻名。同样，La 掺杂的 $SrTiO_3$(LST) 在还原性环境中具有高导电性，且与 Ni/YSZ 阳极具有良好的化学兼容性，在阳极侧涂覆致密的 LST，适合作为与燃料气体接触的连接体材料。但 LST 在氧化性气氛中会经历缓慢的氧化还原动力学相变，其电导率在高温下先降低后增加。为了提高 LST 的电导率和稳定性，一是在 B 位掺杂过渡金属，用 Mn 部分取代 Ti，形成新的掺镧锰 $SrTiO_3$ 钙钛矿氧化物(LSTM)，LSTM 具有合理的热膨胀和良好的电化学活性。二是用 Ca 代替 Sr 来制备 LCTM 钙钛矿氧化物，如 $La_{0.4}Ca_{0.6}Ti_{0.4}Mn_{0.6}O_{3-\delta}$ 在氧化和还原条件下的电导率分别高达 12.20 S/cm 和 2.70 S/cm，其 CTE 值为 10.76×10^{-6} K^{-1}，与 8YSZ 非常接近，在 SOFC 工作温度下具有良好的化学兼容性及还原稳定性。通过一种经济高效的丝网印刷技术在阳极支撑的平管式 SOFC 上制备的致密的 LCTM 连接体层，在 800 ℃ 时，电池的最大功率密度为 207.94 mW/cm², 其面电阻 (area specific resistance，ASR) 为 1.23 Ω·cm²，显示了掺杂钛酸盐材料在 SOFC 连接体上应用的潜力。

针对上述两种导电类型的陶瓷连接体材料优缺点，研究人员提出了双层连接体的概念[50]，即由阳极侧的 n 型导电层和阴极侧的 p 型导电层组成，如图 3.36

所示。通过理论计算表明，界面氧分压是一个重要的设计变量，它主要取决于穿过连接体的氧分压梯度和两层的低水平氧传导率，而与它们的电子电导率和通过连接体材料的总电流密度基本无关。并可以通过仔细设计两层的组成和厚度获得具有低电阻的双层连接体。但是，该双层结构组成复杂，因此其在 SOFC 工作条件下的材料相容性和化学稳定性有待进一步验证。

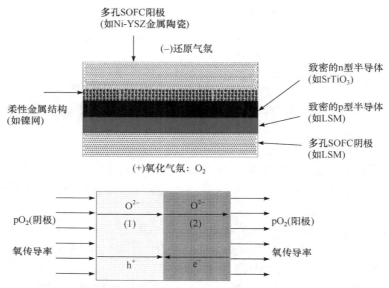

图 3.36　双层连接体连接示意图以及双层连接体中氧离子 O^{2-}、空穴 h^+ 和电子 e^- 的传输方向

3.4.2　合金连接体材料

随着 SOFC 工作温度降至 600～800℃，具有高抗氧化性的金属合金被用来取代传统的陶瓷连接体。在可制造性、成本、机械强度和导电性等方面，金属连接体都要优于陶瓷连接体。

但是，合金连接体材料在 SOFC 的氧化气氛下容易在表面生成氧化物，从而导致接触电阻急剧增大。一般而言，能形成致密氧化膜的合金在高温下的氧化反应通常遵循抛物线规律，生成的氧化物的 ASR 可以用以下关系式来表示[51]：

$$\text{ASR} = 2\frac{\sqrt{K_0 t}}{\sigma_0} T \cdot \exp\left(\frac{-0.5E_{\text{OX}} + E_{\text{CO}}}{KT}\right) \tag{3.19}$$

式中，K_0 为与合金反应速率常数 K_p 相关联的反应动力常数；σ_0 为与氧化膜电导率相关的常数；E_{OX} 和 E_{CO} 分别为氧化膜中离子扩散需要的活化能和电子迁移所需的活化能。由此可见，在一定的温度和时间下，合金表面生成的氧化膜 ASR

不仅与 $K_0^{0.5}$ 有关，还与氧化膜的固有特性 σ_0、E_{OX} 和 E_{CO} 有关。在选择 SOFC 合金连接体材料时，其必须具备足够小的 K_0 和足够大的 σ_0。为了提高合金的耐高温氧化性，合金连接体材料中通常会含有一定量的 Al、Si 和 Cr 等抗氧化元素，在 SOFC 工作条件下，合金表面会生成 Al_2O_3、SiO_2 或 Cr_2O_3 的致密氧化物保护膜，其氧化动力学遵循抛物线规律，反应动力学常数 K_0 较小，但是，Al_2O_3 和 SiO_2 的电导率常数 σ_0 太小，不能同时满足上述的两个条件，因此往往会选择表面能形成 Cr_2O_3 的合金作为 SOFC 的合金连接体材料。但是由于 Cr_2O_3 保护层中 Cr^{3+} 在 SOFC 的运行条件下，随温度和气体分压不同会发生如式(3.20)～式(3.22)所示的反应，易被氧化成 CrO_3、$CrO_2(OH)_2$、CrO_2OH 等多种形式的+6价的 Cr 化合物，这些化合物挥发后，在阴极材料/电解质的界面处沉积，阻碍了氧还原反应的发生，是 SOFC 电池性能下降的主要原因之一。另外，Cr_2O_3 易和 LSM 等阴极材料发生反应，严重影响阴极材料的电化学性能。

$$2Cr_2O_3(s) + 3O_2(g) \rightleftharpoons 4CrO_3(s) \tag{3.20}$$

$$2Cr_2O_3(s) + 3O_2(g) + 4H_2O(g) \rightleftharpoons 4CrO_2(OH)_2(s) \tag{3.21}$$

$$Cr_2O_3(s) + O_2(g) + H_2O(g) \rightleftharpoons 2CrO_2OH(s) \tag{3.22}$$

因此，在综合衡量了氧化物的生长速度、导电能力等参数后，目前常用的合金连接体材料主要是 Cr 基合金、Ni 基合金和 Fe 基合金三种，这些合金在 CTE、机械特性、加工性和成本等方面都各具特色(表 3.10)，使用时必须根据实际条件做适当的选择。

表 3.10　各种可用作 SOFC 合金连接体材料的基本性能对照表

合金种类	点阵结构	CTE×10^{-6}/K^{-1}(室温到 800℃)	机械强度	可加工性	成本
Cr 基合金	bcc	11～12.5	高	难	很高
Ni 基合金	fcc	14～19	高	易	高
Fe 基合金	bcc	11.5～14	一般	易	低

1. Cr 基合金材料

由于 Cr 基合金具有良好的高温抗氧化性、耐腐蚀性、与电解质 YSZ 相匹配的 CTE，以及在高温下能形成具有较高电导率的 Cr_2O_3 氧化膜，因此一直被用作 SOFC 的连接体候选材料来开发。但是，随着温度的升高，Cr 的扩散会迅速增大，使氧化速率升高，其导电性降低，同时铬氧化物层的快速生长会经多次热循环后产生剥落现象。此外，较高的 Cr 含量会因 Cr 的挥发而导致 SOFC 阴极的 Cr 沉积和中毒，降低电池的性能。因而 Cr 基合金开发研究主要集中在增加 Cr_2O_3 黏附性和降低膜生长速度上，在合金中加入 Y、La、Ce、Zr 等稀土元素或其氧化物获得所谓的氧化物弥散强化(oxide desperation strengthened，ODS)合金，可提高氧化物层与基体的结合力，同时可以明显降低氧化物层的生长速率。

目前用作 SOFCs 连接体的 Cr 基合金主要是 Plansee 和 Siemens 公司用粉末冶金法制备的 ODS 合金 Cr5Fe1Y2O3，以及 Sanyo Electric 公司和 Sulzer Hexis 公司开发的 Cr0.4La2O3 和 Cr3Co 合金。通过对这些合金的热膨胀性和抗氧化性进行研究，结果发现 Cr5Fe1Y2O3 和 Cr0.4La2O3 的 CTE 与 YSZ 较接近，而 Cr_3Co 合金的 CTE 远大于 YSZ。同时 Cr3Co 合金在 950℃下氧化 1500 h 以后，氧化层开始脱落，质量锐减。Cr5Fe1Y2O3 在空气气氛下，质量一直减小，可见其氧化层也在逐渐剥离。Cr5Fe1Y2O3 在湿氢气气氛下氧化层增加速度大于在空气气氛下的增加速度，加入 CO 会加剧氧化层的增长。此外，Cr5Fe1Y2O3 在 900℃以上长期工作时氧化层过厚，ASR 很大，不能满足 SOFC 的要求。但当用等离子喷涂法在 Cr5Fe1Y2O3 表面涂覆 $La_{0.9}Sr_{0.1}CrO_3$ 层和 $La_{0.8}Sr_{0.2}CoO_3$ 功能层时，样品与 LSM 之间的接触电阻变化很小，10000 h 以后约为 0.066 $\Omega \cdot cm^2$；而在 Cr5Fe1Y2O3 表面涂覆 $MnCr_2O_3$ 尖晶石层和 $La_{0.8}Sr_{0.2}CoO_3$ 功能层时，样品与 LSM 之间的接触电阻变化更小，10000 h 以后仅为 0.04～0.06 $\Omega \cdot cm^2$。但是，由于 Cr5Fe1Y2O3 的制备工艺复杂、成本很高，限制了其广泛应用。

Cr 基合金中 Cr 的高含量使其 Cr 挥发的问题尤为严重，大量 Cr 挥发很容易造成阴极 Cr 中毒，降低电池性能。当温度高于 700℃后，Cr 的扩散速度显著增大，从而导致了氧化层的增长加快，电池内阻增大，无法保证 SOFC 的长期稳定性。此外，Cr 基合金价格很高，这些方面的问题都限制了 Cr 基合金在 SOFC 中的应用。

2. Ni 基合金材料

与 Cr 基、Fe 基合金相比，Ni 基合金具有更高的耐热温度(高达 1200℃)和耐高温强度，Ni-Cr 系合金发生氧化后的产物 NiO 和 Cr_2O_3 都具有显著降低氧扩散速度的作用，形成良好的抗氧化保护层，同时氧化层具有良好的导电性。为了获得连续的铬氧化层，仅需 15%的铬就可以建立合理的抗热腐蚀性能，低于铁铬基合金，最佳含量为 18%～19%。此外，Ni 基合金的机械强度更高。可用于 SOFC 的 Ni 基连接体材料的成分如表 3.11 所示[52]。

表 3.11　可用于 SOFC 的 Ni 基连接体材料中除 Ni 以外的组成元素的含量

Ni 基合金	组成元素含量/wt%								
	Cr	Fe	Co	Mn	Mo	Nb	Ti	Si	Al
Inconel 600	14～16	6～9	—	0.4～1	—	—	0.2～0.4	0.2～0.5	0.2
ASL 528	16	7.1	—	0.3	—	—	0.3	0.2	—
Haynes R-41	19	5	11	0.1	10	—	3.1	0.5	1.5
Inconel 718	22	18	1	0.4	1.9	—	—	—	—
Haynes 230	22～26	3	5	0.5～0.7	1-2	—	—	—	0.3
Hastelloy X	24	19	1.5	1.0	5.3	—	—	—	—
Inconel 625	25	5.4	1.0	0.6	5.7	—	—	—	—
Nicrofer 6025HT	25	9.5	—	0.1	0.5	—	—	0.5	0.15
Hastelloy G-30	30	1.5	5	1.5	55	1.5	1.8	1	—

　　大多数 Ni 基合金在湿氢中表现出优异的抗氧化性，生长出以 Cr_2O_3 为主的含有 $(Mn, Cr, Ni)_3O_4$ 尖晶石的薄层，因此可以作为复合金属或电镀层用在阳极侧。在空气氧化过程中，高铬合金，如 Haynes 230 和 Hastelloy X，在高温暴露过程中形成了一个主要由 Cr_2O_3 和 $(Mn, Cr, Ni)_3O_4$ 尖晶石组成的薄片；而低铬合金，如 Haynes 242，则在基板上方形成含 NiO 外层的厚双层氧化层，有助于提升连接体的抗氧化性。

　　Ni 基合金最重要的问题是其 CTE 与 SOFC 组件不匹配。为了充分利用 Ni 基合金的优点，必须设计新的连接体材料。使用公式可以计算含 W、Mo、Al、Ti 的 Ni 基合金的 CTE，该公式可用于推算从室温到 700℃的无铁镍合金的 CTE：

$$CTE = 13.9 + 7.3 \times 10^{-2}[Cr] - 8.0 \times 10^{-2}[W] - 8.2 \times 10^{-2}[Mo] - 1.8 \times 10^{-2}[Al] - 1.6 \times 10^{-1}[Ti]$$
$$(3.23)$$

式中，[M] 为特定合金元素 M 的浓度（wt%）。根据式（3.23）可以看出，大多数 Ni 基合金的 CTE 高于 SOFC 组件。由于 Ni 基合金材料制成的连接体材料的 CTE 与电极材料不匹配，会使电池在热循环过程中在其与电极界面上产生热应力，从而在界面出现裂缝，导致 SOFC 性能下降。

　　Hsu 等[53]采用真空电弧熔炼法制备了具有拓扑闭合填充（topologically closed packed，TCP）相的 Ni 基合金，合金中较高含量的 Mo（6 wt%）和 W（12 wt%）有助于形成这种 TCP 相。而 TCP 相的形成，有助于降低合金的 CTE，并且提高合金的高温稳定性。实验结果表明，含有 TCP 相结构的 Ni 基合金具有较低的 CTE、ASR 和较高的抗铬毒化能力。美国国家能源技术实验室（National Energy Technology Laboratory，NETL）也开发了一系列新的镍铬基合金，其中含有 W、Mo、Al、Ti 等元素，有可能用作 SOFC 的连接体材料。在室温和高温潮湿空气中实验 1000 h 后，发现高 Mo 含量（22.5%）的 J5 合金的性能与 Haynes 230 商业合金的性能相当[54]。

在 Ni 基合金中，Haynes 242 是目前为数很少的具有低 CTE 的合金，其 CTE 与 Fe 基合金 Ebrite 和 Crofer22 APU 差不多，能够与 LSM 阴极及 Ni/YSZ 阳极兼容（图 3.37），并具有较好的抗氧化能力和导电性。Haynes 242 合金含有较低的 Cr 含量，在 SOFC 阴极环境下会生成保护性的 NiO 外层和 Cr_2O_3 内层，可以明显降低 Cr 挥发。同时在 SOFC 工作条件下，Mn 的存在有助于在合金中形成亚稳态的 $Ni_3(Mo,Cr)$ 金属间化合物相，该金属间化合物的形成虽然对合金抗氧化能力及电性能影响不明显，但有助于 NiO 的形成以减少 Cr 的挥发。但是考虑到挥发性 MnO_3 的潜在危害及其在 700℃ 以上的高挥发性，最好考虑在较低温度（500～700℃）下使用 Haynes 242 合金作为 SOFC 的连接体材料[55]。

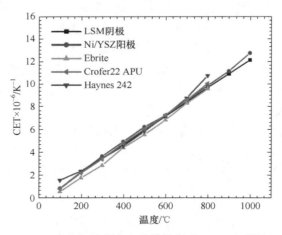

图 3.37　Haynes 242 合金与铁基合金及其他典型 SOFC 组件的 CTE 值比较

从价格、性能等方面综合衡量，目前应用在 SOFC 连接体材料的 Ni 基合金还是比较少的。

3. Fe 基合金材料

用作 SOFC 连接体的 Fe 基合金通常是指以 Fe 和 Cr 为主的铁素体（ferritic）合金。适合作 SOFC 连接体材料的铁素体 Fe-Cr 合金中的 Cr 的含量一般控制为

17%～26%。这是由于为了生成稳定的 Cr_2O_3 氧化膜，合金中的 Cr 含量至少需要 17%，同时考虑到连接体的 CTE 和韧性要与电池的其他组件相匹配，Cr 的含量一般不能超过 26%。此外，在合金中添加 Mn、Ti、Si、Al 和一些稀土元素，有利于控制合金表面氧化膜的生长机制，即通过控制氧化膜的构成、与基体的黏附性和生长速率来改善合金的抗氧化性和导电性。

在 700～1000℃时，Fe 基合金的表面氧化层主要是 Fe 的氧化物以及少量 Cr_2O_3 和 $FeCr_2O_4$ 尖晶石。随着 Cr 含量的增加，后两种氧化物的含量也增大，并使氧化层的增长速率降低。在增加抗氧化性方面，往往需要向合金中加入 Mn、Ti、Si 和 Al 等微量元素。在高温下，Mn 和 Ti 融合在氧化层中。Ti 以氧化钛形式存在，在低氧分压时，氧化钛分散在氧化铬中，在高氧分压时重新沉淀，出现在氧化层/气体界面处。Mn 则以铬锰尖晶石形式存在于氧化层表面。Si 和 Al 的氧化物比氧化铬更具热力学稳定性，因此，Si 和 Al 一般只在基体内部生成氧化物而不迁移到氧化层表面。当 Si 和 Al 的含量增大到 1%时，其氧化物就会在氧化层表面出现，这样可以增强抗氧化性，阻止进一步氧化。Si 和 Al 在合金中的作用与工作温度、Cr 含量、其他微量元素含量、表面处理工艺等有关。Si 和 Al 的加入会增强材料的抗氧化性，但生成的 SiO_2 和 Al_2O_3 却会降低氧化层的导电性能。

与 Ni 基合金和 Cr 基合金相比，铁素体不锈钢就有更强的化学稳定性，在 800℃左右时，其 CTE 和 YSZ 相近，材料制备费用更低、气密性良好、易于加工，因此最近金属连接体的发展倾向于铁素体不锈钢。目前研究较多的铁素体不锈钢连接体主要有 Crofer22 APU、SUS430、X10CrAl18 和 ZMG232 四种，其组成元素成分如表 3.12 所示[56]。其中，Crofer22 APU 和 ZMG232 分别是 Thyssen Krupp 公司和 Hitachi Metals 公司开发的 Fe-Cr 铁素体合金。这四种铁素体在 800～1000℃时的 CTE 为 $10×10^{-6}$～$12×10^{-6}$ K^{-1}，与 YSZ 电解质的 CTE 很接近。但是相对其他三种铁素体，X10CrAl18 与涂层之间的接触电阻都很高，表面涂层在氧化性气氛下运行一段时间后会生成杂相而导致阴极接触层从阴极表面脱落，不能满足 SOFC 系统运行 40000 h 的目标，因此不适合用作 SOFC 连接体材料。对于 Crofer22 APU 和 ZMG232 而言，ZMG232 的 ASR 比同等条件下的 Crofer22 APU 高 3～4 倍。分析合金的氧化层结构发现，Crofer22 APU 的氧化层结构最上层为 $MnCr_2O_4$，相邻层也富含 Cr_2O_4，这有利于提高电导率。ZMG232 所含的 Si 元素会在氧化层和基底之间形成 SiO_2 层，降低了氧化层的电导率。SUS430 表面会形成致密的 Cr_2O_3 层，包含 $MnCr_2O_4$ 及少量的 $FeCr_2O_4$ 两种尖晶石结构，而且氧化层结构基本不受氧分压影响，因此也具有较好的导电性。虽然三种合金具有的多氧化层结构已经降低了铬挥发，但是长期在 SOFC 高温下，不锈钢表面铬化物仍然会挥发，引起燃料电池中毒及连接体导电性能降低。另外，挥发的铬化物会与玻璃密封材料发生反应，增加反应气体的泄漏概率，也会降低电池的性能。因此需要在合金连接体表面涂覆保护。

表 3.12　不同铁素体中除 Fe 以外的组成元素的含量

铁素体	组成元素含量/wt%								
	Cr	Mn	Si	Ti	Al	C	P	S	其他
Crofer22 APU	22.0	0.5	0.10	0.08	0.11	0.005	0.016	0.002	0.06(La)
SUS430	16.0~18.0	1.00	0.75	—	—	0.12	—	0.030	0.12(Ni)
X10CrAl18	17.0	0.38	1.09	—	1.13	—	—	—	0.19(Ni)
ZMG232	22.0	0.5	0.40	—	0.21	0.02	—	—	0.04(La) 0.22(Zr)

　　在铁素体中添加少量的活性元素如 Y、La、Ce、Hf 等或其弥散氧化物可以有效降低合金的高温氧化速率，且极大程度地改善合金表面的 Cr_2O_3 和 Al_2O_3 氧化层与基底的黏附性。研究表明，Fe 基合金材料中杂质（如 S）的存在会导致金属与氧化物层界面的分离，从而影响氧化层与金属的黏附性。高熔点的活性元素可以与 S 形成稳定的化合物，从而阻止 S 向界面迁移。通过对在 SUS430 的基础上添加 Nb 和 Ti 的 SUS441 的测试可知，即使对于裸金属，其 ASR 也相当低，因为 Nb 束缚了 Si，可以防止在氧化层/金属界面上形成 SiO_2 层[54]。此外，活性元素离子具有很强的亲氧性，可以阻碍氧离子穿过氧化层边界到达基底表面。在氧化层晶粒晶界迁移的过程中，相对较大的活性离子富集在氧化层晶粒的晶界处，起到分隔作用，阻断了形成氧化物阳离子的短程扩散通道，阻碍了阳离子向外部扩散，同时抑制了空位到达界面和界面孔隙的形成。含有活性元素的合金可以有效地改善氧化层和金属的黏附性，同时降低了氧化层的厚度，从而降低了金属连接体的 ASR。

　　Jo 等[57]采用传统的铸造法制备出了一种新型的 Fe 基合金 460FC，该合金不含稀土元素，并添加了少量的 Nb 和微量的 Mo，成本低廉。460FC 在 800℃下经过 500h 的氧化后，在合金的表面形成了致密的氧化层，从图 3.38(a)中可以看出，该氧化层与基体结合紧密，由柱状大晶粒和等轴状细晶粒两层组成。经 XRD[图 3.38(b)]和 EDX 分析表明柱状大晶粒层和等轴状细晶粒层分别由 (Mn, Cr)$_3O_4$ 和 Cr_2O_3 组成。双层氧化物结构的形成使合金显示出了较高的导电性和抑制 Cr 挥发能力。此外，合金中添加的 Nb 进行氧化后在基体和氧化物之间形成了 Nb_2O_5，也有助于抑制 Cr 的挥发和扩散。在相同的测试条件下，460FC 的 Cr 挥发速率要低于 Crofer22 APU。

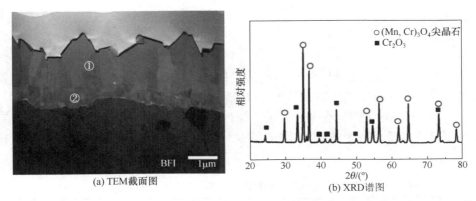

(a) TEM 截面图　　　　　　　　　(b) XRD 谱图

图 3.38　460FC 在 800℃ 下经过 500 h 的氧化后，合金的表面氧化层的 TEM 截面图和 XRD 谱图

为了进一步确定合金作为 SOFC 连接体材料的适用性，有必要使用与连接体功能要求直接相关的特性来评估这些合金。这些性质包括：①CTE；②抗氧化和耐腐蚀性；③成本。根据位移与温度数据计算 CTE，如公式（3.24）所示：

$$\alpha_T = \frac{\mathrm{d}l/l_0}{\mathrm{d}T} = \frac{1}{l_0}\frac{\mathrm{d}l}{\mathrm{d}T} \tag{3.24}$$

式中，l 为给定温度下材料的长度；l_0 为室温下材料的长度；T 为温度（K）。CTE 与结构有很强的关系，一般体心立方（bcc）结构的 CTE 要低于面心立方（fcc）结构的 CTE，图 3.39 给出了 Fe-Cr-Ni 基金属合金的结构相图[54]。

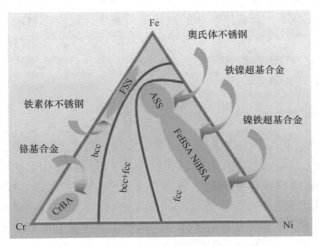

图 3.39　Fe-Cr-Ni 基金属合金的结构相图

在 Wagner 氧化理论中，假设在氧化物生长过程中，氧离子和/或金属阳离子穿过氧化层是通过晶格扩散发生，因此，表面氧化层的生长遵循众所周知的抛物

线定律：

$$X^2 = Kt + X_0^2 \tag{3.25}$$

式中，X 和 X_0 分别为时间 t 和 $t=0$ 时的氧化层厚度；K 为速率常数。该抛物线定律基本上适用于所有尺度足够厚且均匀的氧化层的增长。

表 3.13 显示了不同合金种类的关键性能比较，从表中可以看出，铁素体不锈钢因其成本低、与 YSZ 的 CTE 匹配性好、抗氧化性好而成为最有希望的候选材料。

表 3.13　可用于 SOFC 连接体材料的不同合金种类的关键性能比较

合金种类	点阵结构	CTE×10⁻⁶/K⁻¹（室温到 800℃）	抗氧化性	机械强度	加工性	成本
CrBA	bcc	11.0～12.5	好	高	难	很贵
FSS	bcc	11.5～14.0	好	低	较易	便宜
ASS	fcc	18.0～20.0	好	较高	易	便宜
FeBSA	fcc	15.0～20.0	好	高	易	较贵
NiBSA	fcc	14.0～19.0	好	高	易	贵

虽然易加工且成本较低的合金材料可以作为 SOFC 连接体材料，但电池在长时间复杂工作环境下，合金连接体的氧化不可避免，这主要是因为合金表面氧化生成了电阻率较高的 Cr_2O_3，导致合金接触电阻变大，使合金材料导电性能大大降低，影响了 SOFC 的性能和使用寿命，因此需要在合金连接体表面涂覆保护层来解决此问题。

4. 防护涂层材料

合金连接体材料虽然具有致密、力学强度高、密度低、抗蠕变性能好以及制备成本低等优点，但依旧存在着抗氧化性不足、Cr 毒化阴极等问题。目前，合金连接体一般采用铁素体不锈钢，铁素体不锈钢的 Cr 含量（质量分数）通常为 17%～26%，在此范围内，不锈钢具有较好的韧性、抗氧化性以及 CTE 匹配性等。但是在 SOFC 工作温度下铁素体不锈钢表面会生成电导率较低的 Cr_2O_3，随着工作时间的延长，Cr_2O_3 层不断增厚而导致连接体与基体接触面开裂。此外，Cr_2O_3 层在含氧和水的环境下会生成高价 Cr 的挥发态物质，这些物质随气流扩散到多孔阴极材料中，以 Cr_2O_3 沉积物的形式还原并沉积在 TPB 处（图 3.40）[58]，降低了电池的性能。

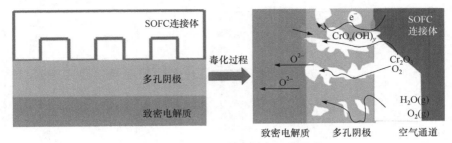

图 3.40　Cr_2O_3 在 TPB 处的沉积过程

目前常采用在合金连接体的表面涂覆防护涂层，以抑制合金连接体的氧化，增加氧化物层的导电性，降低连接体的界面电阻，改善氧化物层与合金的附着力，并阻止 Cr 从富含 Cr 的 Cr_2O_3 向氧化物表面的迁移。因此，作为合金连接体的涂层材料应具备以下条件：①能有效降低合金的高温氧化速率；②具有良好的高温导电性；③与基底合金结合良好并具有良好的热膨胀匹配性；④与 SOFC 相邻组件的材料具有良好的化学相容性；⑤高致密性；⑥在氧化和还原气氛下具有优异稳定性。目前，常用的合金连接体防护涂层材料主要有活性元素氧化物（reactive elements oxides，REOs）、钙钛矿氧化物和尖晶石氧化物。

1）活性元素氧化物

活性元素氧化物一般指含 Y、La、Ce 等元素的氧化物，将这些活性元素或其氧化物涂覆到合金材料的表面可有效降低合金材料的高温氧化速率和接触电阻，并防止氧化层剥落。活性元素氧化物涂层之所以能降低合金材料的高温氧化速率，主要是由于存在于氧化层晶界处或氧化层-合金界面处的活性元素，有效抑制了 Cr 元素的扩散。而且活性元素氧化物涂层有助于形成高导电性钙钛矿或尖晶石结构的氧化物，从而提高了整体的导电性。在 Fe-30Cr 合金上沉积 Y_2O_3 层与 Cr 形成高导电性的 $YCrO_3$，可以有效地降低氧化速率，减小接触电阻；在 AISI-SAE430 不锈钢表面沉积 Co 涂层，可以与氧化层反应生成 $CoCr_2O_4$ 相，可以降低涂层的 ASR。当然，此类物质的保护效果与活性元素氧化物的种类和合金有关，不同成分会影响氧化层的厚度以及高导电相的形成等。当 La 和 Y 涂层涂覆到 AISI-444 上时，相比于 La，Y 形成的掺杂氧化层更薄，而且形成了电导率更高的 $Mn(Cr, Fe)_2O_4$ 尖晶石相。Piccardo 等[59]研究了在不同合金材料表面沉积 La_2O_3、Nd_2O_3 和 Y_2O_3 涂层后，800℃下在空气中处理 100 h 后的 ASR，结果表明三种不同材料的涂层涂覆到不同的基体上时 ASR 值差异较大，如图 3.41 所示。

REOs 涂层一般采用溶胶-凝胶法或金属有机化学气相沉积法制备，制得的 REOs 涂层通常很薄（小于 1 μm）而且不致密，因此不能有效抑制铬向氧化物表面扩散和防止铬毒化。为此，REOs 涂层往往会采用双层结构涂层，与单一结构相比，其具有更好的抗氧化性和导电性能。

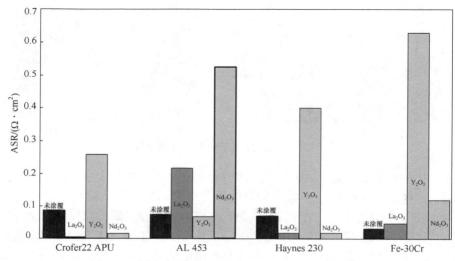

图 3.41　各类合金样品经不同涂层材料涂覆处理前后的 ASR 值

2）钙钛矿氧化物

目前应用在 SOFC 金属合金连接体涂层的钙钛矿氧化物主要是一些阴极材料或高温陶瓷连接体材料，如 $LaCrO_3$、$LaCoO_3$、$LaMnO_3$、$LaFeO_3$ 或其掺杂物。这些钙钛矿氧化物涂层具有较高的电子电导率，且与 SOFC 其他组件间有良好的物理化学相容性，能提高合金的抗氧化性能，降低 ASR 值。对钙钛矿氧化物进行适当的掺杂或改变组分配比，一般在 A 位或 B 位上掺杂 Sr、Fe、Ni 等元素，可以降低氧化膜的生长速率、提高电导率、改善 CTE。但仍存在离子电导率较高、黏附性差等问题。常用的钙钛矿氧化物涂层的优缺点如表 3.14 所示[60]。

表 3.14　常用钙钛矿氧化物涂层的优缺点

涂层材料	优点	缺点
$LaCrO_3$	高导电性	高烧结温度，密度低
$La_{1-x}Sr_xCrO_3$	改善了 CTE 和抗氧化性	低导电性
$LaCoO_3$	高导电性	CTE 匹配不良，氧化层生长过快
$La_{1-x}Sr_xCoO_3$	匹配合适的 CTE，高导电性	高离子导电性，O^{2-} 易扩散
$La_{1-x}Sr_xMnO_3$	提高了抗氧化性和导电性	O^{2-} 和 Cr^{3+} 扩散率高，锰存在会降低抗氧化性和导电性
$LaFeO_3$	提高了抗氧化性	电导率低，长期稳定性差
$LaNi_{0.6}Fe_{0.4}O_{3-\delta}$	抑制铬沉积性能良好	高 ASR，涂层附着力差
$La_{0.6}Sr_{0.4}Co_{0.2}Fe_{0.8}O_3$	延缓了合金的高温氧化，减少了铬的挥发，提高了合金的高温导电性	高离子导电性，O^{2-} 易扩散

作为 SOFC 典型的陶瓷连接体材料，$LaCrO_3$ 和 $La_{1-x}Sr_xCrO_3$ 被广泛用于涂层材料的制备。采用提拉法在 SUS430 不锈钢表面制备的 $LaCrO_3$ 涂层具有较高的电导率，涂层一方面可以抑制 Cr_2O_3 的形成，另一方面又可以减少 $MnCr_2O_4$ 的生成，使合金的氧化速率降低了将近 2 个数量级，在 750℃下经过 850 h 的循环氧化后 ASR 值只有 3.13 $mΩ \cdot cm^2$。采用旋涂法在 Crofer22 APU 基板上沉积的 $La_{0.8}Sr_{0.2}CrO_3$ 涂层在空气中于 800℃下经过 1600h 的老化后，虽然在样品的表面也有 $(Mn, Cr)_3O_4$ 尖晶石相的生成，但其 ASR 值仅为 2.6 $mΩ \cdot cm^2$，由此可见，Sr 的掺入改善了 $LaCrO_3$ 抗氧化性和导电性。虽然含 Cr 的钙钛矿氧化物涂层能够提高合金连接体的抗氧化性和导电性，但是 Cr 的存在很难避免 Cr 的挥发和毒化问题。当采用不含 Cr 的钙钛矿氧化物作为研究对象时，利用喷涂法在 SUS430 合金表面沉积 $La_{0.8}Sr_{0.2}MnO_{3-\delta}$(LSM20) 和 $La_{0.8}Sr_{0.2}FeO_{3-\delta}$(LSF20) 涂层，结果发现 LSM20 涂层与合金基体结合紧密，厚度约为 100 μm。尽管涂层内部有明显的气孔，但没有连续的敞气孔；LSF20 涂层连续、厚度均匀，等离子喷涂层与合金基体结合较紧密，厚度约为 70 μm。在 LSM20 喷涂的合金中，虽然 XRD 没有检测到富含 $(Mn, Cr)_3O_4$ 的尖晶石相，但从能谱(EDS)分析结果(图 3.42)可以看出，LSM20 涂层/合金界面处存在着外界的 O 和涂层中 Mn 与 Sr 的向内扩散，以及合金基体中 Cr 向外扩散，由于基体中 Cr 向外扩散，氧化层就向合金基体内部渗透，扩散层厚度大约为 10 μm，扩散峰出现在合金基体内距离涂层/合金界面 10 μm 处。而对于 LSF20 喷涂的合金，只有 O 向内扩散和 Cr 向外扩散。在 LSF20 涂层合金中 Cr 向外的扩散量比 LSM20 涂层合金中要少得多，由此可见，在 LSF20 涂层/合金的界面处 LSF20 与不锈钢基体间相互扩散的元素较少，形成了较薄的氧化层，扩散峰集中在 LSF20 涂层/合金界面处。因此，LSF20 涂层可以更好地抑制合金中的 Cr 从合金基体向外扩散。从对不同涂层合金的 ASR 测试来看，LSM20 涂层合金的 ASR 经过在 800℃下 1000 h 的氧化后迅速上升到了 24.19 $mΩ \cdot cm^2$，已经接近连接体材料长期运行的 ASR 极限范围(25～50 $mΩ \cdot cm^2$)，而 LSF20 涂层合金经过相同条件的氧化后，其 ASR 值基本保持不变，仅为 1 $mΩ \cdot cm^2$，由此得出 LSM20 涂层和 LSF20 涂层是通过降低氧化层的增长速率来提高其抗高温氧化性的。此外，通过对氧化后的 LSF20 涂层的表面分析未发现 Cr 元素，这说明 LSF20 涂层不仅具有较高的电导率，可以有效地降低合金的氧化增长速率，而且能够较好地抑制合金中 Cr 元素通过 LSF20 涂层向外扩散，从而大大地降低了 Cr 阴极的毒化作用[61]。因而，LSF20 是一种很有希望的 SOFC 合金连接体的阴极保护涂层材料。利用流延法在 Crofer22 APU 上沉积 $La_{0.6}Sr_{0.4}Co_{0.2}Fe_{0.8}O_3$(LSCF) 和 $La_{0.7}Sr_{0.3}MnO_3$(LSM) 涂层，在 800℃下氧化 300 h 后，LSCF 涂层合金的 ASR 值为 0.054 $Ω \cdot cm^2$，小于 LSM 涂层合金的 ASR 值，且 LSCF 氧化层的厚度仅为 1 μm。同时，LSCF 涂层在 Crofer22 APU

表面形成的连续的 $CoFe_2O_4$ 尖晶石层可以显著抑制 Cr 蒸发。此外，研究发现 Cu、Ag 掺杂可以明显改善钙钛矿涂层质量。利用喷涂法在 SUS430 上涂覆 Cu 掺杂的 LSM20 涂层，Cu 的加入使氧化膜与基体的黏附性和涂层的致密度均得到了改善，且涂层试样的 ASR 值约为 0.079 $\Omega \cdot cm^2$。Park 等[62]在氢气流速为 5 SCFH（standard cubic feet per hour，标准立方英尺每小时）条件下，利用等离子喷涂技术在 SUS430 上沉积 LSCF 和 Ag 掺杂的 LSCF 涂层，从图 3.43 中扫描电子显微镜（SEM）图像可以看出，制得的 LSFC 涂层有许多气孔和裂缝，裂纹相互连接，从而产生了扩展效应。而含有 Ag 掺杂的 LSCF 涂层气孔和裂缝明显减少，在涂层中可以看到很多银层，银层起到减裂剂的作用。由此可见，Ag 的掺杂能够减少涂层中的裂纹和孔隙，同时能够提高基体的抗氧化性能，但会降低涂层电导率。

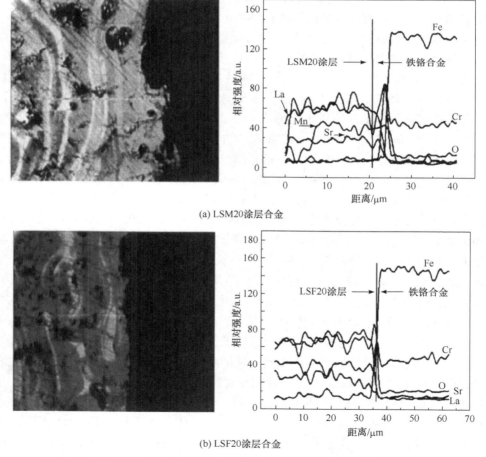

(a) LSM20涂层合金

(b) LSF20涂层合金

图 3.42　不同涂层合金在 800℃空气中氧化 1000h 的微观结构图和 EDS 分析图

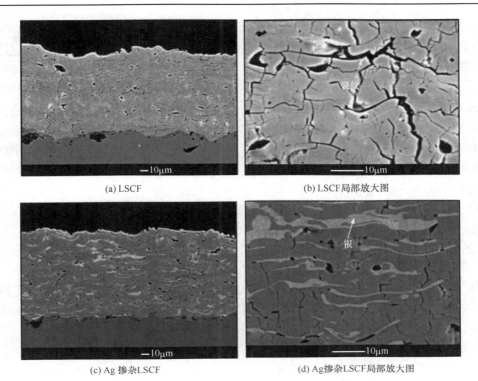

(a) LSCF　　　　　　　　　　　　　　　(b) LSCF局部放大图

(c) Ag 掺杂LSCF　　　　　　　　　　　(d) Ag掺杂LSCF局部放大图

图 3.43　不同试样经 20 次热循环试验后的横截面微观结构的 SEM 图像

3）尖晶石氧化物

尖晶石氧化物也可以用作合金连接体涂层材料。尖晶石氧化物的通式为 AB_2O_4，其中 A 和 B 为过渡金属元素，如图 3.44 所示，A 为四面体位置的二价或三价阳离子，B 为八面体位置的四价阳离子，且四面体和八面体的数量比为 1：2。

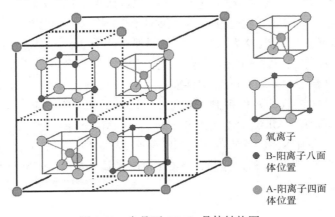

图 3.44　尖晶石 AB_2O_4 晶体结构图

通过调整 A、B 阳离子的种类和配比，可以控制其烧结、导电和热膨胀特性。与活性元素氧化物涂层和稀土钙钛矿氧化物涂层相比，尖晶石涂层在降低接触电阻和防止 Cr 通过涂层向外扩散方面表现出了更好的性能。

目前常用的尖晶石涂层为 Mn-Co 涂层、Mn-Cu 涂层和 Ni-Fe 涂层等，其中 Mn-Co 涂层因具有较高导电性和高抗氧化性，得到较广泛的研究。利用喷浆法在 SS430 表面制备的致密的 $(Mn, Co)_3O_4$ 涂层可以显著降低 SUS430 基体的氧化速率，使氧化膜的电导率有所增加。而采用等离子喷涂技术制备的均匀致密的 $MnCo_2O_4$ 涂层，经长时间氧化后，该涂层合金的 ASR 低至 $0.05\ \Omega\cdot cm^2$，有效降低了 Cr 在阴极的毒化作用。在 Crofer22 APU 合金表面上可以制备出厚度大约为 $0.5\ \mu m$ 的 $Mn_{1.5}Co_{1.5}O_4$ 涂层，该涂层致密性良好，经长时间循环氧化后未出现脱落，未检测到 Cr 元素存在且 ASR 较低，证明了 $Mn_{1.5}Co_{1.5}O_4$ 尖晶石涂层可以在 SOFC 复杂气氛下长时间工作的过程中抑制 Cr 的迁移。

$MnCo_2O_4$ 在 800℃下的电导率为 60 S/cm，高于绝大部分尖晶石的电导率，但与 $Cu_{1.3}Mn_{1.7}O_4$（750℃时，电导率为 225 S/cm）相比，仍有较大差距，因此近年来的研究都想通过在尖晶石涂层中掺杂过渡金属元素或稀土元素，进一步提高其电导率等性能。过渡金属元素掺杂 Mn-Co 涂层的研究主要集中在掺杂 Cu、Fe 方面，而其他元素掺杂（如 Ni、Ag 等）的相关研究较少。Mn-Co 涂层的电导率与八面体位置上混合价态元素（Co^{2+}/Co^{3+} 和 Mn^{3+}/Mn^{4+}）之间的电子跳跃有关，适量 Cu 的掺入可以增加 Co^{2+}/Co^{3+} 和 Mn^{3+}/Mn^{4+} 活性对的浓度，促进 Co、Mn 不同价态之间的电子跳跃，从而增加涂层的电导率。但是 Cu 在 Mn-Co 尖晶石中的固溶度有限，过量的 Cu 掺杂会生成 CuO 等氧化物，从而降低了整个涂层的电导率。而适量的 Fe 掺杂（如 $MnCo_{2-x}Fe_xO_4$，$0.1 < x < 0.25$）则可以降低 Mn-Co 尖晶石的活化能，促进电荷载体的运动，增强涂层的电导率，但随着 Fe 掺杂量的增加，电导率会持续下降。关于电导率下降，一种观点认为 Fe 的掺杂降低了 Mn-Co 尖晶石结构中的 Co^{3+} 浓度，使得电荷转移仅限于 Mn^{3+}/Mn^{4+} 活性对之间，使用于电荷跳跃的位点减少，则电导率降低；另一种观点认为 Fe 的掺杂导致晶格膨胀，增加了相邻八面体位点之间的跳跃距离，导致电导率下降。除了电导率外，掺杂 Cu 可以改善 Mn-Co 尖晶石的烧结性能，并进一步增大 CTE，但是 Cu 会促进 Cr 在尖晶石中的扩散，降低抑制 Cr 向外扩散的效果，Thublaor 等[63]分别测定了 AISI430 不锈钢、Mn-Co 涂层/AISI430、Mn-Co-Cu 涂层/AISI430 在 800℃、O_2-H_2O（5%）气氛中氧化 96 h 的 Cr 挥发速率（表 3.15），从中可以看出，Cu 的掺杂提高了 Cr 的挥发速率，且与 Mn-Co 涂层相比，Mn-Co-Cu 涂层中的 Cr 含量更高。

表 3.15 不同样品因 Cr 物种挥发而导致的 Cr 损失的平均速率

样品	铬挥发导致的损失率/[g/(cm² · s)]
AISI430 不锈钢	$(2.36 \pm 0.03) \times 10^{-11}$
Mn-Co 涂层/AISI430	$(1.12 \pm 0.28) \times 10^{-11}$
Mn-Co-Cu 涂层/AISI430	$(1.69 \pm 0.14) \times 10^{-11}$

注：样品在 800℃、O_2-H_2O（5%）气氛中氧化 96 h。

　　稀土元素掺杂 Mn-Co 涂层可以增强氧化膜的附着力，改善氧化膜/金属界面的稳定性，提高其导电性能。但是，稀土元素的掺杂效果与涂层和基体的种类有关。Tseng 等[64]采用物理气相沉积法在 SUS441 上制备了 $MnCo_2O_4$、La 掺杂的 $MnCo_2O_4$（La-$MnCo_2O_4$）涂层 和 Ce 掺杂的 $MnCo_2O_4$（Ce-$MnCo_2O_4$）涂层，在 800℃、湿度为 3%的空气中氧化 5600 h，发现 $MnCo_2O_4$ 涂层和 Ce-$MnCo_2O_4$ 涂层与基体界面结合处存在裂纹并脱落，而 La-$MnCo_2O_4$ 涂层与基体依然结合紧密，涂层平整、无裂纹，如图 3.45 所示。而且 La-$MnCo_2O_4$ 涂层/SUS441 的 ASR 值仅为 $4.5 m\Omega \cdot cm^2$，低于 $MnCo_2O_4$ 涂层/SUS441 的 $7.5\ m\Omega \cdot cm^2$ 和 Ce-$MnCo_2O_4$ 涂层/SUS441 的 $10.4\ m\Omega \cdot cm^2$。相比于涂覆 La-$MnCo_2O_4$ 涂层的 SUS441 的表面，未涂覆侧的 SUS441 的表面经过 5600 h 热处理后因严重氧化产生表面褶皱，在整个未涂覆侧的不同位置都有氧化膜的剥落。La-$MnCo_2O_4$ 涂层侧未显示出剥落，整个涂层的横截面均匀、无裂纹，并稳定地黏附在基体上。当采用离子增强磁控溅射在 Crofer22 APU 和 AISI430 上沉积 $MnCo_2O_4$（MCO）和 Y 掺杂的 $MnCo_2O_4$（MYCO）涂层时，MCO/AISI430 的抗氧化性能优于 MCO/Crofer22 APU，而 MYCO/AISI430 的抗氧化性能也优于 MYCO/Crofer22 APU，这表明基体种类会影响涂层的抗氧化性能。另外，与 $Mn_{1.5}Co_{1.5}O_4$ 涂层相比，Y 的掺杂细化了氧化膜的晶粒，增强了氧化膜的黏附性。

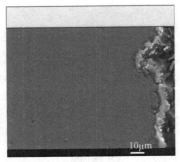

(a) 未涂覆侧

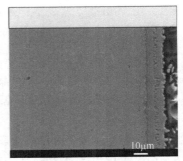

(b) 涂覆La-$MnCo_2O_4$涂层侧

图 3.45 在 800℃、湿度 3%的空气中氧化 5600 h 处理的 SUS441 钢未涂覆侧和涂覆 La-$MnCo_2O_4$ 涂层侧的形貌

两种元素共掺杂 Mn-Co 涂层能提高涂层的电导率、改善连接体的抗氧化性能，其导电机理是通过促进八面体位置上不同价态 Mn 离子之间的电子跳跃，从而增强电导率。Thaheem 等[65]测量了 $Mn_{1.5}Co_{1.5}O_4$ 和 $Mn_{1.35}Co_{1.35}Cu_{0.2}Y_{0.1}O_4$（MCCuY）在 800℃下的电导率分别为 43S/cm 和 93S/cm（图 3.46），研究发现，在 $Mn_{1.5}Co_{1.5}O_4$ 中添加 Cu 不仅会在八面体位置上形成不同价态的阳离子（如 Cu^+和 Cu^{2+}），而且还会导致 Mn^{2+}和 Mn^{3+}向 Mn^{3+}和 Mn^{4+}形式的转变，这对维持电荷中性至关重要，并通过小极化子跳跃提高导电性。采用流延法在 SUS441 不锈钢上沉积 MCCuY 尖晶石涂层，发现与未掺杂的 $Mn_{1.5}Co_{1.5}O_4$ 涂层相比，Cu、Y 共掺杂使 ASR 值和氧化膜的生长速率均降低了 1 个数量级。采用高能球磨法制备的 Cu 和 Fe 共掺杂的 $MnCo_{1.6}Fe_{0.2}Cu_{0.2}O_4$ 尖晶石粉末可以在保持 Mn-Co 氧化物与铁素体不锈钢的热膨胀相容性前提下，提高其烧结性能和电导率。目前关于共掺杂尖晶石作为涂层的研究较少，还有许多影响涂层结构和性能的因素及机理有待进一步研究。

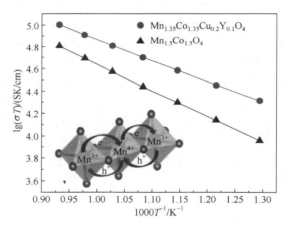

图 3.46　$Mn_{1.5}Co_{1.5}O_4$ 掺杂前后电导率的 Arrhenius 图
插图是尖晶石结构中小型极化子跳跃模型的示意图

除了 Mn-Co 尖晶石及其掺杂氧化物外，近些年，Cu-Mn 尖晶石因其较高的电导率也受到了广泛的关注。目前，影响 Cu-Mn 尖晶石电导率的主要因素是尖晶石结构、孔隙中的阳离子分布、掺杂等。$Cu_xMn_{3-x}O_4$（x = 1.0、1.2、1.4、1.5）尖晶石的导电性能随着 x 的增加逐渐降低，对应的 $Cu_xMn_{3-x}O_4$/Crofer22 APU 的 ASR 值也逐渐增大。通过原位高温粉末中子衍射和 X 射线衍射分析 $Cu_xMn_{3-x}O_4$（x = 0.8、1.0、1.1、1.3)尖晶石孔隙中的阳离子分布，发现随着 x 的增大，更多的 Cu 离子倾向于占据四面体位置；随着温度的升高，Cu 离子在四面体与八面体位置之间发生迁移（改变 Mn^{3+}/Mn^{4+}活性对的浓度），从而导致了尖晶石的电导率的变化。当利用氧化电镀制备 Ni 掺杂的 Cu-Ni-Mn-O 尖晶石涂层时，在 800℃

时，$CuMn_2O_4$ 尖晶石中镍的掺杂量可以达到 40%，从而使电导率从约 110 S/cm 降低至约 95 S/cm，镍的加入可防止涂层分层和屈曲损伤，同时促进了涂层与基体的黏附和形成均匀的保护涂层，并在较低温度下稳定尖晶石相。而采用丝网印刷法在 SUS430 金属连接体表面制备的掺杂 Y 的 $CuMn_2O_4$ 尖晶石涂层，由于 Y 的掺杂有效地提高了 $CuMn_2O_4$ 涂层的高温抗氧化性能和导电性能，使 $CuMn_2O_4$ 尖晶石涂层结构更加致密，在氧化过程中能有效阻挡合金连接体中 Cr 和 O 元素的扩散，抑制含铬过渡层的增厚，对基体起到较好的保护作用。

采用导电/防护涂层保护连接体，能提高连接体的抗氧化性能，有效阻止 Cr 的挥发，但常用的防护涂层不能同时满足多方面的要求，需要通过对钙钛矿和尖晶石涂层掺杂过渡金属元素或稀土元素以进一步改善其抗氧化和长期稳定性等性能。目前，掺杂改性对涂层性能的影响得到了较为广泛的研究，但针对与阴极接触的实际应用环境中的相关研究较少。另外，掺杂改性对涂层性能的影响不够系统，涂层制备方法、涂层成分、厚度、氧化时间等制备和测试条件不统一，在一定程度上阻碍了掺杂涂层在 SOFC 领域的应用。今后对防护涂层的研究应从深化涂层掺杂改性和研发新的涂层保护体系入手，实现整体性能的提高。

在 SOFC 的发展过程中，连接体的材料和加工工艺在电堆制作成本和长期稳定性方面起着举足轻重的作用。从陶瓷连接体到金属连接体，再到在金属表面制作陶瓷保护层以增长电堆寿命，所有的研究工作都在向材料来源更广泛、加工成本更低、结构更合理和使用寿命更长的方向发展。金属连接体能够满足 SOFC 的电导率、CTE、热导率等基本要求，而最需要发展的是抗氧化性。在合金表面制备保护层，改善合金的抗氧化性，是目前的研究方向；另外需要继续发展适用于 SOFC 的新型连接体材料体系。

3.5　密封材料

相比管式 SOFC，平板式 SOFC 具有高比功率、低生产成本等优势。但是，苛刻的密封要求严重制约着平板式 SOFC 的发展。图 3.47 给出了平板式 SOFC 结构示意图。在平板式 SOFC 中，密封材料除了要保证能够对燃料气室和氧化剂气室进行有效的隔离及各种气体对环境的密封性外，还要保证电池组具有一定的机械强度。同时密封材料的工作温度在 800℃左右，它直接接触高温氧化性气氛（阴极侧）和高温潮湿还原性气氛（阳极侧），且在频繁启动中要经受多次热冲击。因此密封材料不仅需要在很宽的氧分压下保持化学稳定，长期保持与相邻电池组件的紧密结合，还需要经受热循环而无泄漏或损坏，此外密封材料还要具有良好的绝缘性能。

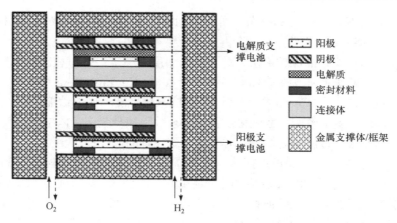

图 3.47　以 H_2 作为燃料的平板式 SOFC 的密封位置示意横截面图

平板式结构常采用密封垫来解决中高温阳极与阴极气体间的密封问题。目前 SOFC 的密封主要包括硬密封（rigidly bonded seal）、压密封（compressive seal）、自适应密封（compliant seal）三种密封方式，其优缺点如表 3.16 所示[66]。目前，平板式 SOFC 用密封材料主要有玻璃和玻璃-陶瓷材料、金属材料及云母材料三大类。另外，少数耐热高分子材料也用来密封平板式 SOFC。密封材料按在使用过程中是否施加载荷可分为硬密封材料和压密封材料。其中硬密封材料主要包括玻璃及玻璃-陶瓷密封材料和耐热金属材料；压密封材料则包括金、银等延性金属材料和云母基密封材料。而自适应密封材料要求在其操作温度下具有一定的塑形变形能力，这种密封材料对其化学相容性及黏度控制要求非常高，自适应密封材料尚处于研究探索阶段，很多耐高温材料可用作自适应密封材料，如 Ni 基合金，Co 基合金，含 Al、Cr 元素的非铁合金，不锈钢，Fe 基超合金，贵金属（Ag、Au、Pd、Pt）等。但考虑到抗氧化性、低刚度、高韧性、低成本等方面的综合要求，Al 基合金是最佳选择，如 FeCrAlY 合金。在高温下，氧向基体扩散，在金属表面形成一层致密的 Al_2O_3 保护膜，可阻止材料进一步氧化。随着 SOFC 工作温度的降低，一些耐热高分子材料有望应用于 SOFC 自适应密封上。下面主要介绍硬密封材料和压密封材料。

表 3.16　不同密封件类型的优缺点

密封类型	优点	缺点
硬密封	密封好；通过组合设计定制性能；高电阻率；通过设计和制造可灵活应用于固定式和移动式 SOFC	低温下易碎；耐热性差；会与其他电池组件发生化学反应
压密封	易更换故障电池组中的密封件；耐热循环	需要外部荷载；设计复杂和成本高；气体泄漏率高；不适合移动应用；稳定性差；导电

续表

密封类型	优点	缺点
自适应密封	热应力低	与其他电池组件不浸湿；抗氧化性差；氢脆；导电

3.5.1　硬密封材料

硬密封常选择玻璃、玻璃-陶瓷基材料以及耐热金属等材料，密封材料与 SOFC 组件间密封后没有相对运动、不发生塑性变形。

1. 玻璃和玻璃-陶瓷基密封材料

玻璃和玻璃-陶瓷基密封材料(图 3.48)具有易于规模制备、封接简单、成本低廉等优点，是最常见的 SOFC 用密封材料。作为硬密封材料的玻璃和玻璃-陶瓷基材料，它们会与其他电池组件形成化学键，黏附在电池上提供密封。硬密封材料包括碱土硅酸盐或硼硅酸盐玻璃系统，如 $BaO\text{-}La_2O_3\text{-}Al_2O_3\text{-}B_2O_3\text{-}SiO_2$、$SrO\text{-}La_2O_3\text{-}Al_2O_3\text{-}B_2O_3\text{-}SiO_2$ 和 $MgO\text{-}CaO\text{-}Al_2O_3\text{-}SiO_2$。与其他密封材料相比，硬密封材料的主要优点如下：首先，它们在密封的电池组件接口处软化，并在高于玻璃软化温度的温度下流动，形成密封。其次，所需的密封性能可以通过不同的成分设计来定制。最后，玻璃基密封材料易于制造且成本效益高，同时，密封材料的制作和使用非常灵活。

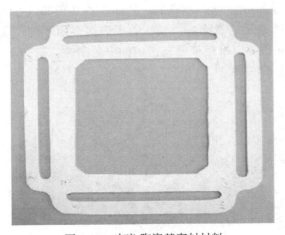

图 3.48　玻璃-陶瓷基密封材料

作为 SOFC 的密封玻璃有四个重要的热性能，即玻璃化转变温度(glass transition temperature，T_g)、玻璃软化温度(glass softening temperature，T_s)、CTE

和热稳定性。尽管硬密封材料具有许多理想的特性，而且已经实现了高 CTE 和与其他电池组件的良好结合，但热和化学不稳定性仍然是有待解决的问题。此外，玻璃基密封材料对热循环和其他静态和动态力的抵抗力较差。玻璃基密封材料的性能取决于单个成分及其在玻璃网络结构中的排列，但玻璃结构非常复杂，尚未完全了解。尽管如此，与其他密封方式相比，用于硬密封的玻璃和玻璃-陶瓷材料具有优越的密封性能，依然是 SOFC 密封材料的首选。密封玻璃由三种主要组分组成：网络成型剂、中间体和改性剂，以及次要组分添加剂。图 3.49 给出了显示网络成型剂、中间体、改性剂、添加剂以及桥氧和非桥氧的玻璃结构示意图。用于 SOFC 密封件的常见玻璃成型剂为 SiO_2 和 B_2O_3。密封玻璃可能仅包含 SiO_2 或 B_2O_3 或 SiO_2 和 B_2O_3 的组合作为玻璃成型剂。成型剂的阳离子充当玻璃多面体单元的中心，包括四面体和三角形。常见的改性剂包括 Li_2O、Na_2O 和 K_2O 等碱性氧化物以及 BaO、SrO、CaO 和 MgO 等碱土金属氧化物。改性剂占据多面体之间的随机位置，并提供额外的氧离子来调整网络结构、局域电荷中心和玻璃特性。中间体有 Al_2O_3 和 Ga_2O_3。中间体中相应的阳离子具有较高的价态和较低的配位数，它们可能参与玻璃网络，也可能不参与。如果中间体参与玻璃网络，则其表现为玻璃成型剂，如果不参与，则其表现为玻璃改性剂。添加剂用于定制所需的密封性能，尽管它们不是必需的成分。稀土金属氧化物（如 La_2O_3 和 Nd_2O_3）和过渡金属氧化物（如 TiO_2、ZnO 和 Y_2O_3）都是密封玻璃中常见的添加剂。当添加剂的用量不大于 10 mol%时，它被称为成核剂，可以通过影响玻璃析晶来定制密封性能。过渡金属氧化物如 ZnO、NiO、TiO_2、Cr_2O_3 和 ZrO_2 是常见的成核剂。然而，添加剂和成核剂之间没有严格的区别。连接多面体单元的氧称为桥氧，而不连接多面体的氧称为非桥氧。改性剂和添加剂产生非桥氧以维持玻璃结构中的电荷中性。表 3.17 给出了密封玻璃中不同氧化物组分的功能[66]。

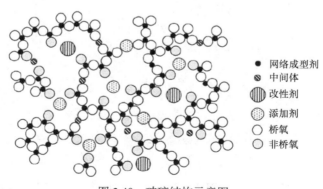

● 网络成型剂
◍ 中间体
▦ 改性剂
▨ 添加剂
○ 桥氧
○ 非桥氧

图 3.49　玻璃结构示意图

表 3.17　密封玻璃中不同氧化物组分的功能

玻璃组分	氧化物	功能
网络成型剂	SiO_2、B_2O_3	形成玻璃网络；确定玻璃的 T_g 和 T_s；确定 CTE；确定与其他电池组件的附着力/润湿性
改性剂	Li_2O、Na_2O、K_2O BaO、SrO、CaO、MgO	维持电荷中心；创造非桥氧；调整玻璃性能，如 T_g、T_s 和 CTE
中间体	Al_2O_3、Ga_2O_3	阻止析晶；调整玻璃黏度
添加剂	La_2O_3、Nd_2O_3、Y_2O_3	调整玻璃黏度；增加 CTE；提高玻璃流动性；提高密封玻璃与其他电池组件的附着力
成核剂	ZnO、PbO NiO、CuO、MnO Cr_2O_3、V_2O_5 TiO_2、ZrO_2	诱导析晶

应用玻璃和玻璃-陶瓷基密封材料仍然存在一些难以解决的问题。玻璃和玻璃-陶瓷基材料的脆性大，在玻璃化转变温度以下时很容易造成开裂，这给密封材料的装配带来困难。同时其热循环性能以及耐热冲击的性能差，也是其一大缺陷，此外，此类材料的高温稳定性和化学相容性仍有待进一步提高。

针对玻璃密封材料热稳定性差、与电池组件相容性不好等问题，中国科学院大连化学物理研究所采用流延成型的方式先将玻璃制成素坯，再将过渡金属氧化物涂覆在素坯两侧，将经涂层干燥后的密封垫置于待密封部位，在电炉中升温至玻璃软化温度以上以实现密封。涂层的加入提高了密封材料的高温耐水性，减少了密封玻璃的挥发和晶化，达到了增强密封材料稳定性的目标。同样，中国科学院大连化学物理研究所还提到采用 NiO、YSZ、LSM、$(Mn, Co)_3O_4$ 等粉末作为涂层材料来解决玻璃-金属或玻璃-陶瓷复合材料组分间相容性不好的问题。针对玻璃-金属或玻璃-陶瓷复合材料两组分间相容性不好、密封材料适用温度范围窄等现象，将低软化点玻璃和高软化点玻璃两种玻璃复合，或将陶瓷相直接混合制备复合密封材料，来增大密封材料适用的温度范围、热稳定性、与电池组件相容性等性能。

2. 耐热金属等材料

金属材料的脆性比陶瓷低，还可经受一定的塑性变形，这能满足 SOFC 对密封材料热应力和机械应力的要求。但是，一般金属材料在 SOFC 工作环境下容易被氧化或腐蚀。因此，仅有 Au、Ag 等稳定金属和特殊的耐热金属材料可作为 SOFC 密封材料。为避免金属材料直接连通金属连接体，在装配 SOFC 电堆时，必须与绝缘材料配合使用。

耐热金属通常作为金属钎料通过钎焊的方式实现 SOFC 的陶瓷与金属的连接。金属钎焊一般在真空或保护气环境中进行。为了增强接头湿润性，提高封接力学性能，钎料中混入少量 Ti、V 等活性元素与陶瓷反应生成能被液态钎料润湿的反应层，达到密封目的。常采用含活性 Ti 的 Ni 基钎料、Ag 基钎料、Au 基钎料进行封接，主要的钎料体系包括 BN_x-TiH_2、Ag-Cu-Ti 和 Au-Ni-Ti。通常会向钎料中添加 CTE 较低的金属氧化物颗粒来匹配 SOFC 基体材料，但存在高温环境中活性元素迁移到 YSZ 陶瓷中生成高阻抗氧化物的风险。对于一些贵金属-金属氧化物体系的钎料也可以通过空气钎焊实现密封，空气钎焊技术是近几年发展起来的新型密封技术，这种操作工艺抗氧化性强、耐高温、气密性良好。常用的贵金属-金属氧化物钎料体系包括 Ag-CuO 和 Ag-V_2O_5 等，这些密封材料具有塑性变形能力，可吸收热应力提高结构密封性能，但也存在着缺陷限制了其商业应用，如以贵金属为基体，成本高，保温时间过长，1000℃以上的操作温度对组件性能有很大的影响。目前，Ag 基钎料因其具有塑性好、强度高、不易断裂等优势成为研究热点，但也存在 CTE 大、应力集中、易开裂等问题。Ni 基钎料 BNi_2 中含有降熔元素 B、Si 等，易生成硼化物、硅化物等脆性金属间化合物，降低接头强度。

由钎焊工艺制得的密封材料的性能优劣与钎缝内脆性相的形成、钎料成分、接头厚度、钎焊温度、保温时间、钎焊压力以及冷却速度等因素有关。只有经过优化的钎焊工艺以及设计参数才能有效地控制钎焊接头金属间化合物的形成，优化封焊结构的质量，提高可靠性，才有可能大幅度提升密封系统封装的质量[67]。

3.5.2 压密封材料

压密封一般通过一定的压应力压实填充于 SOFC 组件间的无机层状化合物形成"密封圈"，达到压密封的目的。密封圈是层状的，在 SOFC 运行过程中通过产生层间断裂来消除温度变化产生的热应力，从而实现密封效果。压密封材料有云母、韧性金属材料、陶瓷纤维等。

1. 云母基密封材料

云母基密封材料是目前 SOFC 常用的密封材料。作为 SOFC 密封材料的云母主要是白云母 $[KAl_2(AlSi_3O_{10})(F,OH)_2]$ 和金云母 $[KMg_3(AlSi_3O_{10})(OH)_2]$，通常，白云母直接使用或制成白云母纸使用，而金云母仅以金云母纸的形式使用。

密封面的强度和缺陷很大程度上决定着云母基材料的密封效果，片状单晶缺陷少，且比云母纸的强度高，因此密封效果较好。向片状云母间隙渗透玻璃和采用金属作为垫层可以分别减小密封材料内部和密封材料与相邻组件之间界面上的泄漏，从而极大地提高密封材料的气密性，同时还能改善其热循环性能和可靠性。尽管云母基复合密封材料已经取得不错的密封效果，但是白云母和金云母中都含有钾元素，存在的钾元素仍然会与其他部件发生反应并影响 SOFC 电堆性能。为尽量减少钾元素的影响，云母基复合密封材料通常在 700～800℃使用。

　　主要由黑（金）云母经热液蚀变作用或风化而成的蛭石 $\{(Mg, Fe, Al)_3[(Si, Al)_4O_{10}(OH)_2]\cdot 4H_2O\}$ 也可作为压密封材料，蛭石是一种层状结构的含镁的水铝硅酸盐次生变质矿物，但其在压密封材料方面的应用已经实现了商业化。美国 Flexitalic Group 推出了一种专用于平板式 SOFC 应用的压密封材料 Thermiculite®866 垫片（图 3.50），该密封材料由高度对齐的化学膨胀的蛭石薄片结合其他独特的关键成分(滑石等)组成，形成完全不含有机物的可压缩柔性材料。其由于独特的化学和物理性质，能够在 1000℃下使用，同时由于不含有机物，在 SOFC 操作温度下不会燃烧挥发性成分。该垫片可以应用于电池片间、电池片与端板间及电池与其他接触面间，垫片表面上具有缺陷和条痕，在使用前需要进行烧结以使外表面光滑并密封泄漏通道。接着 Flexitalic Group 推出了 Thermiculite®866 LS，在垫片制造过程中，将少量玻璃粉末黏结到每个蛭石薄片表面，以便在 SOFC 电池的工作温度下，在每个薄片表面都有一层非常薄的熔融玻璃涂层来密封界面泄漏路径。对于 Thermiculite®866 LS，无需在高于 SOFC 电堆工作温度下进行玻璃初始烧结。当 SOFC 的工作温度高于 700℃时，玻璃粉末将直接形成所需的密封涂层。后来 Flexitalic Group 又推出了专门为 SOFC 和 SOEC 设计的 Thermiculite®870 垫片，该垫片仅包含蛭石和滑石两种矿物，不存在会污染 SOFC 或 SOEC 的有机材料或其他元素(如磷或硫)。同时在低表面应力下具有更高的压缩性和良好的密封性，从图 3.51 中可以看出，在垫片承受 1 MPa 的压应力下，Thermiculite®870 垫片压缩 0.22 mm，而 Thermiculite®866 垫片在相同载荷下仅压缩 0.02 mm。

图 3.50　美国 Flexitalic Group 的 Thermiculite®866 切割垫片样品

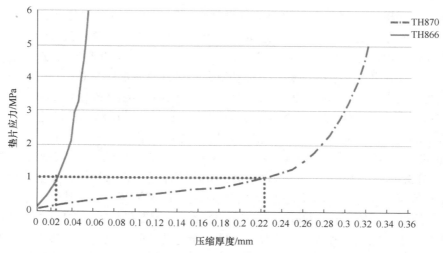

图 3.51　Thermiculite®870 垫片和 Thermiculite®866 垫片的压缩性能图

2. 韧性金属材料

金属压缩密封必须选择延展性好且高温不易氧化的 Au、Ag 等延展性强的金属。研究发现银中掺杂 7.5% 质量分数的 Cu 时，银的延展性变差，而用纯银丝作密封垫圈，温度越高密封效果越好。同时，采用银做的密封垫圈时，热循环稳定性差。银在氧和氢的双重气氛下，其内部溶解成水而导致密封失败。Ag 密封材料应用还面临着风险，可以通过改进密封材料的形状，如可变形衬垫，在表面涂上一层韧性金属，或者衬垫设计成弯曲起皱或 C 形来缓解应力增加密封性能。还可以考虑可变形衬垫与硬密封材料复合使用，起到密封和缓解应力的双重效果。

3. 陶瓷纤维密封材料

采用氧化铝和二氧化硅制备的复合陶瓷纤维材料抗氧化能力强，高温绝缘，密封效果好，但需要选择合适的填充材料来降低孔隙率，提高 SOFC 工作环境下的密封性能。采用二氧化硅作为填充材料可以明显降低孔隙率，提高密封效果，材料经 20 次热循环后，在 15 kPa 的压差下，施加 0.8 MPa 的压缩载荷，泄漏率为 0.06 sccm/cm，则总泄漏量仅为 0.6%；此外，经过预压缩处理后填充的陶瓷纤维明显提高了密封效果，降低了孔隙率。

Al 粉复合 Al_2O_3 粉末制备的多孔压缩密封材料（Al_2O_3-Al 密封材料）中曲折的孔隙比云母和陶瓷纤维中径直的孔隙具有更大的抗漏阻力，此外 Al 的液化和氧化还可进一步填充孔隙，因此该材料具有可预见的优异气密性和稳定性，其渗漏率与混合云母封接相近。同时 Al 粉的添加量会影响密封材料的密封性能，从

图 3.52 中可以看出，当 Al 粉的添加量为 20%（质量分数）时，在 10.3 kPa 的压差下，施加 0.35 MPa 的压缩载荷，泄漏率不到 0.05 sccm/cm，且经过 50 h 的运行依然保持稳定[68]。

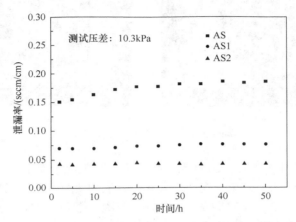

图 3.52　流延法制备 Al_2O_3 基密封件在 750℃时的泄漏率测试
AS、AS1 和 AS2 分别表示铅粉添加量为 0、10%和 20%

为了改善 Al_2O_3-Al 密封材料的机械性能，华中科技大学的梁骁鹏[69]向 Al_2O_3-Al 体系中加入了陶瓷纤维粉，制备出纤维含量为 10 wt%～50 wt%的 Al_2O_3 基陶瓷纤维复合密封材料。测试后通过对曲线线性拟合得到纤维含量为 20%的密封材料，其拥有最佳单位压强泄漏率 0.0025 sccm/(cm·psi)。在 0.2 MPa 附加载荷、1 psi 通气压力下对 20%纤维含量的密封材料进行了升温的气密性测试之后，又在 750℃进行了 3000 min 的长时间测试，并进行了 10 次热循环测试，密封材料的泄漏率始终保持在 0.009～0.01 sccm/cm，完全可以满足 SOFC 密封的要求。而经过在附加载荷 0.2 MPa、750℃下保温 120 min 测试后，完全用微粉制备的密封材料(F0)在附加载荷的作用下已经不能保持机械完整性，而用含 20%纤维制备的密封材料(F20)在纤维的作用下依然保持了很好的形貌，如图 3.53 所示，直观地说明了纤维的加入对于密封材料机械性能的提升有很大帮助。

平板式 SOFC 要通过封接防止泄漏，由于其工作温度高，对封接要求苛刻。在高温下，要求封接材料具有良好的化学稳定性、热稳定性、气密性以及绝缘性等，因此密封技术一直是制约其商业化应用的瓶颈问题。在气密性问题基本得到解决的现状下，人们逐渐意识到当前密封的主要问题是长期稳定性差，无法满足实际应用对 SOFC 在长期工作、多次热循环条件下稳定运行的要求，开始重视密封的稳定性问题。密封材料自身稳定性差、与环境的相容性不佳以及由此引发的失配加剧导致的应力问题是密封稳定性差的主要原因。因此，在开发稳定性和环

 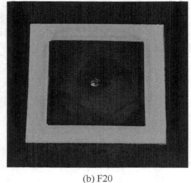

(a) F0　　　　　　　　　　　　　　　(b) F20

图 3.53　经过密封测试后的形貌

境友好的密封材料的同时，调整成分和结构增加失配补偿能力也是发展中低温
SOFC 稳定密封的主要方法。综观三大封接方法的研究现状，发展对失配宽容度
较高的柔性封接仍是主要的研究方向。而具有极大潜力的自修复封接和可结合不
同材料优势的复合封接也将吸引进一步的研究。

第4章 固体氧化物燃料电池的制备方法

SOFC 的制备方法一直是影响燃料电池原料选择、电池性能、寿命的重要因素。因为燃料电池的电解质、阳极、阴极和连接体的要求和应用环境均不一样，所以在制备方法上也有较大的差异。本章对 SOFC 的材料和组件的主要制备方法做具体的说明。

4.1 固体氧化物燃料电池材料的主要制备方法

SOFC 作为一种全陶瓷结构材料，往往要求其初始粉末具有高纯(>99.9%)、化学组成均匀(最好能达到原子级水平)、颗粒小(亚微米、纳米)等特性。化学组成均匀有利于陶瓷材料的成型和性能控制。粒径小有利于致密化，提高力学性能，增强功能陶瓷的晶界效应。制备 SOFC 陶瓷粉末的方法很多，根据制备介质环境的不同可分为固相法、液相法和气相法。本章重点介绍常用的几种制备 SOFC 陶瓷粉末的方法。

4.1.1 燃烧合成法

燃烧合成(combustion synthesis，CS)法，又称自蔓延高温燃烧合成(self-propagating high-temperature synthesis，SHS)法，它是利用反应物之间高的化学反应热的自加热和自传导作用，使不同的物质之间发生化学反应，在瞬间形成化合物的一种高温固相合成法。对于低放热的反应物往往需要附加热来实现燃烧，常用的附加热方法有：①预加热法，即利用外在热源(如电阻丝加热器)加热反应物，反应物一旦被引燃，便会自动向未反应的区域传播，表现为燃烧波蔓延至整个体系，最后合成所需的材料。②热爆法，即把反应物放在加热炉内，以一定的升温速度加热，直至反应物几乎同时发生反应。③化学炉法，即用强放热反应物将弱放热反应物包在中间，通过前者的反应放热点燃后者并使反应完成。

燃烧合成法的基础是反应体系具有强烈的放热反应，在热传导机制作用下，点燃后相继"引燃"邻近反应物，从而使反应以燃烧波的形式蔓延下去。燃烧合成法具有以下特点：①反应一经引燃，不需要外界提供能量，体系内部在燃烧过程中会释放大量的热，为反应提供热能。②燃烧波传播快，反应很迅速，一般为秒级。③燃烧温度高，化学反应转变完全，并可将易挥发杂质排除，产品纯度高。④高温反应过程中既完成了材料的合成，又完成了煅烧或后期退火的过程。

　　燃烧合成法不仅可以合成单相材料，还可以合成复相材料，已广泛应用于 SOFC 陶瓷粉末的制备上，包括电解质材料、电极材料和连接体材料。作者采用氨基乙酸-硝酸盐燃烧法合成了 NiO-SDC 阳极材料，按照 NiO-SDC（65 wt%）的化学计量比称取一定量的 Ni(NO$_3$)$_2$·6H$_2$O、Ce(NO$_3$)$_3$·6H$_2$O 和 Sm(NO$_3$)$_3$·6H$_2$O，将其溶解在去离子水中制成 1 mol/L 的硝酸盐溶液。然后，将氨基乙酸加入到硝酸盐溶液中，其中氨基乙酸与溶液中硝酸根的摩尔比为 1：2。室温下搅拌，待氨基乙酸完全溶解形成胶状溶液后，将得到的溶液在电炉上加热，蒸发浓缩后，剩余的绿色的黏性树脂逐渐转化为黑色的泡沫状，进一步加热后发生自燃，生成蓬松海绵状的黑色粉末，其反应式如式(4.1)所示。最后将黑色粉末在 700℃热处理 4 h 以除去粉末中残余的碳，得到灰色的 NiO-SDC 粉末。

$$8Ce(NO_3)_3 + 2Sm(NO_3)_3 + 2Ni(NO_3)_2 + 22H_2NCH_2COOH + 9O_2 \longrightarrow$$
$$10Sm_{0.2}Ce_{0.8}O_{1.9} + 2NiO + 28N_2 + 44CO_2 + 55H_2O$$

(4.1)

　　从 XRD 谱图[图 4.1(a)]可以看出制得的阳极粉末中包含 NiO 和 SDC 两相。从透射电子显微镜(TEM)照片[图 4.1(b)]中可以看出，球磨前[图 4.1(b)的插图]氧化物呈泡沫状的微观结构。经球磨后，氧化物变成细小的颗粒，一次颗粒的平均粒径为 20～40 nm。

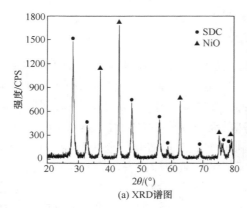

(a) XRD谱图

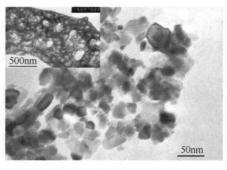

(b) TEM照片(插图为粉末球磨前的形貌)

图 4.1　NiO-SDC 粉末表征

　　通过粒径分布图 4.2 中可以看出，相对于用球磨混合制得的 NiO-SDC 粉末，用燃烧法直接制得的 NiO-SDC 具有较窄的粒径分布，其平均团聚尺寸为 170 nm。结果表明，用氨基乙酸法直接制备 NiO-SDC 粉末，可以获得粒径分布更小的复合粉末。燃烧法的前驱液中是含 Ni、Ce 和 Sm 离子的均质溶液，因此可以制得两相分布均匀的纳米 NiO-SDC 粉末，同时，SDC 和 NiO 均匀分布，粉末在热处理的过程中，两相的存在可以互相抑制晶粒的长大，有利于获得粒径分布较窄的阳极材料粉末。此外，反应过程中，气体产物的生成也可以抑制颗粒间的相互接触。

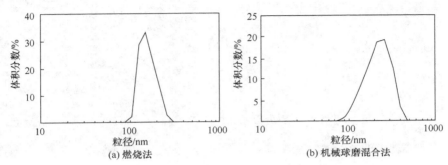

图 4.2　用不同方法制得的 NiO-SDC 复合氧化物粉末的粒径分布图

　　作者还通过氨基乙酸-硝酸盐燃烧法合成了既可以作为阳极材料，又可以作为电解质材料的铜钐共掺氧化铈（copper and samarium co-doped ceria，CSCO）。图 4.3（a）是 $Ce_{0.72}Sm_{0.18}Cu_{0.1}O_x$ 的 XRD 谱图，经与 JCPDS 标准谱图（No. 43-1002）对比可以看出，所有的衍射峰与立方萤石结构的 CeO_2 的特征峰吻合，说明 Cu 和 Sm 元素已经完全掺入到 CeO_2 中了，形成了均一的 CSCO 晶体结构。高分辨率 TEM 图像[图 4.3（b）]显示了单个纳米晶体颗粒，其具有清晰的晶格条纹，晶面间距为 0.314 nm，这与分配到 CeO_2（111）面的 d 间距接近。此外，通过 EDS 对粉末的元素进行的 mapping[图 4.3（c）和（d）]分析表明，Ce、Cu、O 和 Sm 都均匀地分布于氧化物中，都说明获得了单相 CSCO 粉末。

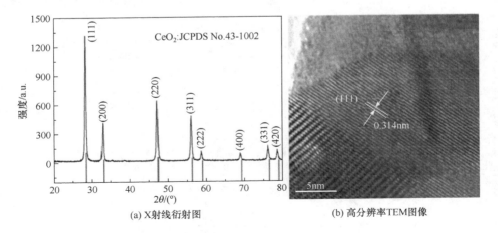

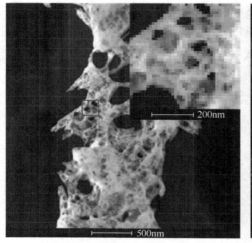
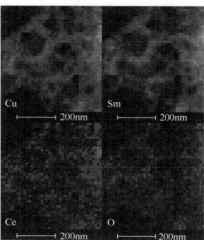

(c) STEM图像　　　　　　　　　　(d) 相应的元素映射

图 4.3　$Ce_{0.72}Sm_{0.18}Cu_{0.1}O_x$ 粉末表征

燃烧合成法还可以用于制备钙钛矿结构的氧化物。作者利用燃烧法制备了阳极用的层状钙钛矿阳极材料 $PrBaMn_2O_{5+\delta}$(PBMO)。将燃烧法制得的粉末在 1200℃的空气中煅烧 6 h，合成单钙钛矿 $Pr_{0.5}Ba_{0.5}MnO_{3-\delta}$，然后在 800℃的氢气中进行还原，生成层状钙钛矿 $PrBaMn_2O_{5+\delta}$。试样还原前后的 XRD 结果如图 4.4 所示。利用 Jade 软件对比图谱的特征峰，发现在空气中合成的 $Pr_{0.5}Ba_{0.5}MnO_{3-\delta}$ 包

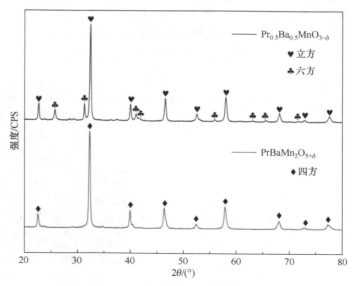

图 4.4　PBMO 电极粉料还原前后的 XRD 谱图

含了立方相和六方相结构，在高温下经氢气还原之后，立方相和六方相消失，试样呈现四方相结构。这是由于空气中合成的 $Pr_{0.5}Ba_{0.5}MnO_{3-\delta}$ 在高温氢气中还原时，随着[PrO]层间晶格氧的失去，其 A 位的 Pr 和 Ba 发生重排，从而形成 A 位有序的 $PrBaMn_2O_{5+\delta}$，材料由立方相与六方相的混合状变为单一的四方相。

4.1.2　共沉淀法

共沉淀法 (co-precipitation method) 就是在含有多种可溶性阳离子的盐溶液中，加入适量的沉淀剂 ($NH_3 \cdot H_2O$、OH^-、$C_2O_4^{2-}$、CO_3^{2-} 等) 使溶液中金属离子形成不溶产物，经成核生长阶段后成为固相颗粒而沉降出来。沉淀物经热分解后即可得到所需的氧化物粉末。一般过饱和度越大，其成核速率越大，形成的固相颗粒就越小。如初始溶液中多种金属离子具有相似的化学特性，则在沉淀物中就含有多种金属离子共沉淀，采用化学共沉淀法制备陶瓷先驱体粉末过程中，控制共沉淀过程中反应物的浓度、反应过程中的 pH，可获得均匀胶体，再通过热分解可以得到所需的超细粉末。

该方法操作简便，不需要高温条件就可以生成接近化学计量比的产物，与固相反应相比，共沉淀产物更容易达到组分均匀的目的，且成本低、过程简单、便于推广、产量可控，适合工业化生产，是液相化学反应合成纳米颗粒较为常用的方法。

作者在共沉淀法制备 YSZ 超细粉末方面也做了大量的探索工作，并与企业合作，改进沉淀法的制备过程，在沉淀过程中引入微晶，并集合干燥工艺、煅烧工艺等环节的研究来改善和提高颗粒球形度、分散性以及烧结活性等性能；并根据实验数据研究各主要工艺因素对氧化锆陶瓷粉末及最终陶瓷的影响规律，确定合适的工艺路线及工艺参数，以制备出满足需求的高性能氧化锆粉末。具体制备过程如下。

(1) 微晶诱导沉淀工序：将配制好的氯氧化锆溶液加入反应器中，同时加入氧化锆微晶和分散剂，反应器的温度控制在 50～80℃，恒温搅拌均匀后向反应器中缓慢加入 8 wt%～12 wt%的氨水，待体系的 pH 达到 3～4 以后，再按照复合氧化锆中元素的摩尔分数向反应器中加入配制好的氯化钇溶液，继续恒温搅拌并添加氨水直至体系的 pH 达到 10～11，结束投料，继续保温搅拌，待其完全反应后，再沉化制得沉淀产物。

(2) 离心洗涤沉降工序：将制得的沉淀产物通过离心沉降的方式反复洗涤3～5 次，得到含氧化物总量为 10 wt%～30 wt%的滤饼。

(3) 纳米磨分散工序：将洗涤干净的共沉淀滤饼和纯水加入到纳米砂磨机进行球磨 0.5～3 h 后，再离心沉降得到滤饼。

(4) 干燥工序：对获得的滤饼进行干燥处理；为了使滤饼快速均匀受热，使成品粒径分布更加均匀，此干燥工序采用微波加热方式，处理温度为 80～95℃，时间 8～12 h。

(5) 煅烧稳定工序：将干燥后的物料进行粉磨并煅烧，煅烧的温度为 800～1000℃，煅烧保温时间为 5～6 h。该煅烧的升温过程为从室温升至 200℃，升温速率 60～65℃/h；再升至 400℃，升温速率 200～210℃/h；再升至 700℃，升温速率 60～65℃/h；保温 1～1.5 h；再升至煅烧温度，升温速率 50～55℃/h；最后保温 5～6 h。此工序升温速率采用慢快慢的方式进行，其原因为煅烧前的粉末虽然经过了微波干燥，但粉末中依然还有部分结合水的存在，在 200℃前采用慢速升温有利于结合水的完全排出，然后快速升温至 400℃，有利于降低生产时间，最后再降低升温速率有利于晶体的生长，提高结晶度。

(6) 砂磨成品工序：将煅烧稳定后的物料进行砂磨，采用研磨介质的粒径为 0.1～0.5 mm，研磨时间 2～5 h，得到高性能复合氧化锆粉体成品。

该方法的特点是在沉淀法的基础上引入了微晶诱导，氧化锆微晶的加入在不引入杂质的同时，可以有效降低沉淀时氢氧化锆网络的连续性。纳米磨工序的引入可以进一步破坏这种连续性，从而有效抑制颗粒的长大。使用微波法干燥，可以使物料内外部同时加热、同时升温，加热速度快且受热均匀，避免物料因局部受热不均而导致颗粒的差异较大，同时可以有效降低能耗。样品的 TEM 分析（图 4.5）结果表明，制得粉末的一次颗粒的粒径在 20～60 nm，粉末颗粒分布均匀，分散性得到了改善，没有明显的团聚，比表面积可以达到 18m^2/g。

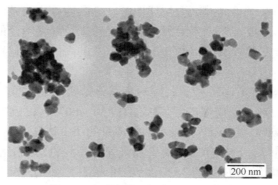

图 4.5　复合氧化锆粉体 TEM 照片

4.1.3　溶剂热合成法

水热法（hydrothermal method）是指在特制的密闭反应器（高压釜）中，采用水溶液作为反应体系，通过对反应体系加热加压（或自生蒸气压）来构建一个相对高温高压的反应环境，改善或提高反应物的活性，使得通常难溶或不溶的物质溶解并重结晶从而进行无机合成的一种有效方法。水热法常采用氧化物或者氢氧化物或凝胶体作为前驱体，以一定的填充比加入高压釜，它们在加热过程中溶解度随着温度和压强的升高而降低，最终导致溶液过饱和，并逐步形成更加稳定的新相。目前水热体系中晶粒形成的机理大致可分为三种类型："均匀溶液饱和析出"机制、"溶解-结晶"机制和"原位结晶"机制。

相对于气相法和固相法，水热法的低温、等压和溶液条件，有利于生长缺陷少、取向好的晶体，且合成产物结晶度高以及易于控制产物晶体的粒径；所得到的材料纯度高、粒径均匀分布窄、分散性好、团聚少、形状可控、晶形好等；反应体系为密闭的环境，对环境污染少、成本低、易于商业化。

采用连续水热合成法不仅可以合成 GDC 纳米颗粒，还可以通过改变合成条件定制颗粒的大小和形态。在碱性条件下，Ce 和 Gd 的转化率相似，因此可以获得理想的化学计量比的纳米颗粒(粒径为 6~40 nm 的颗粒)，小颗粒的形貌多为多面体(片状和球形)，大颗粒的形貌多为八面体。Liu 等[70]通过水热法在 200℃下经 24 h 反应后，在还原性气氛(20% H_2 和 80% Ar)中于 800℃下煅烧 5 h 形成 $La_{0.7}Sr_{0.3}VO_3$(LSV)纳米粉末。XRD 分析表明合成的 LSV 具有高度结晶的钙钛矿结构。如图 4.6 所示，TEM 照片显示纳米颗粒粒径为 50~100 nm，根据[100]方向的衍射图，水热合成的 LSV 为立方结构。与固相法合成的 LSV 相比，水热合成的 LSV 具有更好的烧结性，其致密化温度始于 935℃，这明显低于固态反应粉末的致密化温度。此外，采用水热法合成的 LSV 显示出金属导电行为，在 800℃时的电导率为 193S/cm，比未掺杂 $LaVO_3$ 至少高两个数量级。

图 4.6　水热法合成的 $La_{0.7}Sr_{0.3}VO_3$ 纳米粉末的 TEM 照片和沿[100]方向的选区电子衍射图

水热法也有不足，水热法所制备的材料种类少，往往只适用于氧化物功能材料或一些对水不敏感的硫族化合物的生长，而对水敏感(与水反应、易水解、易分解或不稳定)的化合物的制备则不适合。为此，人们在水热法的基础上开发出溶剂热法(solvothermal method)，即用有机溶剂代替水。相较于水热法，溶剂热法具有更多的优点：①由于反应是在有机溶剂中进行的，可以有效地抑制产物的氧化，阻止空气中氧的污染，有利于高纯物质的制备；②在有机溶剂中，反应物具有高的反应活性，有可能替代固相反应实现一些具有特殊光、电、热、磁学性能的亚稳相物质的软化学合成；③溶剂热法中可选择的溶剂种类范围扩大，对应的反应原料的种类选择也更多；④采用有机物作为溶剂，一般而言，在相同的条件下有机溶剂的沸点更低，可以达到比水热条件下更高的压力，有利于产物的结晶；⑤以有机物为溶剂替代水反应，降低了纳米结构产物表面的羟基包覆率，可降低纳米颗粒的团聚程度。虽然溶剂热法有很多优点，但目前在 SOFC 材料的制备方面主要还是采用水热合成法。

4.1.4　溶胶-凝胶法

溶胶-凝胶法是一种制备超细粉末的湿化学法，它以无机盐或金属醇盐为前驱体，原料在溶剂中发生水解或醇解、缩合反应形成均匀稳定的溶胶体系，经陈化，胶体粒子间缓慢聚合，形成三维网络结构，溶胶向凝胶转变。通常凝胶中含有大量的液相物质或气体，因此需要利用萃取或蒸发除去这些物质，并经过一定的热处理，最后形成相应的粉体。

溶胶-凝胶法按产生溶胶-凝胶的过程机制主要分为传统胶体型、无机聚合物型和络合物型三种类型。

（1）传统胶体型。通过控制溶液中金属离子的沉淀过程，使形成的颗粒不团聚成大颗粒而沉淀得到稳定均匀的溶胶，再经过蒸发得到凝胶。

（2）无机聚合物型。通过可溶性聚合物在水中或有机相中的溶胶过程，使金属离子均匀分散到其凝胶中。常用的聚合物有聚乙烯醇、硬脂酸等。

（3）络合物型。通过络合剂将金属离子形成络合物，再经过溶胶及凝胶过程形成络合物凝胶。

作者早期选用硬脂酸作为可溶性聚合物，采用溶胶-凝胶燃烧合成路线制备了 SDC 纳米粉末，并对硬脂酸的用量对产物粒径的影响进行了研究。具体过程为：分别将硝酸铈和硝酸钐溶解于去离子水中制成 5 mol/L 的硝酸盐溶液。将适量的硬脂酸在 140℃熔化后保持恒温，在搅拌的条件下，将已配制好的硝酸盐溶液按照化学计量比逐滴滴加到熔融的硬脂酸中，蒸发浓缩后，形成黄色胶状溶液。将胶状溶液加热至产生出大量的泡沫，将泡沫用明火点燃，待充分燃烧后即可制得 SDC 粉末的前驱粉，前驱粉经 750℃热处理后即可得到 SDC 粉末。XRD 分析(图 4.7)表明硬脂酸的用量并不影响 SDC 相的形成，而且都只有萤石结构的 CeO_2 相产生，虽然衍射峰的位置都发生了轻微偏移，但是没有 Sm_2O_3 的相存在，说明 Sm_2O_3 已经完全固溶到 CeO_2 中形成了 SDC 粉末。根据 Scherrer 公式计算表明，当硝酸根和硬脂酸的摩尔比(N/s)分别为 1∶1、1∶1.5 和 1∶2 时，制得 SDC 的晶粒尺寸分别为 29 nm、25 nm 和 32 nm，结果表明：SDC 的晶粒尺寸明显受到 N/s 的影响。当 Ce^{3+} 和 Sm^{3+} 被分散到硬脂酸中后，Ce^{3+} 和 Sm^{3+} 将取代硬脂酸上离解出来的 H^+，与硬脂酸形成配合物，使得 Ce^{3+} 和 Sm^{3+} 在硬脂酸中能够均匀分散。然而当硬脂酸用量较小时，由于 Ce^{3+} 和 Sm^{3+} 的相对浓度过高而不能被完全均匀地分散在硬脂酸中；当硬脂酸用量较大时，在燃烧时，过量的硬脂酸会产生大量的余热，导致晶粒的长大和团聚。

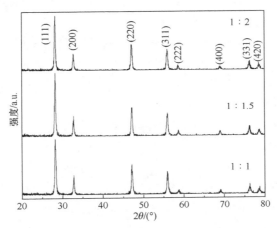

图 4.7　不同 N/s 摩尔比制得的 SDC 粉末的 XRD 谱图

Aleksej 等[71]选用了三种不同的络合剂，即乙二醇(EG)、甘油(GL)和酒石酸(TA)，通过溶胶-凝胶燃烧和溶胶-凝胶合成路线制备了纳米晶 GDC 粉末。通过 TG-DSC 研究了与不同络合剂相对应的 Gd-Ce-O 凝胶的热分解行为。用于溶胶-凝胶燃烧法的前驱凝胶在 DSC 曲线中观察到急剧放热峰并伴随着 TG 曲线中的剧烈质量损失，这表明凝胶在热降解过程中发生了自燃烧反应。所有的残余 GDC 前驱体的重量在 350~550℃时基本保持不变，表明前驱体中所有的有机成分的分解和燃烧在 600℃以下已经完成。XRD 分析结果表明，合成的粉末为单相化合物，尽管所有合成样品的纳米结构相似(粒径 20~40 nm)，但在选定的条件下，球团粉末的烧结性强烈依赖于合成路线。通过对电性能的研究发现，相较于溶胶-凝胶合成路线，采用溶胶-凝胶燃烧合成的 GDC 粉末制得陶瓷的质量要更优。在所选择的合成方法中，以甘油作为络合剂采用溶胶-凝胶燃烧法合成的 GDC 具有最高电导率、最高介电常数和最高的陶瓷密度。

4.1.5　喷雾热分解法

喷雾热分解法(spray pyrolysis)就是将各金属盐按制备复合型粉末所需的化

学计量比配成前驱体溶液，经雾化器雾化后，由载气带入高温反应炉中，在反应炉中瞬间完成溶剂蒸发、溶质沉淀形成固体颗粒、颗粒干燥、颗粒热分解、烧结成型等一系列的物理化学过程，最后形成超细粉末[3]。常见的微型喷雾热分解器的结构如图 4.8 所示。

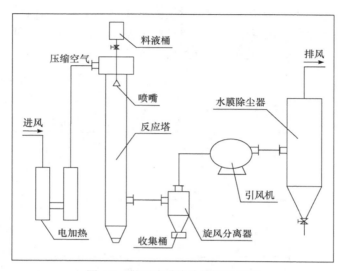

图 4.8　微型喷雾热分解器示意图

喷雾热分解实际上是个气溶胶过程，属于气相法的范畴，但与一般的气溶胶过程不同的是它是以液相溶液作为前驱体，因此兼具气相法和液相法的诸多优点：①原料在溶液状态下混合，可保证组分分布均匀，而且工艺过程简单，组分损失少，可精确控制化学计量比，尤其适合制备多组分复合粉末；②微粉由悬浮在空气中的液滴干燥而来，颗粒一般呈规则的球形，而且少团聚，无需后续的洗涤研磨，保证了产物的高纯度，高活性；③整个过程在短短的几秒钟内迅速完成，因此液滴在反应过程中来不及发生组分偏析，进一步保证了组分分布的均一性；④工序简单，无过滤、洗涤、干燥、粉碎过程，操作简单方便，生产过程连续，生产效率高，非常有利于工业化生产。

为防止喷雾热解法过程中因硝酸盐残留导致的粉末颗粒团聚，作者将共沉淀法和喷雾干燥热解法有机地结合在一起，开发了溶胶喷雾干燥热解法，并用此方法制备了 NiO-SDC 阳极粉末。该方法中采用尿素作为沉淀剂，这是因为当温度高于 83℃时，尿素(H_2NCONH_2)相对于其他碳酸盐沉淀剂具有较慢的水解速率，可以控制颗粒的成核和生长的过程，有利于形成均匀的溶胶，并采用了两种溶胶混合液来制备 NiO-SDC 粉末，一种用 Ni 溶胶与 Ce-Sm 溶液混合，另一种用 Ce-Sm 溶胶与 Ni 溶液混合，如表 4.1 所示。

表 4.1　喷雾溶胶混合液的制备条件

系列	喷雾溶胶混合液				样品序号
	溶胶 (100 mL)		溶液 (100 mL)		
A	Ce-Sm 溶胶	0.04 mol/L	Ni 硝酸盐溶液	0.064 mol/L	样品 A1
		0.16 mol/L		0.256 mol/L	样品 A2
		0.32 mol/L		0.512 mol/L	样品 A3
B	Ni 溶胶	0.064 mol/L	Ce-Sm 硝酸盐溶液	0.04 mol/L	样品 B1
		0.256 mol/L		0.16 mol/L	样品 B2
		0.512 mol/L		0.32 mol/L	样品 B3

　　实验中将配制好的溶胶混合液进行喷雾干燥，喷雾的温度为 400℃，喷雾液的流量为 2.5 mL/min，喷雾气压为 0.4MPa，制得的喷雾干燥产物再经 750℃ 热处理 2 h，即可得到纳米 NiO-SDC 复合粉末。从喷雾干燥产物的 XRD 谱图[图 4.9(a)]

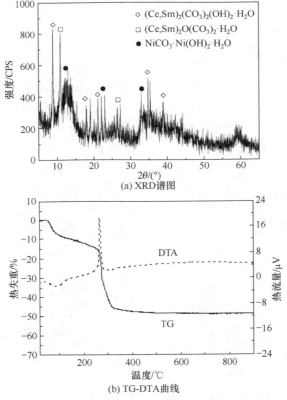

(a) XRD 谱图

(b) TG-DTA 曲线

图 4.9　喷雾干燥产物的 XRD 谱图和 TG-DTA 曲线

中可以看出，经喷雾干燥后的粉末为低结晶度的混合复式碳酸盐，基本组成为 $(Ce,Sm)_2(CO_3)_2(OH)_2 \cdot H_2O$、$(Ce,Sm)_2O(CO_3)_2 \cdot H_2O$ 和 $NiCO_3 \cdot Ni(OH)_2 \cdot H_2O$。从喷雾干燥产物的曲线[图 4.9(b)]可以看出，喷雾干燥产物分解成氧化物的过程中，主要分两个失重阶段：第一个阶段在 100℃附近，主要是粉末中残余水分的蒸发过程；第二个阶段在 280℃附近，一直延伸到 400℃，这个阶段主要发生的是分解反应，对应于喷雾干燥产物中碱式碳酸盐的分解，并随着温度的升高，最终转化为复合氧化物 NiO-SDC。

　　XRD 分析表明粉末中均含有两种晶相，分别为立方 NiO 相和立方 SDC 相。图 4.10 为两个系列六个 NiO-SDC 粉末样品的 TEM 照片。照片中粉末样品的一次颗粒大小如表 4.2 所示。从图中看出，两个系列的 NiO-SDC 粉末的一次颗粒大小均随着溶胶混合液的浓度的增加而增大；系列 B 制得的 NiO-SDC 粉末的一次颗粒尺寸要小于对应的系列 A 的。由此可见，相对系列 A 来说，系列 B 中 NiO 和 SDC 两相具有更好的均匀性和更小的一次颗粒，因此更适合作为 SOFC 的阳极材料的陶瓷粉末。

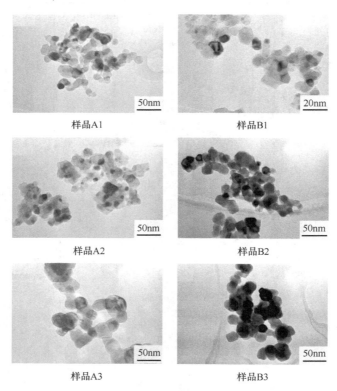

图 4.10　两个系列的 NiO-SDC 粉末的 TEM 照片

表 4.2　NiO-SDC 粉末(图 4.10 中)一次颗粒的平均尺寸

系列	1	2	3
系列 A	25nm	30nm	56nm
系列 B	24nm	29nm	44nm

4.2　电解质层的制备方法

中低温 SOFC 的发展不仅要依赖于具有高电导率的电解质材料和高催化活性的电极材料，还要借助于电解质的薄膜化来实现。电解质的薄膜化是 SOFC 实现低温化的重要途径之一。目前，制备致密的电解质层已成为中低温 SOFC 研究的重点与难点。对于 SOFC 电解质薄膜层的制备，目前国内外已有多种技术方法的研究报道，按照前驱材料状态的不同，这些方法可分为干压烧结法、气相沉积法、湿化学法以及粉末加工法等[72]。

4.2.1　干压烧结法

干压成型又称模压成型，是将粉料填充到模具内部后，通过单向或双向加压，将粉末压制成所需的形状。这种方法操作简单，是陶瓷生产中较常用的一种坯体成型方法。干压成型坯体的性能受粉体的性质、加压大小与方式、加压速度以及保压时间等因素的影响。

干压法制备电解质薄膜又称共压法，一般先用阳极或阴极粉体制备一级生坯，再在其上覆盖电解质粉体，共压烧结后得到电解质薄层。制得的电解质薄层的厚度取决于加入粉体的量，为使厚度达微米量级，一般采用堆积密度小、呈蓬松状的纳米级粉体。制备的薄层厚度一般在 10 μm 以上。作者采用共压烧结法在 NiO-SDC 多孔电极上制得了厚度约为 25 μm 的 SDC 电解质薄层(图 4.11)。为了使 GDC 纳米粉体在衬底素坯表面均匀分布，往往会使用筛子均匀添加 GDC 纳米粉体。为进一步降低制备厚度，还对干压工艺进行了改进，采用喷涂-干压法制备电解质层，显著提高了薄层均匀性。经多次喷涂，可实现制备厚度在 1～30 μm、相对密度在 98%以上的电解质层。

干压法存在的问题在于压力应力容易使素坯在致密化烧结过程中产生微裂纹，在制备厚度低于 10 μm 的薄膜时，容易造成厚度不均的问题，在 SOFC 运行过程中，会产生不同热功率密度，较薄处易发热受损，减少电池寿命。

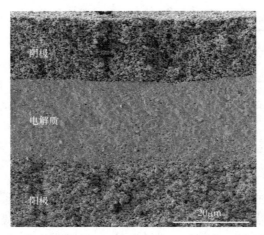

图 4.11　共压烧结法在 NiO-SDC 多孔电极上制得的 SDC 电解质薄层

4.2.2　气相沉积法

1. 化学气相沉积

化学气相沉积(chemical vapor deposition，CVD)是一种分子级的薄膜制备过程，它利用气态物质在固体衬底表面发生反应，生成固体沉积物，是制备无机非金属薄膜材料的常用技术。一般来说，CVD 法的工作原理是从混合前驱体(金属氯化物、金属醇盐或 β-二酮金属化合物)溶液的蒸发过程开始的，该过程基于研究要求，以生产用于化学过程制造固体材料的气体前驱体。当发生化学反应时，反应物蒸气被输送到衬底表面，固体薄膜的产率将通过结晶生长过程形成。反应发生后，在基底上获得薄膜沉积。根据前驱物不同的蒸发温度和衬底的不同温度，薄膜生长速率为 1～10 μm/h。CVD 技术的优点是所制的膜均匀且可以重复，薄膜的生长速率可控，对衬底形状没有特殊要求；缺点在于原料价格昂贵，反应温度高，膜生长速率较低。

利用 CVD 方法在多孔结构 Ni-YSZ 阳极上制备厚度为 4～15μm 的结构致密的 YSZ 电解质薄膜。在 900℃时，单电池 SOFC 的最大功率密度可以达到 1200 mW/cm^2。最近，Jang 等[73]通过气溶胶辅助 CVD(aerosol-assisted CVD，AACVD)方法在多孔 Ni-YSZ 阳极层上制备了厚度约为 1 μm 的 YSZ 电解液薄膜(图 4.12)，在 YSZ 电解质层上用 PLD 制备了 GDC 层和多孔 LSC 阴极层，在 600℃时，该 SOFC 单电池的功率密度高达 600 mW/cm^2。在相同的操作条件下，与传统的 SOFC 单电池相比，该结果高出 1.4 倍。由此可见，电解质的均匀微观结构有利于降低单电池的欧姆电阻和极化电阻。

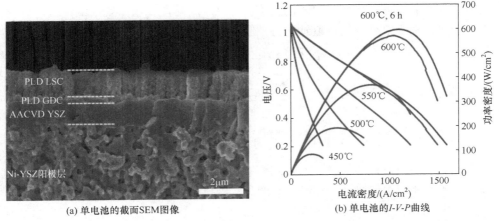

(a) 单电池的截面SEM图像　　　　　　　(b) 单电池的*I-V-P*曲线

图 4.12   采用气溶胶辅助 CVD 制备的 YSZ 电解质薄膜的单电池的微观结构与输出特性

2. 电化学气相沉积

电化学气相沉积(electrochemical vapor deposition，EVD)在 CVD 基础上改进而来，它以电化学势能梯度作为生长的驱动力，在多孔衬底上生长离子电导或电子电导的致密性薄膜。EVD 反应器被多孔陶瓷基板分为两个腔室(图 4.13)，EVD 生长过程中包括两个阶段：多孔陶瓷孔隙封闭以前的常规 CVD 阶段和孔隙封闭之后的 EVD 阶段。在常规 CVD 阶段，陶瓷基体的孔隙由两个腔室中的两种气体反应物生成的固体电解质封闭。其反应式为

$$MCl_x + \frac{x}{2}H_2O \longrightarrow MO_{\frac{x}{2}} + xHCl \tag{4.2}$$

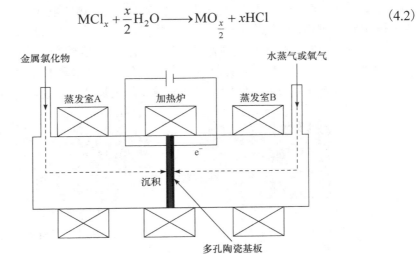

图 4.13   电化学气相沉积原理示意图

式中，M 为阳离子；x 为阳离子的价态。在 EVD 阶段，水蒸气或氧气被还原的氧离子通过陶瓷中氧空位通道到达另一侧腔室中与金属氯化物反应。其反应式为

$$H_2O + 2e^- \longrightarrow H_2 + O^{2-} \tag{4.3}$$

$$\frac{1}{2}O_2 + 2e^- \longrightarrow O^{2-} \tag{4.4}$$

$$MCl_x + \frac{x}{2}O^{2-} \longrightarrow MO_{\frac{x}{2}} + \left(1 - \frac{x}{2}\right)V_O'' + \frac{x}{2}Cl_2 + xe^- \tag{4.5}$$

　　EVD 的显著特点是能够形成致密均匀的薄膜，而相对较低的沉积速率、生成的气体可能产生的腐蚀和相对较高的工作温度可能会阻碍薄膜的致密化过程。

　　EVD 方法的优点是易于控制和监控整个制造过程。此外，由于 EVD 过程始于材料的晶粒结晶和生长，采用该技术生成的产物具有物理和化学修饰组件间（即电极和电解质）界面的能力，因此对支撑体表面形状无要求，能够在其表面形成致密均匀的薄膜，但是 EVD 相对较低的沉积速率、生成的气体可能产生的腐蚀和相对较高的工作温度（>1000℃）可能会阻碍薄膜的致密化过程。利用 EVD 方法制备应用于 SOFC 的致密的 YSZ 电解质时，首先要采用大气等离子喷涂（atmospheric plasma spray，APS）技术对支撑体进行喷涂以沉积足够厚度的 YSZ，然后再通过 CVD/EVD 工艺用 YSZ 堵塞残余的孔或微孔。制得的 YSZ 电解质在金属支撑的固体氧化物燃料电池（metal-supported solid oxide fuel cells，MS-SOFC）表面分布均匀，EVD 改善了 YSZ 电解质的致密性和气密性。Mineshige 等[74]将 EVD 用于氧化铈基中温固体氧化物燃料电池（SOFC）中的电解质。采用类似 EVD 的气相沉积方法通过将两种气体反应物从相反方向供应至多孔衬底，在不同的多孔衬底上制备了均匀性优异的厚度约为 7μm 的纯 CeO_2 和 SDC 薄膜，如图 4.14 所示。并结合观察到的薄膜生长速率和基于薄膜与衬底上的氧通量和氧势梯度的理论分析，对这些薄膜的生长动力学进行了研究。

(a) CeO_2薄膜　　　　　　　(b) SDC薄膜

图 4.14　不同多孔衬底上沉积的 CeO_2 和 SDC 薄膜的截面 SEM 图像

3. 物理气相沉积

　　物理气相沉积（physical vapour deposition，PVD）法属于溅射技术，广泛应用

于有挥发性元素存在的条件下。通过用某种能量粒子(离子、中性原子或分子)轰击固体材料表面,靠近固体材料表面的原子或分子获得足够的能量,从固体材料表面逃逸,沉积到基片表面形成薄膜。这种溅射必须在一定的真空状态下发生。

射频溅射(radio frequency sputtering)是在离子体内不断振荡的电子从射频激励中获得足够的能量,与气体分子碰撞,使后者电离并产生大量的离子和电子。射频电场可以通过其他阻抗形式耦合到沉积室,而无需电极作为导体。不但金属靶材,而且绝缘靶材都可以用于溅射,因此导体、半导体和绝缘体中的任何材料都可以通过这种方式制成薄膜。溅射过程可以在低压下进行,并且溅射速率保持在较高水平。等离子体室每个表面上的电场的极性随驱动射频频率的变化而变化,从而避免了充电效应,减少了电弧的产生。然而,如果沉积绝缘涂层或基底是绝缘体,那么直流溅射工艺有很大的局限性。在制备 SOFC 电解质薄膜方面,射频溅射主要用于较薄的缓冲电解质层的制备,以缓解电极/电解质界面处的相互扩散。GDC 薄膜能够在室温下通过射频溅射技术沉积,然后在高温下退火制备。使用 PVD 技术有利于实现 GDC 溅射层厚度的减小,同时该技术能够实现最佳密度和化学计量比值 GDC 薄膜的制备。

直流磁控溅射是在电场的作用下,电子在飞向衬底的过程中与氩原子碰撞,使其电离,产生 Ar 阳离子和新电子。新电子飞向衬底,氩离子在电场作用下加速飞向阴极靶,并通过高能轰击靶材表面使其溅射。被溅射出的中性靶原子或分子沉积在衬底上形成薄膜。直流磁控溅射沉积速率高,衬底温度低,对薄膜的损伤小,并且能够控制涂层的厚度,形成纯度高、致密性良好和结构非常均匀的薄膜。但该方法对靶材的利用率偏低,仅为 20%~30%。采用非对称双极功率磁控管可以显著提高磁控溅射氧化层的沉积速率,将磁控溅射氧化物层(射频、直流或单极脉冲溅射时<5 mm/h)的沉积速率提高到了 12 mm/h,从而为该方法的工业化应用创造了先决条件。

此外,电子束物理气相沉积(electron beam physical vapor deposition,EB-PVD)也被用来制备 SOFC 电解质薄膜。EB-PVD 技术是电子束与物理气相沉积技术相互渗透而发展起来的先进表面处理技术。它是以电子束作为热源的一种蒸镀方法,在一定的真空度条件下,电子枪在高压作用下发射电子束,电子束通过磁场或电场聚焦到靶材上,利用电子束的能量加热并汽化靶材,产生的气相原子一般通过直线运动到衬底表面并沉积在衬底表面形成薄膜层。EB-PVD 蒸发速率较高,几乎可以蒸发所有物质,而且薄膜层与衬底界面以化学键结合为主,结合力非常好。He 等[75]采用 EB-PVD 以高达 1 mm/min 的沉积速率在 NiO-YSZ 多孔陶瓷上制备了 YSZ 电解质薄膜层。如图 4.15 所示,YSZ 层由单一立方相组成,在 1000℃退火处理后未发生相变。SEM 观察到该薄膜层具有典型的柱状结构,每根柱状晶粒均呈现羽毛状特征。结合亮场 TEM 照片可以看出在柱状晶界中有许多微纳米大小的间隙和孔隙。该薄膜层在导电性方面表现为各向异性的特征。垂直于薄膜层表面的电导率显著高于平行于薄膜层表面的电导率。同时由于薄膜层存在中空，其在垂直方向上的电导率仍然低于 8YSZ 块体。气密性研究表明该薄膜层的气体渗透系数接近 SOFC 电解质临界值的一般要求，因此，EB-PVD 技术在 SOFC 应用方面依然具有很大潜力。

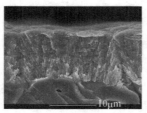 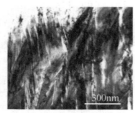

(a) SEM照片　　　　　　　　　(b) 亮场TEM照片

图 4.15　YSZ 电解质薄膜层的横截面形貌

白线代表羽毛状、柱状结构中存在的纳米孔排列

4. 脉冲激光沉积法

脉冲激光沉积（pulsed laser deposition，PLD），也被称为脉冲激光烧蚀（pulsed laser ablation，PLA）。PLD 法制备是将脉冲激光器产生的高功率脉冲激光聚焦于靶材表面，使其表面产生高温及烧蚀，并进一步产生高温高压等离子体（$T > 10^4 K$），等离子体定向局域膨胀，在基底上沉积成膜，其工作原理如图 4.16 所示。

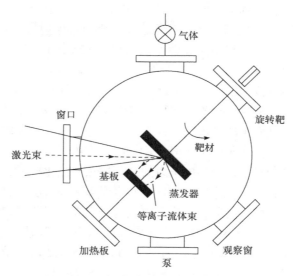

图 4.16　脉冲激光沉积原理图

等离子体在空间经过一段时间的运动到达基底表面，然后在基底上成核、长大形成薄膜，如图 4.17 所示。为了提高薄膜的质量必须对基底加温，PLD 法一般在 500~800℃的温度下能够形成高质量的精细薄膜。在这一阶段中，有以下几种现象对薄膜的生长不利，一是从靶材表面喷射出的高速运动粒子对已成膜的反溅射作用，二是易挥发元素在成膜过程中的挥发损失，三是液滴的存在导致薄膜上产生较大的颗粒物。

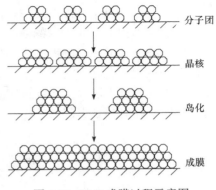

图 4.17　PLD 成膜过程示意图

PLD 法的优点如下：无污染，易于控制，化学计量比可以精确控制，以实现靶材和薄膜成分的均匀性，并且可以在形成薄膜的过程中引入其他所需的气体（如一些所需的氧化物），以操纵薄膜的成分。该方法的缺点是在薄膜表面存在微米或亚微米级的颗粒，这可能导致薄膜的均匀性变差。

Saporiti 等[76]利用 PLD 分别成功地制备了 YSZ 和 YSZ + CeO$_2$（氧化钇和氧化铈共同掺杂的氧化锆）的电解质薄膜，薄膜的厚度为 1~3 μm，两种薄膜均呈立方相，其中晶粒的大小约为 100 nm。从制得的样品的表面 SEM 照片（图 4.18）可以看出，两种样品的表面上都有一些 1~5 μm 球形或准球形团簇的碎片或颗粒，这些微粒的存在是 PLD 薄膜的一个特征。采用 PLD 法还可以制备立方萤石结构的 SDC 电解质层以提高 SOFC 电解质的电化学性能，当热处理温度为 650℃，氧气压力为 10 Pa 时，SDC 电解质在 800℃温度时的离子传导率达到 0.075 S/cm，表明此 SDC 电解质层在低温 SOFC 中具有潜在的应用前景。

(a) YSZ薄膜

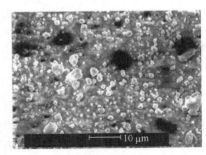

(b) YSZ+CeO$_2$薄膜

图 4.18　不同薄膜样品的表面 SEM 照片

为了进一步改善 PLD 法制备薄膜的致密性，Iguchi 等[77]采用改进的 PLD 方法制备了一种阳极支撑型 SOFC，采用 Sr 和 Co 共掺的 LaScO$_3$ 作为质子传导电解质。如图 4.19 所示，该方法采用 PLD 方法和超声清洗交叉进行的方式，利用超声清洗在不损坏薄膜本身的前提下，去除掉 PLD 法制备的薄膜表面的碎屑颗粒，然后在通过下一次沉积来增加薄膜厚度的同时填补因碎屑颗粒导致的孔隙。每次沉积的电解质层的厚度为 1～2 μm，沉积多次以获得理想的电解质层的厚度。通过此改进方法沉积的电解质层足够致密，没有孔隙和裂纹等微小缺陷，而且可以防止碎屑颗粒引起的气体泄漏和短路。

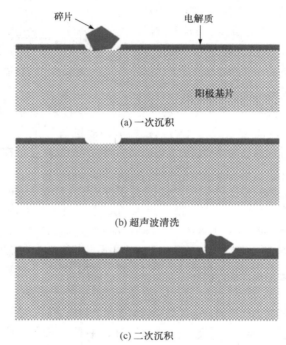

图 4.19　改进 PLD 方法的示意图

4.2.3　湿化学法

1. 溶胶-凝胶法

溶胶-凝胶法制备薄膜涂层的基本原理是：将一些易水解的金属醇盐或无机盐作为前驱体，溶于溶剂（水或有机溶剂）中形成均匀的溶液，溶质与溶剂产生水解或醇解反应，生成物缩聚成几纳米左右的网络结构并形成溶胶，其反应如式(4.6)和式(4.7)所示。溶胶-凝胶法生产高质量 SOFC 电解质薄膜的关键是获得的溶胶具有最佳黏度和稳定性。此外，前驱体反应性和沉积条件也非常重要，因为它们会影响电解质薄膜的微观结构。采用旋涂和浸涂等方法将溶胶涂覆到支撑电极上，溶胶膜经凝胶化及干燥处理后得到干凝胶膜，最后在一定的温度下烧结使薄膜结晶和致密化。重复这些步骤，直到制成所需的厚度。该工艺的优点是，与传统烧结工艺相比，可以在较低的工作温度下制备具有精细结构和高密度的陶瓷薄膜。同时这种方法也适用于双层或者多层薄膜的制备，通过溶胶-凝胶涂层法可以在 GDC 表面上沉积一层完全致密的 YSZ 层。

$$
\underset{\underset{\text{OR}}{|}}{\overset{\overset{\text{OR}}{|}}{\text{RO—M—OR}}} + H_2O \longrightarrow \underset{\underset{\text{OR}}{|}}{\overset{\overset{\text{OR}}{|}}{\text{RO—M—OH}}} + ROH \tag{4.6}
$$

$$
\underset{\underset{\text{OR}}{|}}{\overset{\overset{\text{OR}}{|}}{\text{RO—M—OH}}} + \underset{\underset{\text{OR}}{|}}{\overset{\overset{\text{OR}}{|}}{\text{RO—M—OR}}} \longrightarrow \underset{\underset{\text{OR}}{|}}{\overset{\overset{\text{OR}}{|}}{\text{RO—M—O—M—OR}}} + ROH \tag{4.7}
$$

2. 喷雾热解法

喷雾热解法(spray pyrolysis method)是以金属盐有机溶液或水溶液为先驱体，经喷嘴雾化后进入反应室，在加热基底上反应沉积薄膜。其工作原理如图 4.20 所示。喷雾热解法不需要昂贵的设备或真空条件，它还可以很好地控制薄膜的化学计量比，同时与基底保持着很强的黏附性。

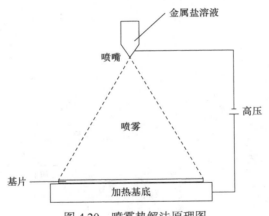

图 4.20　喷雾热解法原理图

根据雾化方式的不同，喷雾热解法制备薄膜技术可分为压力雾化沉积、超声雾化沉积和静电雾化沉积，目的是使单分散液滴更细。但是无论采用何种方式雾化，喷雾热解法制备薄膜是由雾滴或细粉体颗粒沉积生长而成，所制备薄膜的表面不如 CVD 制备的薄膜光滑平整，薄膜中的气孔率也较高。而且，雾化液滴的大小及分布、溶液性质以及基底温度等工艺条件对喷雾热解法制备薄膜的表面形貌影响很大。将喷雾热解法制备薄膜技术与等离子体技术相结合，即等离子体增强喷雾热解法制备薄膜技术有利于提高所制备薄膜的质量，显示了较强的发展潜力，但增加了设备的复杂性。采用喷雾热解法可以制备几何结构良好的 Ca 掺杂的 PBCaCO（$PrBa_{0.8}Ca_{0.2}CoO_{5+\delta}$）双层钙钛矿薄膜电极。研究发现，钙掺杂电极电化学性能的改善得益于表面偏析的减少，从而提高了表面电催化活性。

作为喷雾热解的衍生技术之一，静电喷雾沉积（electrostatic spray deposition，ESD）与其他技术相比有其自身的特点。该方法使用高压静电场作为雾化的手段，即在静电力的作用下，液体被分成带电荷的液滴并形成喷雾。ESD 最显著的特点是调节参数方便，可以产生不同尺度的液滴。通过在喷涂过程中改变不同的前驱体溶液，可以制备出不同性质的多层膜。例如，通过 ESD 可以在铁素体合金上制备出致密且无裂纹的薄型 LSM 涂层。

3. 电泳沉积法

电泳沉积（electrophoresis deposition，EPD）是一种常用的薄膜制备手段，其过程包括两个阶段。第一个阶段被称为电泳，在此过程中带电粒子向相反的电极移动。在第二阶段，粒子沉积在电极表面，形成均匀致密的薄膜。任何可以制成细颗粒（粒径<30 μm）或溶胶的固体材料都可以应用于电泳沉积法。电泳沉积法的原理图如图 4.21 所示。

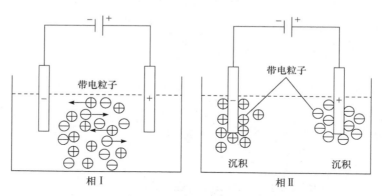

图 4.21　电泳沉积法原理图

在低成本湿法工艺制造高性能 SOFC 方面，EPD 技术是一种很有前途的选择。采用 EPD 技术结合共烧工艺可以在直径约 16mm 的 NiO-ScSZ（Sc 掺杂 ZrO_2）阳极衬底上制备出 ScSZ 电解质薄膜，获得的 ScSZ 薄膜厚度为 5～8μm，致密度足以作为 SOFC 电解质。

EPD 技术被证实是制备薄膜 SOFC 的合适技术，因为采用 EPD 在 NiO-YSZ 多孔阳极衬底上制备 YSZ 薄膜所获得的阳极支撑型 SOFC，在 900℃时可达到 1.0 V 的开路电压和 440 mW/cm² 的峰值功率密度。EPD 法设备简单、成本低；

受基底形状的限制较少，可以在形状复杂的电极上成型；成膜速度快、适用于大规模加工；膜厚均匀且易于控制；可连续进料，料液循环利用，无污染物排出。缺点是需重复操作，沉积、煅烧循环次数多；沉积层中粉末团聚严重，导致烧结后团聚体之间孔隙较大。此外，EPD 和沉积动力学的理论尚不明确，沉积参数和沉积产物之间的关系也不清楚，有待进一步研究。

4.2.4　粉末加工法

粉末加工法是薄膜的常规制备方法。所制备的薄膜通常具有足够的强度、均匀的密度和良好的可加工性。

1. 流延法

流延法（tape casting）又被称为刮刀法，是把陶瓷粉料与适当的溶剂、分散剂、黏合剂、增塑剂等混合调成均匀稳定的浆料，经过筛和除气后，在流延机上流成一定厚度的素胚，干燥、烧结成为比较致密的膜。根据流延溶剂的不同可分为有机基流延和水基流延，目前常用的为有机基流延。为形成具有最佳流变特性的浆料以有利于成膜，各种添加剂的选择、用量和添加顺序非常关键。一般有机添加剂量应尽量少，其与陶瓷粉体的质量比为 0.05~0.15，浆料的黏度为 1000~5000 mPa·S；素坯的厚度取决于浆料的黏度、流延速度、刮刀高度以及储料桶中浆料的深度，另外它还与成膜厚度以及环境温度、湿度有关；流延成型的速率取决于薄膜的厚度和流体性能。

流延成型过程如图 4.22 所示，浆料从槽中流向传送带上的基带，刮刀和传送带的相对运动在基带上形成湿膜，其厚度由刮刀和基带之间的距离控制。湿膜与基带一起被送入干燥室。在溶剂蒸发过程中，通过黏合剂的成膜作用将陶瓷颗粒黏合在一起，形成具有一定强度和柔软度的素坯带。素坯带经烧结后得到最终的薄膜。这种方法可以很容易地控制薄膜的厚度、质量和均匀性，并且可以制备层压复合材料。然而，由于未充分塑化挤出的大分子间距，会导致薄膜强度低。

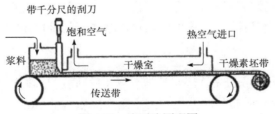

带千分尺的刮刀　　饱和空气　　　　　热空气进口

浆料　　　　　　　　干燥室　　　　干燥素坯带

传送带

图 4.22　流延法原理图

这种方法由于低成本、高效益而被广泛应用于 SOFC 商业化的批量生产。通常，该方法适用于阳极和电解质双层组件的制造。制造组件时，首先将陶瓷粉末、聚合物以及分散剂混合物球磨，同时将聚乙二醇等增塑剂和聚乙烯醇缩丁醛等黏合剂混合在一起，形成最稳定的浆料悬浮液。然后，在真空条件下进行脱气过程，以去除浆料中的气泡。接着将浆料在流延机中浇铸，并根据要求制备厚度层。最后，经干燥后烧结制得 SOFC 组件，在这一过程中，必须观察收缩行为，以避免结构弯曲，并实现脆性材料的最大可靠性[78]。

　　采用流延法制备的含有 8YSZ 电解质薄膜和 8YSZ/NiO 阳极薄层的单电池在800℃时取得了优良的电化学性能，当用含 3%水蒸气的 H_2 为燃料气时，开路电压（OCV）为 1.1 V，最大功率密度为 0.81 W/cm^2，最小极化电阻仅为 1.25 $\Omega \cdot cm^2$。还有研究者使用流延技术制造管状 SOFC。Hedayat 等[79]提出了一种基于流延成型制备管状阳极支撑 SOFC 的新方法。通过连续浇铸阳极支撑层、阳极功能层和电解质层制备了多层流延带，将铸带卷成管状，铸带的两端通过辅助溶剂以叠片结构连接在一起。经过烧结后再用丝网印刷法制备阴极层。从图 4.23 中可以看出，通过该方法获得了 16 μm 厚的 8YSZ 电解质膜。

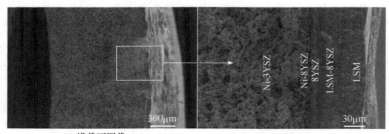

(a) 横截面图像　　　　　　　　　　(b) 横截面局部放大图

图 4.23　基于流延法制备的管状 SOFC 的横截面图像及其局部放大图

　　此外，为了减少制膜过程对环境的污染，近年来水基流延法越来越受到人们的青睐。水基流延采用纯水替代有机溶剂制备流延浆料进行流延，该方法可降低污染和制备成本。水基流延浆料需选择合适的黏合剂、塑性剂、分散剂等有机添加剂，实现与水互溶，形成分散性好的稳定浆料。但由于可溶于水的有机添加剂较少，并且水具有较高的表面张力，浆料分散性和稳定性较差，限制了水基流延法的应用，开发具有可溶于水的添加剂对水基流延的推广至关重要。

　　2. 丝网印刷法

　　丝网印刷（screen-printing）法与流延法类似，同样是将陶瓷粉体、有机添加剂与有机溶剂混合制成高黏度油墨，为了制作高质量的 SOFC 组件薄膜，高质量的油墨非常重要。油墨的质量取决于丝网印刷油墨上黏合剂、溶剂和分散剂的流变特性。油墨的稳态特性（黏度、触变性和屈服应力）和动态特性（弹性、动态和黏弹性）都是优化油墨质量必须要考虑的。与流延法不同，丝网印刷法是通过刮板使浆料透过丝网涂覆在衬底上。丝网印刷法要求浆料具有良好的触变性，触变性是指刮板运动时产生的切变力可使浆料的黏度降低，而当浆料沉积、切变力去除后，其黏度又可升高，阻止浆料的流动。对于丝网印刷的浆料，一般要求其在千分之一秒内黏度变化可达 1000 倍，并且变化可逆；此外，在烧结过程中应尽量避免有机物的剧烈挥发而形成气泡和针孔，升温速度不宜太快。

　　丝网印刷法的基本原理是将油墨送入开放的丝网中，然后用刮刀以适当的力压平形成的扁平薄膜。烧结和干燥过程对于提高 SOFC 组件的质量和去除过量溶剂是必要的。丝网印刷适宜大面积制膜，不仅可以在平面上成膜，还可以在曲面或不规则表面上成膜，且制膜速度快，不需多次烧结。

　　丝网的目数控制着单次印刷厚度和相对密度。印刷厚度随着丝网目数的降低而线性上升，相对密度与丝网目数呈近似线性关系，并随丝网目数增加而增大。这是由于高目数印刷层较薄，在烘干和烧结过程中内应力较小，促进晶粒增长和薄层致密化。而印刷次数则由单次印刷效果决定，单次印刷制备厚度约为 2 mm，致密性较差。印刷次数达 5 次以上，厚度大于 10 mm 时，制得的电解质层较为致密，这是由于多次印刷可填补和覆盖前次印刷产生的孔洞，从而提高了薄膜的致密性。印刷方式同样影响制备效果。换位印刷，即交叉印刷，相比常规往复式印刷，其制备效果更佳。

　　丝网印刷法主要用于开发低温 SOFC 组件方面，采用丝网印刷法制备的含有 30 μm 电解质薄膜的电池在 500℃时获得了 188 mW/cm^2 的最大功率密度。当工作温度升高到 600℃时，SOFC 的最大功率密度升高到了 397 mW/cm^2。

3. 浆料涂敷法

　　浆料涂敷(slurry coating)法一般是以水作为溶剂，加入分散剂后，将电解质粉末分散于其中配制成稳定的浆状悬浮液(固体质量分数在 5%左右)，然后采用浸渍涂敷或旋涂操作将电解质浆料涂敷在基质表面，再进行干燥、预烧、烧结。此过程重复 5～10 次，得到电解质薄膜。浆料涂敷法的优点是成本低、操作简单，可制备大面积的均匀薄膜，缺点是表面收缩大、易开裂、溶剂蒸发时表面和内部易出现气孔和针眼，对基体的表面状态要求高。

　　为了寻找最佳工艺条件制备 SOFC 电解质薄膜，Kim 等[80]采用浆料涂敷技术制备了厚度约为 2 μm 的 YSZ 和 GDC 薄膜。结果表明，浆料涂敷法可以通过改变浆料的原料配比来制备成膜，同时可以通过降低黏合剂含量来提高 GDC 层的质量，另外，YSZ 薄膜的厚度也会影响单电池的性能。在最佳条件下制得的单电池在 600℃温度下最大功率密度超过 200 mW/cm^2，OCV 也大于 1 V。此外，与传统的浆料涂敷方法相比，真空法可以显著降低界面极化阻力，改善电池性能，因此将真空沉积技术引入到浆料涂敷法中可以制备出厚度为 5 μm 的 YSZ

薄膜。对应的单电池的极化从 $1.27\ \Omega \cdot cm^2$ 降低到 $0.89\ \Omega \cdot cm^2$，在 800℃时峰值功率密度从 $249\ mW/cm^2$ 提高到 $292\ mW/cm^2$。由于真空产生的高压，薄膜的致密度和结合强度都得到了提高，由此可见，浆料涂敷技术是一种比较合适的制备 SOFC 薄膜的方法。

此外，还有研究者将注浆成型(slip casting)法和压滤(filter pressing)法应用于 SOFC 电解质薄膜制备。

4.3　多孔电极的制备方法

固体氧化物燃料电池的多孔电极是混合离子导电复合材料，有助于气体扩散和支持氧化/还原反应。调整陶瓷微观结构中的孔隙率、孔径分布和孔形态是满足特定应用要求所必需的。多孔陶瓷微结构在提高固体氧化物燃料电池性能方面起着重要作用。发展能够产生高功率密度的 SOFC 需要改进电极。高孔电极的工程设计需要最大限度地增加电化学反应点的数量，并促进气体扩散。

传统制备多孔陶瓷的方法可分为部分烧结法、复型法、直接发泡法和牺牲模板法。对于 SOFC 而言，由于在 SOFC 运行期间要防止镍的烧结粗化，因此不建议通过降低烧结温度进行部分烧结以制备多孔陶瓷电极，这还会导致机械性能的降低。复制法则使用天然或合成模板，通常是聚氨酯海绵，将其浸入陶瓷浆料中，然后进行热解和高温烧结，以创建原始模板结构的复制品。用过窄的孔浸渍聚合物海绵是困难的。因此，复型衍生孔隙的最小孔径约为 200 μm。复型方法可获得高孔隙率，根据海绵的不同，定制的孔径范围为 200 μm～3 mm。直接发泡工艺是在陶瓷浆料中加入气泡，加热干燥后的浆料产生多孔陶瓷。在直接发泡法中，决定孔径大小的湿泡沫的稳定性是关键，经表面改性后颗粒稳定的湿泡沫已将直接发泡制得的最小孔径减小至 10 μm。直接发泡法可制备高孔隙率的多孔陶瓷，孔径可以控制在 10 μm～1.2 mm。但这两种方法在 SOFC 多孔电极的制备中也很少运用。目前制备 SOFC 多孔电极主要采用牺牲模板法，以及在此基础上衍生出的浸渍法和原位溶出法。

4.3.1　牺牲模板法

各种牺牲模板方法能够生成适当的多孔微结构，并能严格控制孔隙率、孔径和形貌。通过选择合适的模板和牺牲材料可以对孔的大小、孔的形状以及孔隙率进行控制，以获得满足需要的孔隙结构。图 4.24 对牺牲模板法进行了详细的分类，主要包括胶晶模板法、聚合物模板法(凝胶注模)、造孔剂法、相转化法、冰晶模板法(冷冻浇注)。造孔剂法有使用氧化物造孔剂和热分解造孔剂两类。热分解造孔剂依据其燃烧/分解特性分为有机和无机造孔剂两种[81]。

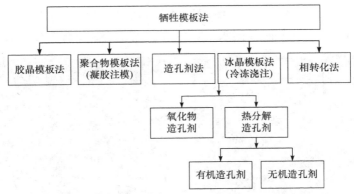

图 4.24　牺牲模板制备多孔陶瓷材料的方法分类

1. 胶晶模板法

胶晶模板法是一种可制备高比表面积的方法。这一技术可用来制备三维有序的大孔结构（3-DOM）。胶晶模板法的优势是可以通过调节模板的尺寸来调控所制备材料的孔径大小。三维有序孔的存在能够增加三相界面的长度和促进气体扩散，由此提升 SOFC 的性能。通过沉积、离心、过滤、二维沉积、狭缝填充或者有序阵列压制等方法可使微球状有机材料形成空间有序结构，有序微球间的空间则由固化的基材来填充。固化的基材包含了按化学计量配比的电极和催化剂材料，然后通过加热处理、燃烧、化学或物理分解等方法将有机微球模板去除，剩下的就是所需要的三维孔阵列结构。上述固化介质可以是纯液体、溶液、水蒸气或纳米晶体的胶体分散悬浮液。图 4.25 为胶晶模板法制备多孔材料的典型过程示意图。

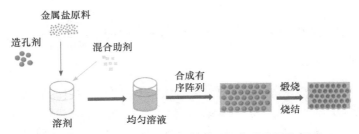

图 4.25　胶晶模板法制备多孔材料的典型过程示意图

通过异相絮凝模板法可以制备出孔径大小和孔隙率有序的多孔陶瓷材料。通过对具有反向电荷的高分子造孔剂及陶瓷悬浮液的改性，可以方便地制备出这种具有高孔隙率、结构规整的紧密堆积多孔结构。Zhang 等[82]利用胶晶模板法结合快速烧结成型技术，制备了 3-DOM LSM/YSZ 复合阴极。如图 4.26 所示，3-DOM 复合阴极的孔径尺寸在 350 nm 左右，在空间呈蜂窝状有序排列。复合阴极在 650℃和 700℃时的 Nyquist 图(图 4.27)显示其极化电阻分别约为 0.71 Ω · cm² 和 0.57 Ω · cm²，性能明显优于同温度下传统 LSM/YSZ 复合多孔阴极。

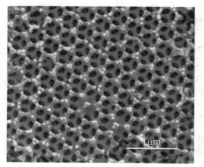

(a) 3-DOM LSM/YSZ复合阴极   (b) 传统多孔复合阴极

图 4.26   3-DOM LSM/YSZ 复合阴极与传统多孔复合阴极 SEM 对比照片

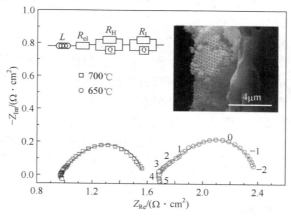

图 4.27   3-DOM LSM/YSZ 复合阴极在 650℃和 700℃工作时的 Nyquist 图

2. 聚合物模板法(凝胶注模成型法)

凝胶注模成型法是一种通过原位聚合法来制备陶瓷材料的方法。均匀分布的单体通过聚合反应，像大分子网络结构的黏结剂一样将陶瓷颗粒聚集起来。聚合物单体的含量占整个固体浆料的 2 wt%～5 wt%。添加额外的聚合物单体会导致聚合过程中聚合物内部形成交联网络，从而使得材料经过烧结后形成内部连通的孔道。如图 4.28 所示，将单体和陶瓷粉体在溶剂中混合可获得陶瓷浆料。聚合反应开始后，需要将浆料注入预置的模具中，使其形成凝胶，其内部最终形成大分子凝胶网络。最后的步骤是将凝胶在高温下进行煅烧和烧结。聚合物单体的浓度对阳极的性能有巨大影响，尤其是阳极的机械强度和电导率都与颗粒的分散性直接相关。多孔陶瓷的主要影响因素，包括气孔率、孔的形貌、孔径大小、孔径分布、孔壁的厚度和密度都可以通过凝胶注模法来调控[30]。凝胶注模法的主要优势是成型时间快、设备要求低、产率高、产品均匀性好和弯曲强度高等。该方法既可以用来制备平板式 SOFC 阳极，又可以用来制备管式 SOFC 阳极。采用凝胶注模法制备的用于 SOFC 的管式 Ni/YSZ 阳极支撑体的多孔孔径可以控制在 0.9 μm以下，而且具有良好的电导率(482 S/cm，700℃)和弯曲强度(112.8 MPa)。

图 4.28　凝胶注模成型法制备多孔材料示意图

　　Morales 等[83]采用凝胶注模成型法结合喷涂技术制备了具有梯度阳极结构的微管式 SOFC，详细制备过程如图 4.29 所示。梯度结构由喷涂的两层阳极功能层实现，NiO-SDC 支撑管中 Ni-SDC 的比例为 60∶40，两层阳极功能层的 Ni-SDC的比例分别为 50∶50 和 30∶70。管式电池经过烧结后的微观形貌如图 4.30 所示，金属相和陶瓷相的梯度分布明显可见。

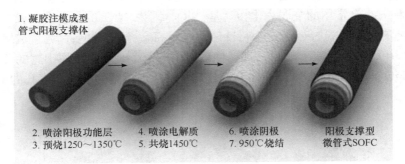

图 4.29　微管式阳极支撑 SOFC 制备过程示意图

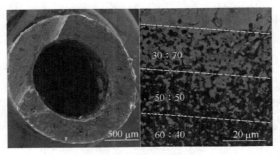

图 4.30　梯度阳极微观结构 SEM 照片

3. 造孔剂法

造孔剂法通过使用氧化物或可热分解的造孔剂在材料中形成多孔结构。氧化物造孔剂可直接添加到陶瓷粉料中，材料烧结后通过过滤去除造孔剂。另外一个用来制备多孔电极的有效方法是在 NiO/YSZ 或者 LSM/YSZ 粉体中添加可热分解的造孔剂，使得电极呈现多孔结构，以此促进气体扩散。简言之，即将廉价的有机或无机牺牲材料添加到生坯中，再通过加热分解去除，留下稳定多孔的素烧坯体，再经过后续高温烧结成型。造孔剂法的缺点是生坯中孔的分布是无序的，孔的连通结构也是杂乱的，这会影响多孔电极传质过程。

1）氧化物造孔剂

选择性浸出法可在添加氧化物造孔剂的生坯中产生孔隙和连通孔，此方法能够用来制备几纳米至几微米尺度范围的多孔材料。在溶解时，至少需要存在两种不同溶解度的相。例如，可以先将 NiO 和 YSZ 共烧而不形成固溶体制备得到 NiO-YSZ 复合金属陶瓷，随后通过还原气氛形成金属 Ni，最后用酸将金属 Ni 溶解，从而获得多孔 YSZ 骨架。YSZ 在所选择的酸性溶液中必须是极难溶的。所得到的多孔 YSZ 骨架在物理尺度上是完好无损的，其作为电解质使用的性能也是不受影响的。Kim 等[83]的研究显示，酸洗不会对电解质层产生破坏，沸腾的硝酸溶液可以将金属镍溶解，留下一层致密的电解质层和一个多孔的 YSZ 骨架。这种方法最常用的金属氧化物就是 NiO，因为 NiO 的化学惰性较好，很难与陶瓷形成固溶体，NiO 的这一特性使得通过高温烧结来制备高强度的陶瓷复合材料成为可能。图 4.31 展示了选择性浸出法的每个步骤。使用沸腾的乙酸也可以将 MgO-CGO（$Ce_{0.8}Gd_{0.2}O_{1.9}$）复合物中的金属 Mg 溶解，制备出多孔的 CGO 骨架结构。

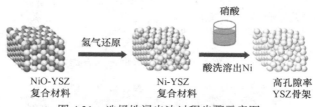

图 4.31　选择性浸出法过程步骤示意图

选择性浸出法引发人们关注的点在于它可以提供金属陶瓷复合阳极初始两相的尺度大小的信息。析出样品的孔隙率是区域尺寸变化最直接的证据。此外，选择性浸出法可以和热分解型造孔剂联用来制备高孔隙率结构。因为氧化物颗粒的大小可控，因此此方法可用来控制孔径大小和孔径分布，用以制备孔径分布均匀的高孔隙率材料。表 4.3 是金属陶瓷样品 Ni 溶出前后的气孔率对比[84]，可以看出随着 NiO/YSZ 的比例变化，溶出前后样品气孔率的变化为 5%～10%。

表 4.3　经过氢气还原及酸滤洗后的 NiO/YSZ 样品的气孔率

NiO/YSZ 质量比	样品初始气孔率/%	样品经 H_2 还原后气孔率/%	样品经酸滤洗后气孔率/%
0/100	33	33 (33)	32 (33)
20/80	38	42 (41)	47 (47)
40/60	46	54 (54)	64 (64)
50/50	51	59 (60)	69 (72)

注：括号内的值是在材料体积密度均匀、氧化镍完全除去的条件下由初始孔隙率计算得到。

2) 热分解造孔剂

各种各样的天然或合成有机物及无机物，如木屑、蒿草种子、面粉、咖啡粉、石松粉、聚苯乙烯以及炭黑等已经作为造孔剂被广泛应用于陶瓷工业中。热分解造孔剂作为气孔的模板，其形成的孔尺寸与原始造孔剂的尺寸相近。蔗糖造孔剂则例外，因为其在高温下会熔化，所成气孔无法保持原有形状。各种类型的热分解造孔剂被人们作为牺牲模板进行研究，用以制备各种形状和尺寸的多孔结构。图 4.32 是通过热分解造孔剂所制备的多孔结构材料示意图。

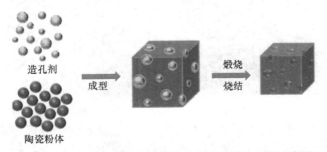

造孔剂　　　成型　　煅烧烧结

陶瓷粉体

图 4.32　使用热分解造孔剂所制备的多孔结构材料示意图

选择合适的造孔剂是研究者主要关心的话题，因为造孔剂的使用对制备和烧结过程有很大的影响。烧结制度曲线需要根据热重分析(TGA)曲线和差热分析(DTA)曲线分析造孔剂的分解和氧化行为来确定。此外，陶瓷黏结剂也需要进行类似的热分析。造孔剂的热分解过程需要在低温下以一个缓慢的速率进行，通过孔隙来释放燃烧产生的废气。快速升温会导致孔隙率下降，引发燃烧尾气的聚集，而内部气压的增加会导致材料层内形成裂缝。造孔剂的选择需要注意以下几点因素：造孔剂粒径大小、造孔剂的热分解曲线(考虑排胶过程中的少量残余)、与电极材料的匹配性、造孔剂的实用性和成本。SOFC 电极常用的有机造孔剂主要包括各种淀粉、聚甲基丙烯酸甲酯(PMMA)、纤维素、面粉、聚乙烯醇(PVA)纤维以及纸纤维。SOFC 涉及的无机造孔剂主要有各式石墨、炭粉、草酸铵、碳酸铵和氢氧化锆[$(Zr(OH)_4$]。造孔剂和黏结剂的热分析数据可揭示其氧化分解信息，从而引导研究者制定快速烧成无缺陷样品的烧结制度。有机造孔剂如 PMMA 和聚苯乙烯在 250～400℃时表现出最大的质量损失，与最常用的 PVB 陶瓷黏结剂燃料特性相近，一般有机造孔剂在 600℃左右即完全分解，但是石墨小球要到 1200℃才完全分解。相比于 PMMA，聚苯乙烯和蔗糖、石墨的氧化过程发生得相对缓慢。片状石墨的氧化过程又明显快于球状石墨。在低温下，片状石墨因其初始表面粗糙度高，所以初始氧化速率较快。而片状石墨更小的颗粒尺寸和高长宽比使其最终的分解温度低于球状石墨。Laguna-Bercero 等[85]对比研究了片状石墨和 PMMA 造孔剂(图 4.33)对多孔 Ni-YSZ 阳极支撑型 SOFC 和 SOEC 电化学性能的影响。结果显示：经过 1350℃烧结后，使用石墨造孔剂的阳极支撑体的气孔率要高于使用 PMMA 的阳极支撑体，但石墨造孔多为片状结构，且闭合孔较多，而 PMMA 造孔的结构保持得相对完整，而且在电解质附近具有更高的三相界面。使用 PMMA 为造孔剂的电池无论是在 SOFC 还是 SOEC 模式下相比石墨造孔剂电池均表现出了更高的电性能，800℃时分别为 818 mA/cm^2 和 -713 mA/cm^2。

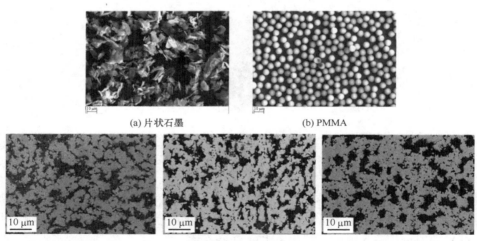

(a) 片状石墨　　　　　　　　　　　　　(b) PMMA

(c) 以片状石墨为造孔剂　(d) 以片状石墨和PMMA的混合物为造孔剂　(e) 以PMMA为造孔剂

图 4.33　不同造孔剂以及利用不同造孔剂制得的 Ni-YSZ 阳极的 SEM 照片

4. 冰晶模板法

冰晶模板(ice templating)法在生物材料合成、化工过程和能源材料领域具有广泛的应用。冰晶模板法也称为冷冻浇注(freeze-casting)法，是用于制备多孔陶瓷和调控三维孔结构的多用途方法。此方法主要涉及的是物理变化而非化学反应过程，因此对材料的局限性较小，可用于制备多种类型的材料。浓缩胶体悬浮液的冷冻注模成型包含作为造孔剂的溶剂(大多数情况下是水)的冷冻过程，在降低气压条件下固相溶剂的升华过程，以及最后通过烧结过程来使气孔壁固化形成单向通孔结构。所形成的单向通孔就是悬浮液中溶剂冷冻后的结晶体的形状。浆料中的悬浮颗粒被持续生长的溶剂晶体挤压积聚，就好像是海冰中的盐和微生物被截留在卤水孔道中一样。适合冷冻注模用的溶剂有水、环己烷、叔丁醇(tert-butyl alcohol，TBA)，以及萘烯。

冰晶模板法的优点在于能制造工程用的大膜、厚膜，加工过程体积收缩小，可制造连续梯度柱状孔，以及调节各种高机械强度和气体透过率的孔道结构。不同的固化条件，包括冷冻速率、冷冻温度、冷冻方向、固含量和粒径都会影响注模孔的结构。因此，孔隙率可以通过浆料固含量来调节，孔径大小可以通过冷冻速率来控制，孔的形状则可通过选用不同的溶剂和在浆料中加入不同的添加剂来调控。以上方法也可对材料的机械性能进行控制。

整体冷冻注模，材料的微观结构是均匀的，孔隙率分布也是各向同性的，而定向冷铸形成的孔结构是沿某个方向定向分布的。孔道的取向取决于固化条件的不同。溶剂晶体沿着热量梯度的方向垂直生长，结构中的各向异性通常由各式不同的热量梯度引发。复杂的混合物层状微结构的制备主要取决于悬浮液和冷冻速率的初始条件。冷冻注模法制备材料的孔隙范围较大，气孔率可达 90%，孔径大小为 0~300 μm。气孔形貌特征的主要影响因素则包括溶剂自身性质、冷冻条件、颗粒粒径和浆料配方。例如，使用以萘烯为溶剂、固含量较低(20 vol%)的浆料可以原位制备出一种致密/多孔双层结构复合陶瓷，当热的浆料注模成型后，生坯暴露在空气中，生坯表面的萘烯溶剂在固化之前就能够轻易地蒸发掉；利用冷冻流延法制备多孔陶瓷基板时，在室温固化的情况下，TBA 系统能够代替水系溶剂，因为 TBA 具有高饱和蒸气压，能够一步获得致密/多孔双层陶瓷结构。在冷冻温度对多孔陶瓷中单向阵列式孔道尺寸的影响方面，孔道尺寸会随着冷冻温度的降低而变小，而距离较冷的表面越远，则孔道尺寸变得越大。

图 4.34 是冷冻浇注的管式阳极支撑体中辐射状孔隙结构的示意图，辐射状孔由阳极支持管的内表面向外表面延伸分布。Moon 等[86]利用固含量 30vol%的水系浆料冷冻浇注制备了管式的 NiO-8YSZ 阳极支撑体，并在管的表面沉积了 YSZ 膜，如图 4.35 所示，从图中可以看出，气孔沿厚度方向呈径向排列，而且外部线性排布的孔是从管状支撑层的内侧延伸到外侧。

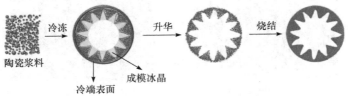

图 4.34　由水系冷冻浇注法制备的阳极支撑体横截面辐射状孔道结构示意图

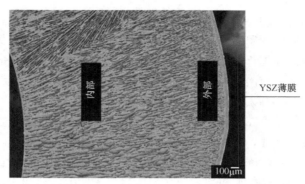

图 4.35　冷冻浇注法制备的管式 NiO-8YSZ 阳极支撑 YSZ 电解质膜的 SEM 照片

制备条件：固含量 30vol%，烧结温度 1400℃，烧结时间 5 h

　　Kim 等在冷冻浇注法制得 SOFC 电极方面做了大量的研究工作[80]。他们通过冷冻浇注法制备了带有梯度功能分布的多孔阳极支撑体，研究显示阳极中的针状孔可以提升 SOFC 电池性能；研究了使用冷冻浇注法制备具有针状多孔 Ni-GDC 阳极和 SSC 浸渍的针状多孔 GDC 骨架阴极的高性能 SOFC。所制备的电池在 600℃时展现出 $1.44\ W/cm^2$ 的最大功率密度和 $0.0397\ \Omega \cdot cm^2$ 这一较低的极化电阻；通过冷冻浇注法制备了定向分级的 NiO-GDC 阳极，并利用滴涂法制备了 GDC 薄膜电解质层。制备定向梯度垂直孔道的目的在于提升电极内部的传质过程。此外，他们还将一层纳米级的 SDC 电极催化剂层浸渍到冷冻浇注法制备的 Ni 基阳极中。经研究，他们发现由于阳极分级多孔结构的存在，浸渍催化剂的效率提升了。他们又通过冷冻浇注燃烧法制备了精细 SSC 颗粒梯度多孔 SSC-GDC 阴极，电池在 500℃条件下的最大输出功率为 $0.65\ W/cm^2$。

　　Lichtner 等[87]通过冷冻浇注法制备了具有如图 4.36 所示结构的 LSM/YSZ 多孔阴极。图 4.36(a) 和 (b) 分别截取不同位置的图像，该分层多孔结构在整个电极内呈均匀分布，极大地提升了复合阴极的三相反应区域面积。并利用聚焦离子束-扫描电子显微镜 (FIB-SEM) 结合三维图形重建分析了冷冻浇注时孔壁中 LSM 和 YSZ 的分布情况，确定了冷冻浇注阴极的最佳烧结温度应为 1200℃，更高的烧结温度将减少 TPB 面积和电极内通孔的比例。

(a)　　　　　　　　　　　　(b)

图 4.36　冷冻浇铸 LSM/YSZ 多孔阴极的微观结构

5. 相转化法

相转化法最早是用来制备多孔高分子纤维膜的一种方法，后来被研究者引入到 SOFC 中用来制备陶瓷电解质膜和阳极支撑体等。使用相转化法制备平板式或管式 SOFC 支撑体时，需要将陶瓷粉体和高分子黏结剂、分散剂以及溶剂按照一定的化学配比混合，然后搅拌均匀制成浆料，再将其流延到基板上并进行水浴。素坯中孔的形成过程主要依靠水浴过程中高分子溶剂与水进行的溶剂交换过程。最终在材料中形成形如手指状的通孔结构，并在上下表面形成相对致密的皮层与海绵孔层。图 4.37 展示了相转化法制备平板阳极支撑体的示意图。

图 4.37　相转化法制备平板阳极支撑体的示意图

Huang 等[88]采用相转化共流延法制备了如图 4.38 所示的 NiO-YSZ 和石墨双层阳极支撑体，经高温煅烧去除石墨层后，支撑体下表面可获得如图 4.38 所示的开孔结构。电池在 800℃时的最大功率密度约为 780 mW/cm^2，且在高电流密度下并没有像其他阳极支撑电池那样出现由浓差极化导致的电压损失，体现出这一开放通孔结构的优越性。

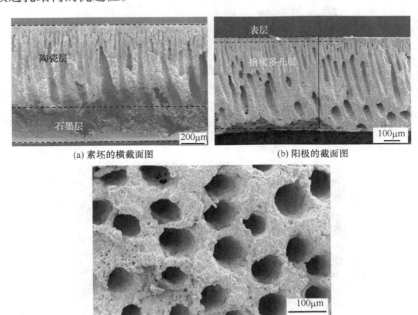

(a) 素坯的横截面图　　　　　　(b) 阳极的截面图

(c) 阳极的下表面图

图 4.38　采用相转化共流延法制备的 NiO-YSZ 阳极的 SEM 照片

Shao 等[89]采用丝网辅助相转化法制备了如图 4.39 所示的 LSCF($La_{0.6}Sr_{0.4}$ $Co_{0.2}Fe_{0.8}O_{3-\delta}$)陶瓷膜，并通过三维图形重建技术分析了陶瓷膜内部的三维树枝状孔道网络结构(图 4.40)，比表面积与断层孔径分布数据(图 4.41)显示了该陶瓷膜在气体渗透和阴极支撑 SOFC 中的应用潜力。

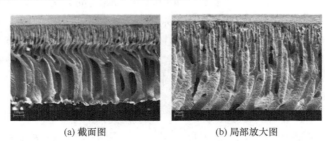

(a) 截面图　　　　　　　　　　(b) 局部放大图

图 4.39　丝网辅助相转化法制备的 $La_{0.6}Sr_{0.4}Co_{0.2}Fe_{0.8}O_{3-\delta}$ 陶瓷膜

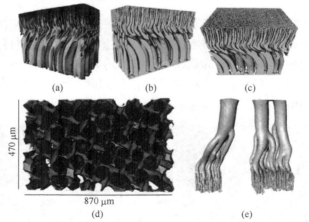

图 4.40　$La_{0.6}Sr_{0.4}Co_{0.2}Fe_{0.8}O_{3-\delta}$ 陶瓷膜内部孔道的三维重建图像

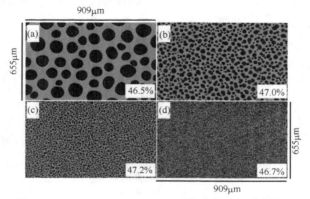

图 4.41　$La_{0.6}Sr_{0.4}Co_{0.2}Fe_{0.8}O_{3-\delta}$ 陶瓷膜断层孔隙率分布

　　陶瓷中空纤维膜的制备方法也是由高分子纤维膜的相转化制备方法得到的启发。中空纤维膜法是一种可以用来制备亚毫米纤维管束的现代膜材料的方法，其制备的中空纤维膜壁厚度可以薄至 200～300 μm。当前技术指标下制备非对称中空纤维管一般分以下几个步骤：①浆料准备；②气泡消除；③称量计算；④旋涂制膜；⑤溶剂蒸发(空气通风环境)；⑥浆料凝固；⑦溶剂交换(相转化)。图 4.42显示了将浆料通过旋转纺丝制成中空纤维管的过程。大部分商业的中空纤维膜是由带有气孔间隔的中速热纺丝头纺丝制得，其目的是提高纤维产率以及降低纤维管的直径。纺丝之前，需要将溶剂、高分子黏结剂和陶瓷粉体搅拌混合均匀，制成纺丝浆料。之后，将混合好的浆料在一定压力下注入纺丝头中，同时需要将促凝剂液体在一定压力下注入中空纤维的内部通孔中。然后将中空纤维在高温(大于 1000℃)下煅烧。过程中重要的影响因素包括粒径尺寸、溶剂黏结剂比例、黏结剂的比例、混合浆料的黏度、注射压力、通孔液体种类、促凝剂种类以及空气间隙大小。通过使用这一方法，具有独一无二的致密/多孔结构的陶瓷可以一步制备出来，其厚度、形状，以及气孔大小都可以调控。

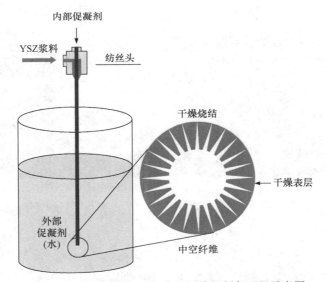

图 4.42　非对称结构 YSZ 中空纤维的制备过程示意图

　　因此，此项技术可以用来制备阳极电解质双层膜电极结构。此外陶瓷中空纤维膜的一些优点使得其在管式 SOFC 应用领域大有作为，这些优点包括了高机械强度、良好的自支撑结构稳定性和超高的比表面积。中空纤维膜技术不仅可以对陶瓷管微观结构进行控制，也可以在陶瓷内部创造孔径从管中心至外表面梯度递减的多孔结构。中空纤维的内表面是一个多孔结构，但是它的外表面是致密且光滑的。这一梯度变化的微观形貌是由甲基吡咯烷酮(NMP)、乙醇、水、聚醚砜(PES)和内部促凝剂不同的溶解度参数造成的，其中乙醇占 NMP 的质量分数为 30wt%。聚醚砜在内部凝结剂中是可溶的，但是在凝结剂水中是不溶的，这一溶解度差异导致外表面比内表面的凝结速率更快，进一步导致外表面形成一层致密的皮层，而内表面形成蜂窝结构的多孔层。所有从陶瓷管的截面上来看，孔径由内表面的大孔逐渐减小为外表面皮层区域的微小通孔。将宏观的指状孔通道引入到 SOFC 的阳极支撑体结构中可以有效降低气相传输引起的极化阻抗。Meng 等[90]采用相转化方法制备了不对称 YSZ 中空纤维，并通过真空辅助浸渍硝酸镍制备了集成电解质/阳极中空纤维，如图 4.43 所示。浸渍周期从 0 到 10，整体中空纤维中 NiO 的含量从 0wt%到 42wt%呈线性增加。随着镍催化剂的反复浸渍和煅烧，整体电解质/阳极中空纤维的孔隙率从 43%降低到 31%。浸渍 10 个周期后，其电导率也高达 728 S/cm。由于 NiO 含量的增加，整体中空纤维的机械强度从 128 MPa 提高到 156 MPa。基于集成电解质/阳极中空纤维制备的微管式 SOFC 的峰值功率密度为 562 mW/cm²。电池稳定性已在 40 次热循环中得到验证，在 800℃下运行时，OCV 稳定为 1.1 V，功率密度稳定在 560 mW/cm² 左右。

(a) 横截面　　　　　　　　　　(b) 带有阴极/电解质/阳极的表层区域

(c) 浸渍沉积在孔内的镍颗粒　　　　　(d) 阳极(内)表面

图 4.43　基于相转化法制备的微管式 SOFC 的微观结构

4.3.2　浸渍法

浸渍法是制备和/或优化 SOFC 电极以获得更高性能和稳定性的一种非常有效的方法，原则上，可以通过湿法化学路线合成的任何金属氧化物都可以通过浸渍和预烧结在多孔电极支架上形成纳米氧化物颗粒(对于金属颗粒而言，需要随后还原氧化物)。将纳米级颗粒浸渍到多孔电极框架中有两种原因，一是为了增强电极的电子或离子导电性，二是为了增强催化活性。典型的浸渍过程如图 4.44所示，首先需制备一个多孔框架作为载体，然后将特定成分的盐配制成前驱体溶液，浸渍到多孔载体中，最后在一定温度下煅烧，合成需要的氧化物。所引入的纳米颗粒包括可增加离子传导率的电解质微粒、可增加催化活性和/或导电性的过渡金属，以及另一种高性能的钙钛矿氧化物等。例如，通过浸渍的方法在$Sr_2FeMoO_{6-\delta}$(SFM)的表面引入了不含贵金属的 Co-Ni-Mo 合金催化剂，一方面可以将 SFM 在 800℃下、湿氢气中的极化电阻降到 0.1 $\Omega \cdot cm^2$ 以下，另一方面，浸渍法的合成温度(<850℃)远低于高温固相法的烧成温度(>1000℃)，因此采用浸渍电极可以避免某些钙钛矿材料在高温下与电解质的不相容问题，在低温下合成的电极往往具有纳米结构，具有更高的催化活性。通过在多孔的 YSZ 骨架上浸渍 SFM 制备出的具有 SFM/YSZ 对称电极的单电池在 SOFC 和 SOEC 两种模式下都表现出良好的性能，实现了 SFM 在 YSZ 电解质上的应用[91]。此外，表面浸渍还可以对电极颗粒进行包覆，制备具有核壳结构的电极，获得额外的稳定性和催化活性。

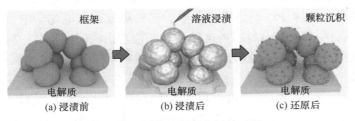

图 4.44　浸渍法制备电极的过程

作者采用真空浸渍法制备了 Cu/Ni/SDC 阳极。将硝酸铜和尿素按 1：1.5 的比例溶解于去离子水中，制得 0.05mol/L 的溶液。真空条件下，将混合溶液滴加到 Ni/SDC 多孔陶瓷表面，静置 1 h，待混合溶液完全注入 Ni/SDC 多孔陶瓷中后，将陶瓷在氢气气氛中加热至 450℃并保温 2 h，使沉积的铜盐转化为单质铜。冷却后，称量整个陶瓷的质量以确定沉积的单质铜的质量。铜颗粒均匀地分布在多孔 Ni/SDC 陶瓷的骨架结构上。从图 4.45 中可以看出，注入的 Cu 颗粒紧密地黏附在多孔 Ni/SDC 陶瓷的骨架结构上，Cu 颗粒的晶粒尺寸分布较宽，大部分分布在 50~250 nm。

(a) Cu/Ni/SDC阳极SEM照片　　　　(b) 对应的铜元素分布图　　　　(c)高分辨SEM照片

图 4.45　浸渍法制备的多孔 Cu/Ni/SDC 阳极的微观结构

　　浸渍法不仅可以将浸渍材料的固有特性引入电极中，而且制备程序对阳极的微观结构和性能有显著影响。该方法已经证明了其在制备小规模应用的高性能纳米结构电极方面的可行性和优越性。但是浸渍法的主要缺点是工艺烦琐，时间成本较高。为了提升标的物含量，浸渍-煅烧过程可能要重复几十次，且在 SOFC 高温条件下，浸渍的纳米颗粒会随着操作时间的延长而团聚增大，从而会影响电极的微观结构和性能的长期稳定性。因此，在以后的工作中需要进一步努力优化浸渍工艺，寻找性能更好的新型组分材料和催化剂，这项技术将有力地推动 SOFC 技术的大规模应用和商业化。

4.3.3　原位溶出法

　　金属纳米颗粒的原位溶出法是制备纳米电催化剂的一种很有前途的方法，用于燃料电池和电解池等电化学能量转换器。在这种方法中，催化活性金属元素最初溶解在氧化物主体中，然后通过还原、热处理或施加电化学电位从晶格中析出。钙钛矿氧化物（ABO_3）材料最常被用于原位溶出法研究，其中催化活性金属离子被掺杂到 B 位，经原位溶出转变为金属纳米颗粒。生成的金属纳米颗粒（如镍、钴、锰、铁、银、钌等）直径为 10～20 nm，具有高的表面体积比，因此具有高的活性中心密度。此外，由于其在主体氧化物中的固有均匀性，溶出的纳米颗粒不仅表现出均匀分布，而且还表现出与母体氧化物紧密结合的锚定结构，从而可以有效防止纳米金属颗粒在使用过程中因聚集而失活，溶出法制备纳米颗粒过程如图 4.46 所示。将 A 缺位的 $La_{0.4}Sr_{0.4}Ni_{0.03}Ti_{0.97}O_{3-\delta}$ 在 930℃、5% H_2/Ar 气氛中还原 20 h 后，可以在晶粒的表面制备出均匀分布的纳米镍颗粒。由此可见，钙钛矿氧化物的溶出过程需要额外的处理，其中主体氧化物需要在高温（>800℃）下暴露在还原性气氛中经长时间的处理。后来，Myung 等[92]将 $La_{0.43}Ca_{0.37}Ni_{0.06}Ti_{0.94}O_{3-\delta}$ 钙钛矿电极在 2 V 的电压下进行电化学还原，发现只需数百秒就可在其表面生成纳米金属颗粒。当然，对于电化学驱动的溶出，仍然需要在高温下进行热处理。

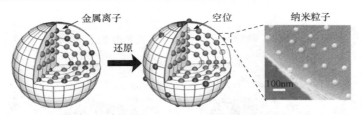

图 4.46　溶出法制备纳米颗粒示意图及析出后表面形貌

近年来，原位溶出法研究逐渐转向了以萤石结构电解质的氧化物为基质的纳米催化剂系统。萤石结构掺杂氧化铈在低温（<650℃）下被广泛用作固体氧化物电解质。掺杂的氧化铈在还原时可以表现出 MIEC 性质，同时保持与电解质的机械相容性，这使其成为复合电极中很有前途的主体氧化物。铂掺杂的氧化铈主体可以于 900℃以上的还原气氛中在晶体表面生成铂纳米催化剂，后来研究发现，镍也可以通过这种方式制备纳米催化剂。Tan

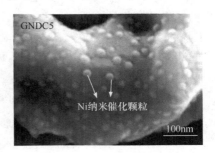

图 4.47　热溶出法制备的含 Ni 纳米颗粒的 Ni-GDC 复合阳极

等[93]利用 Ni 与 Gd 共掺杂氧化铈（GNDC）作原位溶出体系，采用加热的方式使替换掺杂的 Ni 被热溶出，因为 NiO 纳米粒子锚固在主体氧化物 GNDC 的表面，然后在阳极操作条件下还原为 Ni 纳米催化剂，如图 4.47 所示。从 5mol% Ni 掺杂的 GNDC 电极中热溶出的 Ni 纳米催化剂显示出与机械混合 Ni-GDC 复合电极相当的极化电阻，尽管 Ni 体积分数较低，但获得的三相界面的密度显著增加。

作者在制备抗积碳和抗硫毒化的阳极时，采用铜钐共掺杂氧化铈（copper and samarium co-doped ceria，CSCO）为阳极前驱材料，通过离子掺杂和溶出作用来改善氧化铈的催化活性和导电性，制备了可以锚定铜纳米颗粒的 $(Cu, Sm)CeO_2$ 阳极（图 4.48）。由于 Cu^{2+}（73 μm）的半径比 Ce^{4+}（97 μm）和 Sm^{3+}（107.9 μm）的半径小很多，因此会形成替位掺杂和间隙掺杂。由于铜在晶体中的位置不同，铜离子与其他离子之间的结合能也不同。在还原溶出过程中，替位铜离子从晶体中溶出，在还原后形成大量铜纳米颗粒，这些铜纳米颗粒锚固在多孔陶瓷框架的表面，大多数铜纳米颗粒的粒径为 20～50 nm，而间位铜离子在烧结过程中由于较小的结合能而易于溶出，并在晶粒晶界形成一部分较大的颗粒。如图 4.49 所示，电化学性能测试表明，以干甲烷为燃料的 Cu/CSCO10（CSCO 中 Cu 的初始摩尔掺杂量为 10%）阳极具有较好的导电性和催化活性。相应的电池在 600℃时的最大功率密度为 404.6 mW/cm²，而其欧姆电阻仅为 0.39 Ω·cm²。

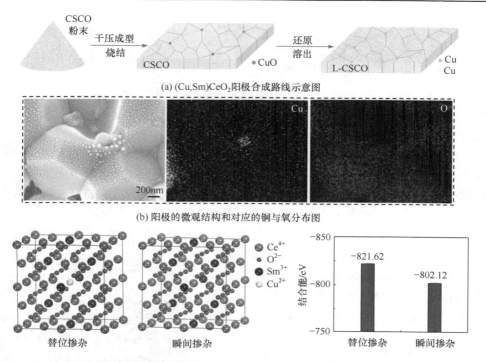

(a) (Cu,Sm)CeO₂阳极合成路线示意图

(b) 阳极的微观结构和对应的铜与氧分布图

(c) CSCO晶体结构的几何构型

(d) 不同几何构型下铜离子的结合能

图 4.48　（Cu, Sm）CeO₂ 阳极的合成方法与表征分析

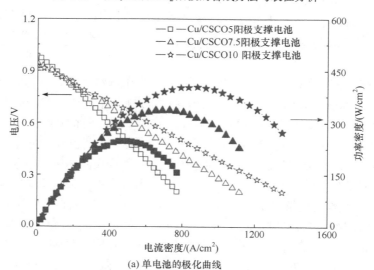

(a) 单电池的极化曲线

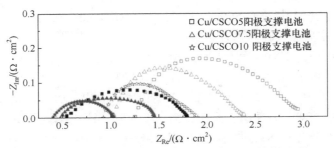

(b) 单电池在运行前(空心符号)后(实心符号)的交流阻抗谱图

图 4.49　在 600℃下以干甲烷为燃料时，不同阳极支撑电池的电化学性能

4.3.4　静电纺丝法

　　电极催化反应速率与电极材料、工作温度、电极的微观结构等因素密切相关。在电极材料和工作温度确定的情况下，构筑有序纳米结构电极有利于拓展电极的三相反应区域，从而促进电化学反应的快速进行。静电纺丝技术是提升 SOFC 性能的一种重要方法。

　　区别于传统纺丝，静电纺丝法是将配制好的高分子聚合物溶液在几万伏或几十万伏的电压下形成稳定的喷射流，带电的喷射流在电场中被加速拉伸形成纳米纤维。静电纺丝机由注射泵、高压电源和接收器三部分组成，其工作示意图如图 4.50 所示。注射泵连接高压电源的正极，负极与接收器连接，接收器可以是固定接收板或滚动接收筒。工作过程中，在电场力作用下，导电高分子溶液在注射泵针头处形成泰勒锥，随着电压继续增大，电场力克服溶液表面张力后，溶液被喷射出来拉伸成丝。溶液在注射泵与接收器之间运动的过程中，溶剂得到蒸发，接收器上接收到平铺在无纺布上的目标材料。静电纺丝过程中影响纳米纤维形貌的因素有很多，主要是纺丝前驱液内部因素和外部因素的影响。内部因素主要有聚合物的分子量、浓度、相对分子质量分布，溶剂的挥发速度，前驱液的黏度。外部因素主要有环境温度与湿度，电纺过程中电压、接收距离、流速等过程控制参数[94]。

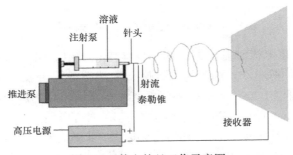

图 4.50　静电纺丝工作示意图

　　采用静电纺丝技术制备的 SOFC 纳米纤维电极具有独特的结构，与传统纳米结构电极相比，主要体现在以下方面。

　　(1) 比表面积大。Zhang 等[95]通过 BET 分析测量了采用静电纺丝法制备的 LSCF 纳米纤维和溶胶-凝胶法制备的 LSCF 纳米颗粒制得的 LSCF 电极的比表面积，结果表明，采用纳米纤维制得的 LSCF 电极比表面积可达 17.1 m^2/g，而采用纳米颗粒制得的 LSCF 电极比表面积仅为 7.5 m^2/g，阴极阻抗测量结果显示，LSCF 纳米纤维阴极比纳米颗粒电极极化阻抗减小了 44%。较大的比表面积决定了单位体积内有更多的催化活性位点，有利于进一步增加气体的催化反应速率。

　　(2) 孔隙率高。Ghelich 等[96]研究发现使用静电纺丝法制备的 NiO-GDC 混合纳米纤维孔隙率可达 41%，而普通方法制备的 NiO-GDC 纳米颗粒孔隙率仅为 31%，并且纳米纤维的总孔体积相比纳米颗粒提高了 237%，孔隙率的提高有利于气体在电极内部的传输和扩散。

　　(3) 传输路径短。电极材料中离子扩散时间常数正比于扩散路径的平方，扩散路径越短，扩散时间常数越小。如图 4.51 所示，Choi 等[97]认为在纳米纤维构成的电极内部，电子或离子的传输路径是沿纤维方向传导，而在由纳米颗粒组成的电极内部，电子或离子的传输路径是杂乱无章的，因此在纳米纤维电极内部存在着更少的能量消耗，有利于进一步提高 SOFC 的性能。

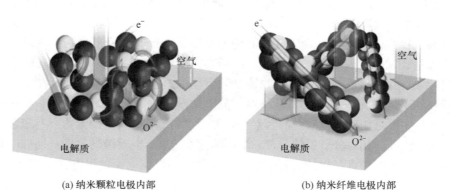

(a) 纳米颗粒电极内部　　　　　　　　　　　　(b) 纳米纤维电极内部

图 4.51　不同电极内部电子/离子传输路径示意图

　　静电纺丝法在电极制备上的应用主要体现在对电极材料前驱物的处理上。Lee 等[98]分别使用静电纺丝法和传统溶胶-凝胶法制备了 LSGF-GDC 纳米纤维和纳米颗粒，分别使用 LSCF-GDC 纳米纤维和纳米颗粒作为阴极材料，采用丝网印刷的方式在 1mm 厚的 GDC 电解质片上制备对称电池，并测量了两种对称电池的极化阻抗，结果表明，在不同测量温度下，采用纳米纤维制备的阴极极化阻抗明显小于采用纳米颗粒制备的阴极阻抗。通过对 LSCF-GDC 纳米纤维进行的形貌分析发现，如图 4.52(a) 所示，纳米纤维前驱体经煅烧之后 LSCF-GDC 依然保持着良好的纤维结构，同时在框架结构上分布着大量直径为 100～200 nm 的小孔。通过测量电极单位质量的孔隙率可以看出，相比于纳米颗粒制备的传统电极，该电极具有更高的孔隙率和比表面积，高的孔隙率有利于气体的扩散和吸附；而大的比表面积可以提供更多的催化活性反应点，更有利于氧还原反应的发生。

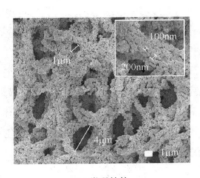 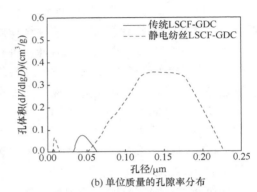

(a) 微观结构　　　　　　　　(b) 单位质量的孔隙率分布

图 4.52　以静电纺丝制得的纳米纤维为前驱体所得 LSCF-GDC 阴极微观结构和孔隙率分布

由此可见，与普通方法制备的纳米颗粒阴极相比，静电纺丝法制备的纳米纤维阴极结构具有更高的孔隙率，可进一步增加阴极的氧表面交换系数；电子和氧离子在纳米纤维中传导路径更短，速率更快；比表面积更大的纳米纤维可为还原反应提供更多的反应活性位点，使还原反应更加快速；此外，纳米纤维提供了更多的氧空位，进一步增加了阴极的离子电导率。

在阳极制备方面，一般采用静电纺丝制备的 NiO-GDC 纳米纤维作为阳极材料的阳极极化电阻比使用离子浸渍法制备的 NiO-GDC 阳极小很多，表明静电纺丝法制备的纳米纤维在阳极上的应用有利于提高阳极的性能。此外，利用静电纺丝法制得的聚乙烯醇(PVA)纤维作为造孔剂应用于阳极的制备，可以提升 SOFC 的功率密度。

静电纺丝已被公认为制造聚合物/陶瓷纳米纤维的有效技术。由于静电纺丝纤维的纳米尺寸，它们表现出优异的性能，使其成为许多重要潜在应用的最佳候选材料，包括 SOFC。虽然在静电纺丝阴极材料的应用方面已经发表了许多研究结果，但有关阳极的报道却很少。陶瓷纤维静电纺丝面临的一些挑战是纤维的产量。在电纺和煅烧过程中，纤维粉末的产率非常低。获得合理数量的纳米纤维所需的时间也是一个重要问题，当纳米纤维生产规模扩大时，这可能是不利因素之一。另一个问题是纳米纤维在高温烧结过程中微观结构的变化。由于纳米纤维之间孔隙度的变化，这将对 SOFC 的性能产生影响。因此，首先要解决这些问题，才能发展出易于拓展的静电纺丝工艺，以便其在 SOFC 方面获得更广泛的应用[99]。

4.3.5 3D 打印法

3D 打印又称增材制造，是以一种计算机数字模型文件为基础，将塑料、金属、陶瓷、光敏树脂等材料，通过逐层打印、层层叠加的方式来制造立体物体的技术。3D 打印是基于材料叠层原理和数字模型分层处理方法成型，首先通过计算机创建三维模型，然后通过切片软件将立体模型进行分层切片处理，把模型切成一系列具有一定厚度的薄层，最后计算机软件以切片信息为基础控制 3D 打印机工作，通过叠层制造的方式成型样件。与传统锻造成型和切削成型技术相比，增材制造技术具有许多突出优势：根据模型直接得到成型样件，中间过程无需人工处理，所以产品制作周期短；可制作微米级高精度、复杂结构样件；提高材料利用率，原材料可重复使用。由于 3D 打印技术具有众多制造优势，近几年在世界范围内发展迅速，成为各国制造业的研究热点。

目前常用的 3D 打印技术主要包括喷墨打印、光固化打印、选择性激光烧结、熔融沉积和直写式打印，其中光固化打印又可根据光源和成型方式的差异分为立体光刻光固化打印和数字光处理。每种打印技术因其独特的成型原理和打印特点而被用于不同方面。3D 打印技术因其能够灵活制备高度复杂且精准的结构和组件被研究者关注并应用于 SOFC 领域。对于单电池，3D 打印技术通过设计电解质表面图案打印薄而致密电解质，改善催化剂和助催化剂在多孔电极内的分布来提高电池性能。

在电解质制备方面，直接陶瓷喷墨打印可通过控制和优化压力、喷嘴打开时间和液滴重叠等打印参数制备厚度低于 10 μm 的致密电解质薄膜。Tomov 等[100]采用直接陶瓷喷墨打印在多孔 Ni-8YSZ 阳极上制备厚度约为 6 μm 的致密 8YSZ 电解质层，并在此基础上组装了 NiO-8YSZ/8YSZ/LSM-8YSZ/LSM 结构的单电池，证明了喷墨打印是制造 8YSZ 电解质薄膜的一种简单且经济的技术。为了避免喷墨墨水中纳米颗粒因表面能高而团聚，从而导致墨水稳定性差，往往要采用热喷墨技术来打印高固态含量墨水，Li 等[101]通过加热板加速蒸发油墨中的有机物，成功制备了 7.5 μm 厚度的 8YSZ 电解质薄膜和 2 μm 的 SDC 功能层（图 4.53），其在 750℃下最大功率密度高达 1050 mW/cm²。此外，降低纳米颗粒油墨浓度也可提高可打印性和稳定性，采用经过优化的 3.7vol% 8YSZ 胶体水基墨水，可以制备出厚度为 1.2 μm 的致密 8YSZ 电解质，制得的单电池在 800℃时达到了理论值的开路电压和 1.5 W/cm² 的功率密度，进一步证明了喷墨打印技术用于 SOFC 电解质制备的可行性。

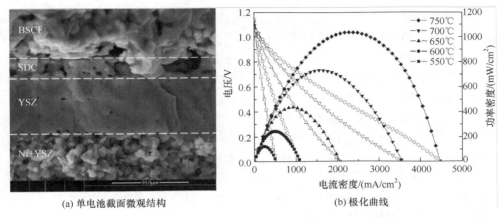

(a) 单电池截面微观结构　　　　　　(b) 极化曲线

图 4.53　热喷墨技术打印的含有薄膜 YSZ 电解质层和 SDC 功能层的 Ni-YSZ
阳极支撑型 SOFC 的结构与性能

在阴极制备方面，相对于传统的喷涂技术会导致阴极表面的活性物质分配及结构不均匀，喷墨打印的精准定位功能基本可实现预期结构的设计和制备，确保活性组分的均匀分布，进而提高电池性能。Kim 等[102]采用喷墨打印两步法制备了具有纳米结构的 LSCF-LSC 阴极，以一台商用喷墨打印机 (HP 1110) 实现了 LSCF 阴极的制造和 LSC 的渗透。如图 4.54 所示，首先通过喷墨打印沉积 3μm 厚的多孔 LSCF 阴极，然后在 950℃下烧结，制得孔隙率约为 30% 的 LSCF 层，然后将 LSC 墨水安装在 HP61 墨盒中，通过改变印刷循环次数进行 LSC 油墨的渗透，待所有印刷循环完成后在 550℃下煅烧 1 h，获得的粒径为 5～10 nm 的 LSC 颗粒均匀地覆盖在 LSCF 框架表面。制得的阴极的表面催化作用显著增强，阴极薄膜极化阻抗明显降低，电池功率增强了 5 倍。充分验证了喷墨打印对阴极

图 4.54　喷墨打印制备具有纳米结构 LSCF-LSC 阴极的流程示意图

表面改性的有效性。除了通过结合浸渍法制备 SOFC 阴极外，还可通过调节打印油墨的组成，直接用喷墨打印技术制备多孔 SDC/SSC 复合阴极层。

　　喷墨打印可以有效地制备复合阴极，并确定最佳的组成和微观结构条件。Han 等[103]使用低成本的 HP 喷墨打印机，合成了具有最适合喷墨打印的流变特性的 LSCF 和 GDC 源墨水。通过分别控制打印图像中的颜色级别和打印循环次数，成功地控制了 LSCF-GDC 复合阴极层的组成和微观结构。从图 4.55 中可以看出，与 LSCF 层相比，LG73 和 LG55 表面显示出均匀分布的孔隙和较少的晶粒团聚，而 LG37 中过量的 GDC 则导致了不均匀孔结构和晶粒团聚。Image J 软件分析结果表明，LSCF-GDC 复合阴极平均晶粒尺寸随着 LSCF 含量的增加而增加。此外，通过与其他方法结合，喷墨打印技术还可以精准控制阴极多孔层层厚和组成来制备功能梯度阴极。

(a) LSCF(平均晶粒尺寸: 270nm)　　　　(b) LG73(平均晶粒尺寸: 247nm)

(c) LG55(平均晶粒尺寸: 220nm)　　　　(d) LG37(平均晶粒尺寸: 188nm)

图 4.55　不同组成的 LSCF-GDC 阴极的表面形貌的 SEM 照片

LG37、LG55、LG73 和 LSCF 分别表示 LSCF-GDC 复合阴极的组成对应于 60%、75%、80%和 100%的黑色水平，并使用 Image J 软件分析每个阴极的平均晶粒尺寸

　　在阳极制备方面，3D 打印可实现阳极功能层(AFL)的添加、电极中孔隙的

均匀分布、电极材料的适当晶粒尺寸控制以及电极表面结构化设计。已通过喷墨打印实现了 NiO-8YSZ 功能层的打印并在 850℃时得到 500 mW/cm^2 的最大功率密度。在 Ni/8YSZ 阳极中，助催化剂掺钇的锆酸钡$(BaZr_{0.9}Y_{0.1}O_{3-\delta}$，BZY$)$的加入有利于提高阳极的催化活性，在 Ni/8YSZ 阳极的电化学活性区，促进电化学反应的 BZY 最佳渗入量与氧化学势的分布有关，而随着与电解质表面距离的增加，氧化学势逐渐降低，因此 BZY 渗入量从电解质侧到阳极表面侧应梯度增加。Shimada 等[104]利用喷墨打印技术很好地将少量的 BYZ 注入到多孔 NiO-8YSZ 陶瓷中，并精准地控制 BZY 在 Ni/8YSZ 阳极电化学活性区的分布，如图 4.56 所示。该阳极在以加湿的 H$_2$ 和干燥的 CH$_4$ 为燃料时，比传统 Ni/8YSZ 阳极表现出更好的性能。

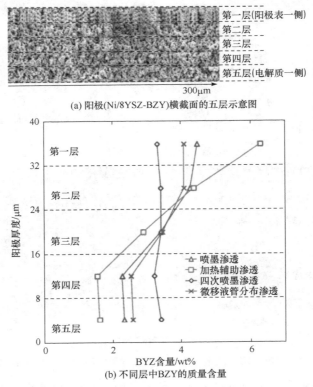

(a) 阳极(Ni/8YSZ-BZY)横截面的五层示意图

(b) 不同层中BZY的质量含量

图 4.56　不同渗透方法制备的 Ni/8YSZ-BZY 阳极中 BZY 的 EDX 定量分析结果

除了对阳极微观形貌可控制备外，3D 打印技术还可通过增加 SOFC 电极与电解质的界面面积来提高电化学性能，Seo 等[105]利用直写式打印技术通过将阳极膏体挤压到柔性阳极基底上，制备了两种具有不同界面面积放大率的阳极支撑 SOFC，如图 4.57 所示，研究结果发现，与平板电池相比，Cell 40 和 Cell 80 的界面面积分别延长了约 7.0% 和 13.5%。由界面扩大导致欧姆电阻和活化电阻降低，波纹结构电池的电化学性能显著提高，在 600℃ 和 80% H_2 分压的操作条件下，图形化电池的电池性能得到显著改善。

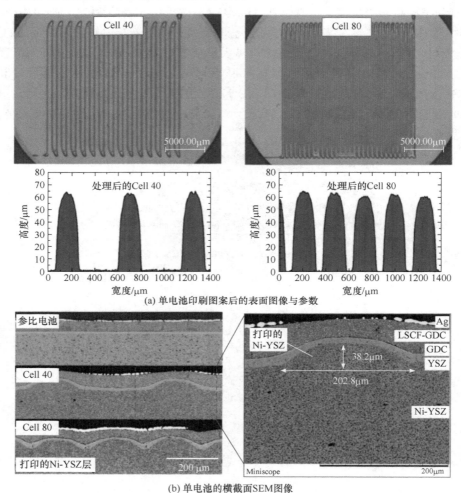

(a) 单电池印刷图案后的表面图像与参数

(b) 单电池的横截面SEM图像

图 4.57   单电池印刷图案后的表面图像和单电池的横截面 SEM 图像

3D 打印技术不仅可以制备上述平板电池组件，也可用于微管式 SOFC（MT-SOFC）的制备。Huang 等[106]利用 3D 打印技术制备了第一款 MT-SOFC，具体工艺实施过程如图 4.58 所示，首先将阳极油墨通过打印头以计算机控制程序逐层打印到陶瓷基板上，以实现目标的厚度和长度。然后通过在先前形成的阳极表面上印刷电解质油墨来形成电解质层。施加电解质层后，将阳极和电解质在 1400℃下共烧 5 h，升温速率为 2℃/min，使电解质致密。在此烧结阶段之后，再将阴极层印刷到电解质层上，以 2℃/min 的升温速率升至 1150℃，并在 1150℃下燃烧 1 h 制得完整的 MT-SOFC 单电池。制备的阳极支撑 MT-SOFC 长 100 mm，阴极层长 85 mm，外径和内径分别约为 9.0 mm 和 8.0 mm，其微观结构如图 4.59 所示。从图中可以看出，形成的完全致密的 15μm 电解质层可以确保阳极和阴极之间的气密性。阳极呈现高度多孔结构(约 40%的孔隙率)，有利于反应气体在其中扩散。该电池具有高功率密度(800℃, 0.989 W/cm²)、长期稳定性和热循环稳定性，在 18.5 A 的恒定电流下实现了超过 4000 h 的长期运行[燃料利用率(FU) = 64.38%]，并且执行了 1000 多次快速热循环而没有出现电池故障。这得益于微管电池较高的抗热震性，以及喷墨打印提供的电解质与电极间的紧密结合力。由此可见，3D 打印技术可以实现 SOFC 单电池的制备，并获得优异性能。

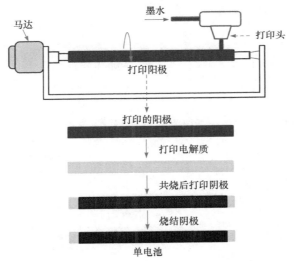

图 4.58 3D 打印制备 MT-SOFC 工艺示意图

图 4.59 3D 打印制备的 MT-SOFC 横截面 SEM 照片

　　薄膜结构和微加工设计对于 SOFC 降低工作温度和提高性能至关重要，好的电解质需要具有大的活化面积和高的离子传导率，同时制备出致密的电解质薄膜来降低欧姆电阻。而电极需要较高的催化能力和大面积的三相界面来提高氧化还原活性。微观结构、致密化和晶界生长主要取决于制备方法的选择。所有的制造方法都是根据各种因素形成不同的、独特的 SOFC 组件结构。仿真和建模工作有助于设计、分析和优化 SOFC 组件的性能，以降低运行成本，可以将建模结果与实验结果进行比较，以获得合适的结构来改善 SOFC 性能[107]。因此，有必要根据所使用的材料、条件和参数以及应用情况进行综合评估，以找到合适的制备方法。

第 5 章　固体氧化物燃料电池的测试与表征

SOFC 的材料结构、制备方法和运行条件决定着电池的性能，合适的分析测试技术能够准确地揭示 SOFC 微观结构、运行条件和性能之间的相互关系，为研究者提供多方面的信息，有助于后继 SOFC 的结构优化和性能提升。

5.1　物相与形貌表征

5.1.1　物相分析

物相分析一般采用 XRD，当一束单色 X 射线射到晶体时，由于晶体中规则排列的原子的晶面间距与 X 射线的波长具有相同的数量级，因此不同原子散射的 X 射线会相互干涉，在某些特定的晶面方向上会产生强的 X 射线衍射现象，衍射产生的必要条件是满足布拉格方程：

$$2d \sin\theta = n\lambda \tag{5.1}$$

式中，d 为晶面间距；n 为任意整数，也称为相关级数；θ 为入射角；λ 为 X 射线波长。衍射方向取决于晶系的种类和晶胞的大小，衍射强度由晶胞中各个原子的位置及原子在晶胞中的排列规律决定，由此可知产生强衍射现象与晶体的结构息息相关。每种物质都有特定的晶胞参数，因此表现出不同的衍射特征（衍射方向和衍射强度）。即使是该物质混合在混合物中，也不会改变其衍射花样，任何两种物质的衍射花样都不完全一样，这就是用 X 射线衍射花样可作为鉴定物相的依据。换句话说，通过 XRD 谱图可以得到如下信息：①衍射峰位置 2θ 角，它与晶胞的大小和形状有关；②衍射峰强度，它与原子在晶胞的位置、数量和种类有关。一般情况下，衍射峰的强度越高、越尖锐，表明材料的结晶性越好，利用半峰宽结合 Scherrer 公式（5.2）可计算晶粒大小，即

$$L = \frac{K\lambda}{W \cos\theta} \tag{5.2}$$

式中，L 为晶粒尺寸（nm）；常数 $K=0.89$；λ 为 X 射线的波长，常用的 Cu 靶 Kα 射线的波长为 0.154056 nm；W 为衍射半高宽；θ 为衍射角。

XRD 技术作为一种成熟高效的测试分析手段，在 SOFC 的研究、生产和失效分析方面起着重要作用。通过 XRD 技术对 SOFC 材料的晶体结构进行研究分

析，既可以知道合成的材料的物相结构，又可分析 SOFC 材料经过高温运行后相邻材料间是否发生反应生成新相，结合电池的电性能来判定生成物对 SOFC 的影响。XRD 技术在电极材料表征过程中充当指纹手段，它是判断材料物相、成分和晶体结构的基本方法。

5.1.2 形貌分析

形貌分析一般采用电镜观察法，该方法是利用 SEM 或 TEM 对多孔陶瓷进行直接观察的方法。如想了解表面形貌的细微结构，尺寸较大，且分辨率要求低，可用 SEM，它有很大的景深，在放大倍数为 1 万倍时景深 1 μm，有很强的立体感，不仅能观察物质表面局部区域细微结构的情况，还能在仪器轴向较大尺寸范围内观察各局部区域间的相互几何关系。SEM 与能谱结合，可进行样品组成、含量的分析以及元素的分布（mapping），利用背散射电子图像（backscattered electron image，BSE）还可以分析 SOFC 电极中不同电导率组分的分布。要了解内部细微形态结构、晶格、网格，分辨率要求高时原则上采用 TEM，它能非常清晰地显示晶体的局部结构，可以在原子尺度直接观察多孔陶瓷的微细孔洞和结构。该法的优点就是能直接提供全面的孔结构信息，不仅可以观察孔洞形状，还可根据放大倍数来直接测量孔径及孔径分布。电镜观察法观察视野小，只能得到局部信息，这个特点可以说是优点，因为其他孔洞分析测量方法无法对局部及细微处进行分析。这些特点使电镜观察法成为对多孔陶瓷孔结构进行观测的常用方法之一。电镜观察法的缺点是：属于破坏性实验，需要对试样进行制样处理；而 TEM 制样比较困难，孔成像清晰度不高。

5.2 孔隙率测试

孔隙率是评价多孔介质的孔发达程度的指标。多孔材料的孔隙率指多孔体中孔隙所占体积与多孔体总体积之比，一般以百分数来表示。该指标是多孔材料的基本参量，是决定多孔材料导电性、导热性、拉压强度、蠕变率等物理、力学性能以及流体在其中传导能力的关键因素。多孔体中的孔隙有开口贯通孔隙和闭合孔隙等形式（介于其间的还有半通孔隙，其一般具有闭合孔隙的形态），故孔隙率也可相应地分为开孔隙率和闭孔隙率。SOFC 的电极主要是利用其贯通孔和半通孔，开孔隙率强烈地影响着 SOFC 电极的燃料和氧化剂的透过性（渗透性）与有效内表面积等性能。适用于 SOFC 孔隙率测试的方法有以下几种[108]。

1. 显微分析法

显微分析法就是采用光学显微镜、SEM、TEM 等对多孔陶瓷进行直接观测的方法。测量时要求多孔材料样品观察截面要尽量平整，如多孔金属和多孔陶瓷的观测截面可采用研磨抛光等方式加以制作，然后由显微镜观测出截面的总面积 $S_0(\text{cm}^2)$ 和其中包含的孔隙面积 $S_p(\text{cm}^2)$，再通过如下公式计算出多孔体的孔隙率：

$$\theta = \left(\frac{S_p}{S_0}\right) \times 100\% \tag{5.3}$$

该法测量结果与所取样品截面有关，因此应多测几个截面并提供足够大的截面视场，但其统计效应仍然是比较低的。

2. 质量-体积直接计算法

本法操作简便，使用比较普遍。检测时要求多孔材料测试样应有规则的形状以及合适的大小，以便于进行样品尺寸的测量和体积的计算。试样切割时应注意不使材料的原始孔隙结构产生变形，或尽量不使孔隙变形。试样的体积应根据孔隙大小来确定，并尽可能取大些，但也要考虑称重仪器的适应程度。在样品尺寸的测量过程中，每一尺寸至少要在 3 个分隔的位置上分别测量 3 次，取各尺寸的平均值，并以此算出试样的体积。然后在天平上称取试样的质量。整个测试过程应在常温或规定的温度和相对湿度下进行，最后得出孔隙率：

$$\theta = \left(1 - \frac{m}{V\rho_s}\right) \times 100\% \tag{5.4}$$

式中，m 为试样质量(g)；V 为试样体积(cm^3)；ρ_s 为多孔体对应致密固体材质的密度(g/cm^3)。本法的尺寸测量可采用量具检测法(如游标卡尺、千分尺、测微计等)、显微观测法、投影分析法等，校准尺寸使用校准块规。测量时检测量具对试样产生的压力应足够小(如控制在远低于大气压的范围)，这样受压变形误差即可忽略不计。

满足本法试样要求的规则形状有立方体、长方体、球体、圆柱体、管材、圆片等，减小相对误差的做法是采用大体积的试样。例如，线度尺寸难以测量的异形样品，则应先行封孔后通过排水法等方式测量总体积，然后去除封孔物质再进行称重。

3. 排水法

该法利用阿基米德原理测定多孔陶瓷的孔隙率，采用静力称重法测定。具体实验过程为：将烧结后的试样在 120℃恒温干燥箱内干燥 2 h，以去除吸附在试样表面的水分，然后准确称重(干重 m_0)。对于结构紧密的试样而言，可以直接测量其干重。再将试样放入煮沸器内，加入蒸馏水使试样完全淹没，加热至沸腾后再继续煮沸 2～4 h，使得陶瓷管孔道内部的空气完全被水取代并充分处于饱和状态，然后冷却至室温，再将已吸水饱和的试样悬挂在注满水的容器中称重得到饱和试样的表观质量（m_2）；随后将饱和试样从水中取出，用饱含水的多层纱布（或毛巾）将试样表面过剩的水或水滴轻轻擦掉（注意不要吸出试样孔隙中的水），迅速称量饱和试样在空气中的质量 m_1。值得注意的是，对于结构比较松散的试样，如气孔率比较高的试样，应该先测量其湿重以及在水中的重量以后，再在 120℃温度下恒温干燥直至烘干，然后测量其干重。用排水法测定多孔陶瓷的显气孔率，计算公式如下：

$$\theta = \frac{m_1 - m_0}{m_1 - m_2} \times 100\% \tag{5.5}$$

式中，m_0 为试样干燥后的质量（干重，g）；m_1 为饱和试样在空气中的质量（湿重，g）；m_2 为饱和试样在水中的质量（水中重，g）。

5.3　密封性能测试

气密性是 SOFC 封接性能的主要评价指标之一，可通过测试电堆的泄漏率来衡量气密性，测量原理为通过测量燃料气（或空气）的进口和出口流量，来计算电堆的泄漏率，计算公式如下：

$$L = \frac{V_1 - V_2}{C} \tag{5.6}$$

式中，L 为泄漏率[mL/(min·cm)]；V_1 为燃料气（或空气）进口侧的流量（mL/min）；V_2 为燃料气（或空气）出口侧的流量（mL/min）；C 为电池的周长（cm）。对于 SOFC 电堆而言，其泄漏率不能大于 0.1 mL/(min·cm)。

对于压实密封材料而言，也可以将其放置于 SS430 不锈钢板与 SS430 圆柱之间进行密封性能测试。如图 5.1 所示，在圆柱外面通过 SS430 钢管连接到体积为 V 的气瓶。给密封材料施加压力，对气瓶压缩气体，关闭气源，气体就从密封材料内部或密封材料与圆柱间的界面间泄漏，气压降低，测量气压变化与时间的关系，根据公式计算密封材料单位长度的泄漏率：

$$L = \frac{(P_f - P_i)V}{P_i \Delta t C} \tag{5.7}$$

式中，L 为泄漏率[mL/(min·cm)]；P_f 和 P_i 分别为气体的终态压力和初始压力

(kPa)；V 为气瓶的体积(mL)；Δt 为压力变化所对应的时间(min)；C 为圆柱的周长(cm)。

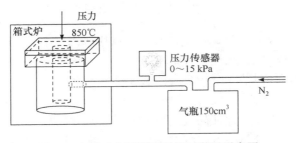

图 5.1　压实密封泄漏率的测试装置示意图

5.4　热膨胀系数测试

热膨胀系数(CTE)采用推杆法测量，为方便测量，压制条形样品烧结后测量其长度方向上的线性膨胀，其原理主要是采用高精密度的位移测量设备测试样品在温度变化过程中的线性长度变化，从而进一步计算出 CTE：

$$CTE = \frac{\Delta L / L}{\Delta T} \tag{5.8}$$

式中，CTE 为热膨胀系数(K^{-1})；L 为样品原有的长度；ΔL 为样品在测量方向上的长度变化值；ΔT 为温度变化值(K)。

5.5　氧非化学计量比的测定

通过测定材料中过渡金属离子价态可以确定氧非化学计量比δ。一般采用碘量法，该方法利用强氧化性的过渡金属离子(TM^{x+})与碘离子发生反应形成单质碘，用硫代硫酸钠作为标准溶液滴定还原形成碘单质的数目，用淀粉指示剂确定滴定终点。其基本原理是：

$$TM^{x+} + (x-\alpha)I^- \longrightarrow \frac{x-\alpha}{2}I_2 + TM^{\alpha+} \tag{5.9}$$

$$2S_2O_3^{2-} + I_2 \longrightarrow S_4O_6^{2-} + 2I^- \tag{5.10}$$

式中，TM^{x+} 为样品中过渡金属离子的平均价态；$TM^{\alpha+}$ 为还原后过渡金属离子的平均价态。通过硫代硫酸钠的用量便可以确定出反应中电荷的转移量，并最终确定材料中过渡金属离子的平均价态和氧非化学计量比。通过式(5.11)可以得出电荷转移等于硫代硫酸钠的用量：

$$\frac{m}{M}(x-\alpha) = n\left(S_2O_3^{2-}\right) \tag{5.11}$$

根据电荷中性原理，将试样质量和分子量代入式(5.11)，即可计算出过渡金属离子平均价态 x 和氧非化学计量比 δ。

此外，还可以通过热重分析来表征氧非化学计量比。在高温条件下，样品中的过渡金属元素发生热还原，为了平衡电荷，氧离子从晶格中逸出，形成氧空位，造成重量的损失。因此在高温过程中重量的损失程度在一定程度上代表了材料中氧空位的形成。通过该方法测试材料的氧含量在高温下的损失，依此来确定材料的氧非化学计量比[15]。

5.6　氧离子表面交换系数和体相扩散系数测定

混合导电材料因表现出对燃料气和氧化剂较高的催化活性而越来越多地被用于 SOFC 的电极材料中，这类材料性能的优越程度主要取决于氧离子在其表面交换系数和在体相内的扩散系数。具有较高氧离子表面交换系数和体相扩散系数的混合导电材料有利于提升 SOFC 的性能，尤其是中低温下的性能。

目前主要采用同位素交换技术测量氧离子表面交换系数和体相扩散系数，包括气相同位素交换分析和陶瓷同位素交换的二次离子质谱(secondary ion mass spectrometry，SIMS)分析，以及电导弛豫(electrical conductivity relaxation，ECR)法进行。相对于同位素交换法，ECR 使用的仪器设备较为简单，被广泛应用于 SOFC 用材料的测试。

对于许多混合导电材料，氧分压的变化将导致材料电导率的相应变化，这主要是由于载流子浓度的变化。如果材料的离子电导率明显小于其电子电导率，那么这种变化在材料中传播的时间几乎完全由离子物种的运动控制。这种变化或"弛豫"可以建模，氧扩散系数和表面交换系数可以从数据中提取。

对于一个长度为 $2l$、宽度为 $2w$、高度为 $2h$ 的条状样品，根据电导率的计算公式[式(5.12)]可以得到电导率随时间的变化曲线。

$$\sigma = \frac{2l}{R \cdot 2h \cdot 2w} \tag{5.12}$$

电导弛豫过程的归一化电导率满足如下方程：

$$\frac{\sigma_t - \sigma_0}{\sigma_\infty - \sigma_0} = 1 - \sum_{m=1}^{\infty}\sum_{n=1}^{\infty}\sum_{p=1}^{\infty} \frac{2L_x^2 \exp\left(\dfrac{-\beta_m^2 D_{chem}t}{x^2}\right)}{\beta_m^2\left(\beta_m^2 + L_1^2 + L_1\right)} \frac{2L_y^2 \exp\left(\dfrac{-\gamma_n^2 D_{chem}t}{y^2}\right)}{\gamma_n^2\left(\gamma_n^2 + L_2^2 + L_2\right)} \frac{2L_z^2 \exp\left(\dfrac{-\delta_p^2 D_{chem}t}{x^2}\right)}{\delta_p^2\left(\delta_p^2 + L_3^2 + L_3\right)}$$

(5.13)

$$L_x = x \cdot \frac{K_{chem}}{D_{chem}}; \quad L_y = y \cdot \frac{K_{chem}}{D_{chem}}; \quad L_z = z \cdot \frac{K_{chem}}{D_{chem}}$$ (5.14)

$$\beta_m \tan \beta_m = L_x; \quad \gamma_n \tan \gamma_n = L_y; \quad \delta_p \tan \delta_p = L_z$$ (5.15)

式中，σ_0、σ_∞ 和 σ_t 分别为试样的初始电导率、再次达到新平衡的电导率和 t 时刻的电导率；D_{chem} 为氧离子体相扩散系数；K_{chem} 为氧离子表面交换系数；β_m、γ_n 和 δ_p 为式 (5.13) 的非零根。当样品的最小维尺度（厚度）远小于 D_{chem}/K_{chem} 时，式 (5.14) 可简化：

$$\frac{\sigma_t - \sigma_0}{\sigma_\infty - \sigma_0} = 1 - \exp\left(\frac{-K_{chem}t}{l}\right)$$ (5.16)

通过对归一化方程简化式 (5.16) 进行 D_{chem}、K_{chem} 的拟合，从而得出相应的数据[109]。

　　ECR 实际测定样品的氧离子体相扩散系数 (D_{chem}) 和表面交换系数 (K_{chem}) 的过程比较简单。ECR 的测试装置如图 5.2 所示，测试中氧分压的改变是通过改变确定氧气浓度的 O_2/Ar 混合气实现的，氧气分压在 0.21~0.1 atm 切换，测试温度为 750~450℃。在测试过程中，将待测样品置于管式炉内在特定气氛下加热至测试温度，在样品的检测电压稳定后，突然改变样品环境氧分压，同时使用直流四探针法测试电压的变化，从而得到电导率随时间的变化关系。最后，D_{chem} 与 K_{chem} 可以通过测试设备中自带的工具软件获得。

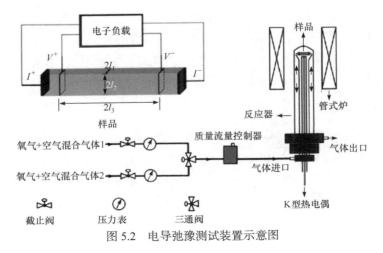

图 5.2　电导弛豫测试装置示意图

5.7　电性能测试

5.7.1　电导率测试

对固体块材的电导性能的测试一般采用交流法和直流法两种。直流法根据霍恩测量原理，由 van de Pauw 发展的四电极法在电导性能的测量中得到广泛的应用。材料的体电导率通过直流四探针法测得。首先通过干压法制备测试样条，然后按图 5.3 所示在样条上取四个等距点，记为 1、2、3、4。按照一定顺序将四点分别与四探针测试仪的四个接头连接，在 1、4 之间通入一定的电流，记录 2、3 之间的电压，通过欧姆定律得到电阻值，再代入式(5.17)即可计算电导率。

$$\sigma = \frac{1}{R} \times \frac{L}{S} \tag{5.17}$$

式中，L 为 2 和 3 的间距；R 为电阻值；S 为样品横截面积。

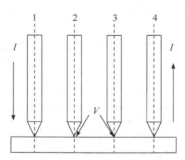

图 5.3　直流四探针法测试试样电导率示意图

对于 SOFC 的电解质和电极电导率的测试，可以在空气和氢气气氛中进行，同时可以通过程序升温的方式测试样品在不同温度时的电导率。需要说明的是，对于 MIEC，采用该方法测得的电导率为包括氧离子电导率和电子电导率两个部分的总电导率。

5.7.2　电子电导率测试

SOFC 所用的固体电解质材料及一些阴极材料等同时具有氧离子传导和电子传导特性，都可以看成 MIEC。MIEC 的电子传导率的测试一般采用直流极化法。对于高温离子电子混合传导性固体氧化物材料的电子电导率的测试，如何实现氧离子阻塞至关重要。图 5.4 所示为 Hebb-Wagner 离子阻塞电极的直流极化法的示意图。

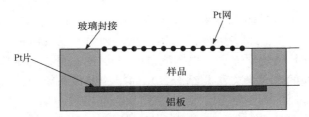

图 5.4　Hebb-Wagner 离子阻塞电极的直流极化测量法示意图

根据电导率与荷电粒子电化学电位梯度及电流的关系可得：

$$J_{O^{2-}} = \frac{1}{2F}\sigma_{O^{2-}}\frac{\partial \eta_{O^{2-}}}{\partial x} = \frac{1}{2F}\sigma_{O^{2-}}\frac{\partial(\mu_O - \eta_e)}{\partial x} = 0 \tag{5.18}$$

由此可得：

$$J_e = \frac{1}{2F}\sigma_e\frac{\partial \eta_e}{\partial x} = -\frac{1}{2F}\sigma_e\frac{\partial \mu_O}{\partial x} \tag{5.19}$$

对式 (5.19) 进行积分可得：

$$\int_0^L J_e \mathrm{d}x = \frac{1}{F}\int_{\eta_{e(2)}}^{\eta_{e(1)}}\sigma_e \mathrm{d}\eta_e = -\frac{1}{2F}\int_{\mu_{O(2)}}^{\mu_{O(1)}}\sigma_e \mathrm{d}\mu_O \tag{5.20}$$

因此：

$$J_e \approx -\frac{1}{2FL}\sigma_e \mathrm{d}\mu_O = -\frac{1}{2FL}\sigma_e\left(-2F\mathrm{d}E_{app}\right) = \frac{1}{L}\sigma_e \mathrm{d}E_{app} \tag{5.21}$$

根据：

$$J_e = \frac{I}{A} \tag{5.22}$$

可得：

$$\sigma_e = \frac{L}{A}\left(\frac{\mathrm{d}I}{\mathrm{d}E_{app}}\right) \tag{5.23}$$

式中，L 为样品厚度；A 为电极面积；I 为电流；E_{app} 为施加的电压。根据上式，通过测定施加电压与稳定电流的变化关系，即可求得试样的电子电导率。

5.7.3　电化学阻抗测试

电化学阻抗谱 (electrochemical impedance spectroscopy，EIS)，早期又称为交流阻抗谱 (AC impedance spectroscopy)，是一种以小振幅的正弦波电位 (或电流) 为扰动信号的电化学测量方法。EIS 又是一种频率域的测量方法，它以测量得到的频率范围很宽的阻抗谱来研究电极系统，可以比其他常规的电化学方法得到更多的动力学信息和电解界面结构信息，因而是研究电极反应动力学及电极界面现象的重要电化学方法。根据测量的 EIS 图，可以确定等效电路或数学模型，并与其他的电化学方法相结合，从而推测电极系统中包含的动力学过程及其机理。

所谓等效电路是指以电工学元件电阻、电容和电感为基础，通过串联和并联组成电路来模拟电化学体系中发生的过程，其阻抗行为与电化学体系的阻抗行为相似或等同，可以帮助电化学研究者考察真实的电化学问题。当然，电极的电化学反应是一个相当复杂的体系，在电极表面进行着电荷的转移，体系中同时还存在化学变化和组分浓度的变化等，这种体系对应的显然是复杂的等效电路。

阻抗可以表示为电位与电流的复数比：

$$Z = \frac{\tilde{U}}{\tilde{I}} \tag{5.24}$$

对于反应电路而言，其阻抗公式为

$$Z = R_e + \frac{R}{1 + \mathrm{j}\omega RC} \tag{5.25}$$

或者

$$Z = R_e + \frac{R}{1 + (\omega RC)^2} - \mathrm{j}\frac{\omega CR^2}{1 + (\omega RC)^2} \tag{5.26}$$

式中，ω 为角频率；R 为电阻，C 为电容。

因此阻抗的测试实际上是将时域的输入、输出信号转换为具有频域性质的复数。阻抗数据的表示方法一般有以下三种。

1) Nyquist 图

Nyquist 图是在复平面上表示阻抗数据，所有数据点构成一个轨迹，其中每个数据点对应不同的测量频率。对于阻抗的复平面图，其缺点是忽略了与频率的相关性。但可以通过标注特征频率来克服这一缺点，通过对特征频率的标注可以更好地理解相关现象的时间常数。

阻抗复平面的应用广泛，通过观察点的轨迹形状，就可以判断出可能的机理和关键的现象。例如，如果电的轨迹是一个理想的半圆弧，那么阻抗响应对应的是一个活化控制的过程；如果是一个收缩的半圆弧，则说明需要更详细的模型才能解释；如果在阻抗复平面上出现多个峰，则需要多个时间常数描述过程。然而阻抗复平面图的显著缺点是忽略了频率相关性，并且低阻抗值也被忽略。除此之外，还有可能因模型和实验数据在阻抗复平面图上的一致性而忽略在频率和低阻抗值方面的巨大差异。

2）Bode 图

Bode 图表示阻抗模量、相位角与频率的函数。通常频率轴以对数形式表示，这样就可以揭示在低频下的重要行为。需要说明的是，在数学建模时一般采用的是角频率 ω，其与测试频率存在如下关系：

$$\omega = 2\pi f \tag{5.27}$$

在电路分析上，Bode 图的应用很多。相位角对体系参数很敏感，因此是一个比较模型和测试结果的好工具。尽管阻抗模量对体系参数不敏感，但在高频区和低频区，其渐近线的值分别表示直流条件下的电阻值和电解质的电阻值。但对于电化学系统而言，Bode 图由于受电解质电阻的影响，相位角图混淆。若能够准确地估计电解质电阻，则可以对 Bode 图进行校正。

3）阻抗图

阻抗图是以阻抗的实部和虚部对频率作图。阻抗图的显著优点就是易于识别特征频率。因为阻抗的实部和虚部的随机误差的方差都是相等的，所以以阻抗实部和虚部对频率作图的另一个优点是，可以很容易地进行数据和随机噪声水平之间的对比研究。

在燃料电池测试上，使用较多的是带特征频率标注的 Nyquist 图和 Bode 图。对于燃料电池而言，由于涉及动力学过程的起因不同，各种极化表现出不同的响应时间关系。欧姆极化的响应时间为零，而浓差极化的响应时间与相关的传质参数有关，如扩散系数，根据等效电路，Warburg 型元件就可以用来描述多孔电极中的气体传输。同样，活化极化的时间常数与电荷迁移过程的具体细节有关。因此电化学电池在恒电位的前提下，对电池施加较小的交流偏压，在很宽的频率范围内测定不同频率下的响应电流相角、相位的改变，从而可以揭示出动力学体系中各种过程的弛豫时间和弛豫幅度。

EIS 是一种暂态电化学测量技术，属于交流信号测量范畴，具有测量速度快、对研究对象表面状态干扰小的特点，可以快速检测燃料电池的各种阻抗变化，与不同电极过程相联系，则可准确地反映多步反应过程以及对应吸附过程。图 5.5 是理想状态下的燃料电池 Nyquist 图。从图中可以看出燃料电池的内阻可以分为两个部分：由电池内部的电极、隔膜、电解液、连接体等组件的电阻构成的欧姆电阻 R_{ohm}；由电化学反应体系的性质决定的活化极化电阻 R_{act} 和由反应离子浓度变化产生的浓差极化电阻 R_{con} 构成的极化电阻 R_{pol}。

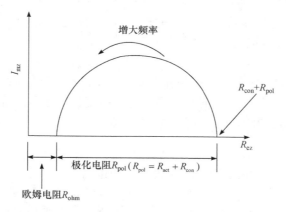

图 5.5　理想状态下的燃料电池 Nyquist 图

由于在燃料电池等效电路中电容在高频时具有"通交流阻直流"的特性，此时电路短路，则阻抗谱交于横坐标的阻抗为燃料电池的 R_{ohm}。利用该特点测出燃料电池在不同频率交流电流作用下的阻抗 Z，作 Z 的平面曲线图，从曲线与实轴的交点即可得到 R_{ohm} 和 R_{pol}。为了保证燃料电池的正常安全运行和测试的有效进行，正弦交流电流幅值要控制在燃料电池直流电流的 10%之内（以 5%为最佳），否则对燃料电池的扰动太大，影响其正常工作。

图 5.6 显示的是典型的多晶固体电解质材料的理想阻抗谱，三个半圆弧代表三个电化学反应过程，每个过程对应的时间常数 τ 相差较大。

$$\tau = RC \tag{5.28}$$

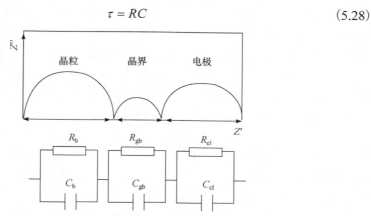

图 5.6　多晶陶瓷材料的理想阻抗谱示意图及等效电路

三个圆弧随频率降低依次分别对应晶粒（偶极子）、晶界和电极极化响应。可以根据阻抗谱求得各个部分对应的电阻值 R 和电容值 C，各圆弧在实轴上的截距即对应部分的电阻值。然而在实际的测量结果中，阻抗谱中的圆弧往往不是标准的半圆，而是或多或少的"压扁"后的半圆，即其圆心不在实轴上，而是位于 Z' 轴的下方。这表明组件的电容响应与完全理想化的电容还是有区别的。为了更精确地拟合分析得到的阻抗谱，引入常相位角元件（constant phase element，CPE）来代替纯电容 C。CPE 的阻抗可以表达为

$$Z_{CPE} = \frac{1}{Q(j\omega)^n} \tag{5.29}$$

当 $n = 1$ 时，CPE 就是纯电容；当 $n = 0$ 时，CPE 是纯电阻。当 n 趋近于 1 时，Q 的值近似于电容 C。由于 C 和 Q 在数量级存在差异，这样的表达严格意义上是不确切的。C 和 Q 间的准确换算关系应当与实际测试体系相联系[110]。阻抗半圆弧的顶点处的角频率 ω_{top} 与电容值 C 之间的换算关系为

$$\omega_{top} = \frac{1}{RC} \tag{5.30}$$

同时：

$$RQ\omega^n = 1 \tag{5.31}$$

因此可以得到 C 和 Q 间的换算关系为

$$C = R^{\frac{1-n}{n}} Q^{\frac{1}{n}} \tag{5.32}$$

通过这样的变换使得 C 和 Q 之间的数量级保持一致，计算得到的电容值相对精确，而且这种分析方法已经得到广泛应用。因此，为了更准确地拟合图 5.6 中的阻抗谱，其等效电路中的 C_b、C_{gb} 和 C_{el} 应该替换成 Q_b、Q_{gb} 和 Q_{el}。

在实际测量中，由于仪器频率限制以及高温下材料内部对应各部件的时间常数向高频移动，图 5.6 中所显示的三段阻抗圆弧不可能同时出现。对于 CeO_2 基固体电解质材料来说，当温度小于 200℃时往往由于材料中的氧离子传导能力不足，导致测量得到的阻抗谱不规则；当温度为 200～500℃时，又因为晶粒阻抗对应的相应频率高出仪器测量范围而无法测出，只能得到较为完整的晶界阻抗圆弧和电极阻抗圆弧[图 5.7(a)]；当温度高于 500℃以后，由于各元件对应的响应频率随温度的升高一起向高频区移动，导致晶粒和晶界的阻抗圆弧均无法测出，只显示电极的阻抗圆弧[图 5.7(b)]。当仅仅研究电解质材料时，由于只需要关注晶粒和晶界部分对应的阻抗响应，虽然晶粒阻抗对应的圆弧一直没有显示，但是根据晶界阻抗圆弧完全可以拟合得到晶粒圆弧在实轴上的截距，即晶粒电阻值 R_b。同理，高于 500℃时，虽然晶粒和晶界的阻抗响应全部隐去，但是根据电极阻抗圆弧与实轴的交点，一样可以得到电解质材料的总阻值，即 $R_b + R_{gb}$，只是无法进一步细分晶粒阻值和晶界阻值各自所占有的比例大小[111]。

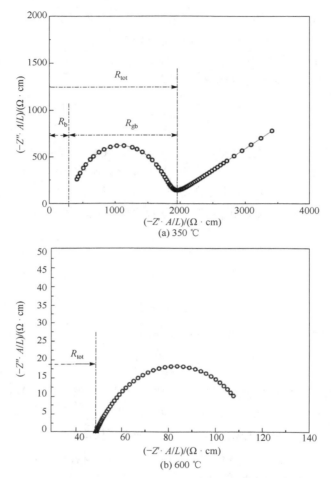

图 5.7　氧化铈基电解质材料在不同温度下的交流阻抗谱

5.7.4　单电池性能测试

　　单电池性能测试一般在管式炉中进行，在为电池的运行提供所需温度的同时，保证测试是在恒温的条件下进行。被测电池一般被放置在石英管或陶瓷管一端，并用密封材料密封好。常用的密封材料包括金环、陶瓷密封胶、玻璃密封胶和银密封胶。电极电流用 Pt/Au/Ag 网收集，采用 Pt/Au/Ag 浆将 Pt/Au/Ag 导线粘接到单电池的两个电极上，并与外电路相连接。通过更细的内管向电池的阳极和阴极供应燃料气和氧化气。该内管一般放置在电极上方几毫米处以保证电极气体的供应。SOFC 一般采用加湿的燃料气和氧化气（3% H_2O），并尽量使反应气体到达电极时达到电池的工作温度。典型的 SOFC 电池测试装置如图 5.8 所示。

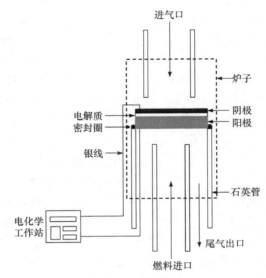

图 5.8　单电池测试装置示意图

SOFC 单电池性能测试最重要的是测量电池的电压/电流密度特性曲线，即极化曲线。选用电化学工作站测量极化曲线，一般通过调节电流变化测量电池相应的电压，或通过调节电压变化测量电池相应的电流。为了获得实际的极化曲线，电池电流从 0 增加到最大极限电流，以 20 mA · s 的速率记录电池的电压（每秒记录 5 个数据点）。最大极限电流取决于电池本身，通常出现在电池电压在 0.4～0.6 V 处。类似地，当采用动电位模式时，电位以 10 mV · s 的速度改变，记录电池的电流。大多数极化曲线会在低电流密度和高电流密度下略微弯曲，这主要是由于活化极化和浓差极化。

另外，为了测试电池的稳定性，一般采用在恒定的电压或电流下，测定不同时间下对应的输出电流或电压。

5.8　电堆长期运行测试

长期稳定性是燃料电池最重要的性能指标之一，尤其在固定应用时要求 40000 h 以上长期运行的功率损失要控制在 10%以内。迄今还没有 SOFC 相关的快速测试方法，因此长期运行测试在评价 SOFC 电堆及其组件的耐久性方面依旧占有重要的地位。

德国于利希研究中心能源与气候研究所（Forschungszentrum Jülich GmbH, Institute of Energy and Climate Research）对电堆长期运行做了大量的测试工作，下面对他们的测试方法做一个简要的介绍[112]。

早期的测试使用的是 2～4 组电池组成的小型电堆，采用了于利希研究中心在 2003 年开发的平板电池设计，阳极电池基板的尺寸是 10 cm × 10 cm，有效的电极面积大约为 80 cm²。实验所采用的阴极有两种，一种是 LSM 和 YSZ 的复合阴极，一种是使用 GDC 过渡层的 LSCF 阴极。小型电堆的长期运行在图 5.9(a) 所示的测试设施中进行。电堆放置在罩式电炉的中心位置，加热由罩式电炉的四个侧壁提供。电堆被放置在炉底耐火黏土砖上的转接板上，转接板与提供气体的输送系统连接。电堆底部和转接板之间的密封采用云母或银密封圈。电堆上的机械压力由放置在其顶部的总质量为 50 kg 的钢板提供[图 5.9(b)]，以保障电堆在测试过程中的密封性。在电堆中间连接体上有四个深度为 10 mm 的孔（每侧两个），用于安装热电偶[图 5.9(b)]。这些孔位于电池所在区域，与空气进气口和燃料进气口的距离均为 10 mm。电堆的温度通常取自距燃料进气口 10 mm 处的热电偶。小型电堆中测得的温度与预设温度的差值要保持在 ± 10 K。电堆中测得的温度主要用于检查运行期间是否发生泄漏。电压测试导线（1 mm Pt 电线）点焊在连接体的中间、电堆的底板和顶板上[(图 5.9(b)]。

(a) 电堆性能测试系统　　　　　　　　(b) 电堆测试装配图

图 5.9　小型电堆长期性能测试系统及其装配图

对于千瓦级的电堆，其长期运行测试的装配和系统更加复杂。图 5.10 为 2.6 kW 电堆测试装配图。与小型电堆类似，2.6 kW 电堆也被放置在罩式电炉的中心位置。电堆被组装在两片厚的端板之间以方便电堆的拆卸和转移。电堆底板和端板之间采用玻璃陶瓷密封。转接板与端板之间采用云母密封。电堆上的机械压力由放置在其顶部的钢板和炉外通过曲柄机构施加于电堆顶部的力提供，总质量为 650 kg。与功率较小的小型电堆相比，大功率电堆必须要有更大的压重，这是因为较大部件的公差增大，并且密封过程更复杂。连接体板正面有七个孔，背面有五个孔，这些孔位于进出气口区域和电池区域，深度达 10 mm，用于安装热电偶(图 5.10)。

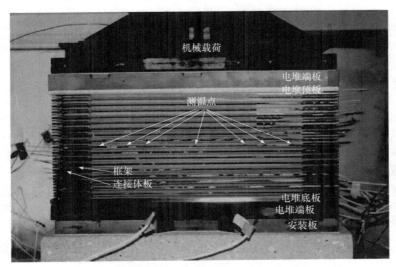

图 5.10　2.6 kW 电堆长期性能测试装配图

　　相对于小型电堆，大功率电堆往往有更多的气体需要预热，当使用甲烷等碳氢气体为燃料时，还需要为其提供适量的水蒸气，因此还要为其配置一套复杂的气体处理系统。在此系统中，电堆的废热通过热交换的方式被用于预热反应气，反应气进入电堆前再由特殊设计的电加热器进行加热。由于反应气从电加热器到电堆底板的管路上还会有部分热损失，因此电加热器的出口温度不能低于炉温 50 K。而尾气在排放之前，也要确保被冷却到室温左右。

　　电堆在测试过程中，需要电炉按程序进行升温，到达设定温度后，再进行输出特性测试和稳定性测试。对于独立的 SOFC 供电系统，电堆加热往往通过外部加热空气，并将达到温度的热空气通入电堆阴极，从而使电堆升温至 SOFC 的工作温度。

第6章 固体氧化物燃料电池电堆与发电系统

通常情况下，SOFC 单电池的输出电压较小，为了获得高的电压和功率，需要将多个单电池组成电堆。同时，为了提升 SOFC 的发电效率和燃料利用率，往往会将燃料处理供给、尾气处理和余热利用与电堆发电耦合在一起，建立一套完整高效的发电系统。本章主要阐述 SOFC 目前主流结构类型的电堆与发电系统，并着重描述中低温电池和碳基燃料电池的一些基础问题。

6.1 SOFC 结构类型与电堆

与其他类型的燃料电池一样，SOFC 也需要组成电堆以增加电压和功率输出。由于没有液态组件，SOFC 可做成多种构型。目前 SOFC 的构型主要有两种，即平板式和管式。此外，还有一些在此基础上发展起来的新的结构类型。

6.1.1 平板式 SOFC

平板式 SOFC 是指电池的电解质和两侧的电极都是平板状的结构，一般通过流延法或干压等方法制备电解质层后再在电解质的两侧制备阴极和阳极或先制备电极支撑电解质的双层后再在电解质的表面制备另一电极，最后将阳极|电解质|阴极烧结在一起，组成"三合一"结构的单电池。单电池之间通过带流场的连接体连接，燃料和氧化剂在连接体的两侧交叉进入不同的电极中。单电池与连接体通过密封材料形成密闭的气室。

从图 6.1 中可以看出，平板式 SOFC 的电流方向与电池垂直，因此电池的欧姆极化比管式 SOFC 低，性能也较好，平板式 SOFC 的优点是电池结构简单，组件制备工艺简单，电池的制备通常可以采用常见的陶瓷加工技术如流延、涂浆烧结、丝网印刷、等离子喷涂等方法实现，容易控制，造价也比管式低得多。而且平板式 SOFC 由于电流流程短、收集均匀，电池功率密度比管式 SOFC 高。但平板式 SOFC 也存在如下缺点：①密封困难，抗热应力性能较差，较难实现热循环。高温加压密封时，要求密封材料同时与合金连接板和单电池浸润黏附，达到气密要求，在较大温度波动或热循环时会由热膨胀不匹配而造成界面热应力，因此对密封材料的性能要求苛刻，密封技术一直是制约其发展的技术难题。②制备大面积单电池困难。为了保证一定的输出功率，功率密度固定时必须扩大单电池的工作面积,而大面积的薄陶瓷片很难保证其强度和平整度。③对双极板性能要求高。双极板在高温氧化气氛中运行,因此必须具备优良的抗氧化性能以保证其收集电流的能力,同时要具有与单电池的热膨胀匹配性和化学稳定性。

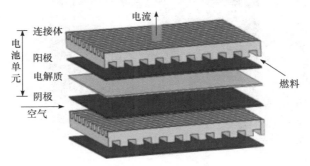

图 6.1 平板式 SOFC 结构示意图

平板式 SOFC 电堆的组装如图 6.2 所示[113]。单电池通过双极板和密封材料连接起来,使单电池相互串联构成电池组,双极板的两侧为气体提供传输通道,同时起到隔开两种气体的作用,图 6.3 为一种平板式 SOFC 电堆的原型。

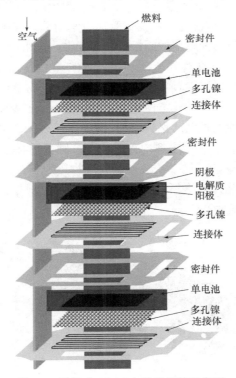

图 6.2 平板式 SOFC 电堆的组装示意图

图 6.3　一种平板式 SOFC 电堆的原型

6.1.2　管式 SOFC

　　管式结构的 SOFC 是最早发展也是较为成熟的一种 SOFC。管式结构单电池为一端封闭的中空管，管式 SOFC 的结构可设计为自支撑型和外支撑型两种，早期的单电池主要是外支撑型，即由内到外由多孔支撑管、空气电极、固体电解质薄膜和金属陶瓷阳极组成。氧气由管芯输入，燃料气体通过管外壁供给。随着管式 SOFC 技术的发展，自支撑型管式 SOFC 逐渐增多，图 6.4 是阳极支撑型管式 SOFC，其管壁由内向外依次为阳极支撑管、电解质薄膜和阴极。阳极内壁通过其侧壁上的陶瓷连接体与其他电池的阴极外壁串联在一起组成电堆，如图 6.5 所示。燃料通入到管内，而空气在管外流动。管式 SOFC 的优点是易于实现密封（采取电堆高温区以外密封技术）；有利于采用直接碳氢化合物燃料内重整技术实现电堆的集成化设计；制备大尺寸的单电池相对容易。Siemens Westinghouse 公司的阳极支撑管式 SOFC 单电池的长度已达到 2m。增加管式 SOFC 单电池的长度有利于提高电堆的体功率密度，若采用燃料内重整技术，则可延长燃料与催化剂的接触时间，有利于提高燃料重整转化率；缺点是电流收集困难，单电池制造成本高。鉴于管式 SOFC 的功率密度比平板式 SOFC 低，人们在管式 SOFC 的基础上设计了平管式 SOFC 和微管式 SOFC。

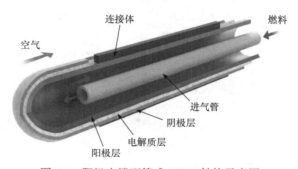

图 6.4　阳极支撑型管式 SOFC 结构示意图

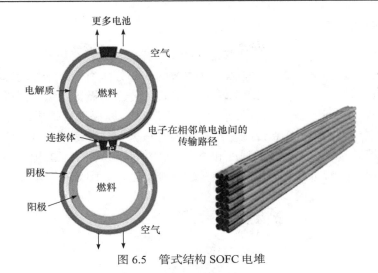

图 6.5　管式结构 SOFC 电堆

6.1.3　高功率密度 SOFC

为了提高 SOFC 输出功率，一些新型的高功率密度(high power density, HPD)SOFC 被设计出来。平管式 SOFC(图 6.6，HPD5)是在管式 SOFC 设计基础上，在空气极加设多条棱脊，改进原有的电流通路，使电流通过加设的棱脊直接汇入连接器，缩短电流流经的途径，大幅减少了电池的内耗，从而在保留原有设计无需密封、可靠性高等优点的同时，大幅度提高输出功率密度。

图 6.6　平管式 SOFC[114]

另一种 HPD SOFC 则采用瓦楞式设计(图 6.7)，具有更为曲折的电池外表面，因而能够提供更大的活性区面积(相对 HPD5 提高了 40%以上)，意味着具有更大的输出功率密度(是原管式设计的两倍以上)，而且瓦楞式设计具有更为紧凑的结构，制造成本低廉。

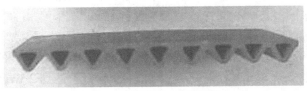

图 6.7　瓦楞式 SOFC[114]

6.1.4 微管式 SOFC

　　微管式 SOFC 是在管式结构基础上的微型化，其直径一般不大于 2 mm。微管式 SOFC 一般为自支撑型，即以电池本身的一部分作为整个电池的结构支撑。根据支撑结构的不同，自支撑型微管式 SOFC 可分为阳极支撑型、阴极支撑型和电解质支撑型三种，支撑结构要求具有一定厚度，以保证可提供足够的机械强度。在这三种结构中，阳极支撑型结构更容易被采纳，这是因为含 Ni 元素的阳极陶瓷支撑管具有良好的机械强度和导电性，并且容易在其上沉积一层薄而致密的电解质层，同时可以极大地降低电池的欧姆电阻，如图 6.8 所示。

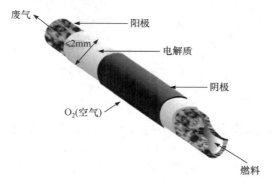

废气　　　　　　　　阳极

<2mm　　　　　　　　电解质

　　　　　　　　　　阴极

O₂(空气)

　　　　　　　　　　燃料

图 6.8　阳极支撑型微管式 SOFC 示意图

　　SOFC 面临的一些技术需求如降低运行温度、加快启闭速度、延长设备寿命和节约材料成本等，均可以通过 SOFC 的微管化结构来解决。当电池直径小到毫米级或亚毫米级时，多种潜在的优点会进一步显现：传质表面增大，使得传质效率和体积功率密度提高；传热表面增大，使得升降温速率极大地提高，可以大幅缩短启动时间；对相同厚度的电池管，壁厚/直径比增大，力学性能加强。微管式结构突破了 SOFC 只适于作为固定电站的局限，在便携性和移动性方面开辟了广阔的应用空间，如车辆动力电源、不间断电源(UPS)、便携电源、航空航天器电源等。

　　虽然微管式 SOFC 有着广阔的应用前景，但依然存在一些问题：①要求纤细的微管结构有更强的机械支撑，因此更加需要高强度的电池结构材料。②细长的构造导致了轴向电阻增大，成为微管式 SOFC 内部功率消耗的主因，这需要开发和采用高电导率的电极。③同样也是因为这种微细的结构，微管电池组装困难，需要开发新型的电堆技术。目前，微管式 SOFC 电堆的设计主要包括片型设计和立方体型设计两种。图 6.9 是立方体型微管式 SOFC 束和电堆的制备流程示意图，该立方体型微管式 SOFC 束的功率密度在 550℃下达到 2 W/cm^3[115]。

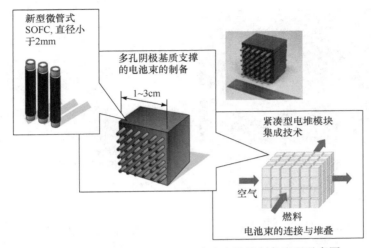

图 6.9　立方体型微管式 SOFC 束和电堆的制备流程示意图

6.1.5　薄膜 SOFC

薄膜 SOFC 是指电化学反应发生在纳米尺度的超薄膜上，这种超薄膜包含电解质和电极。由于 SOFC 足够薄，可以在较低的温度下（300～500℃）实现离子传导，从而可实现低温快速启动，更紧凑的设计减少了稀土材料的使用。早期的薄膜 SOFC 只能在微观尺度上运行，后来美国哈佛大学与西能系统有限责任公司（SiEnergy Systems LLC）开发了一款宏观尺度的薄膜 SOFC，如图 6.10 所示，该 SOFC 利用微加工金属网格结构，将几百个 5 mm 宽的膜芯片集成到手掌大小的硅片上，其功率密度在 510℃ 达到 155 mW/cm² ，使这项技术升级到实用尺寸[116]。

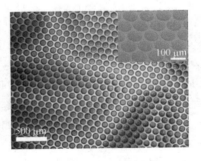

(a) 集成在4英寸①晶圆上的5mm宽的膜芯片阵列　　　　(b) 反应离子刻蚀后铂栅的显微照片

---

① 1 英寸 = 2.54cm。

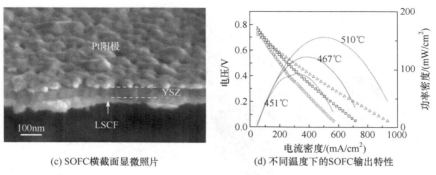

(c) SOFC横截面显微照片　　　　　(d) 不同温度下的SOFC输出特性

图 6.10　薄膜 SOFC

6.2　中低温 SOFC 面临的问题与应对方法

根据 SOFC 的工作温度，可将 SOFC 分为低温 SOFC(工作温度为 400～600℃)、中温 SOFC(工作温度为 600～800℃)、高温 SOFC(工作温度大于800℃)。尽管高温下(800～1000℃)SOFC 在燃料选择方面具有更高的灵活性，但当 SOFC 在高温下长时间运行，电池内部各类反应以及电池的烧结退化都会影响整体的效率与性能。同时材料性能衰减加快、运营成本提高，以及系统的开关速度变慢等一系列缺点也愈加明显。因此 SOFC 主要朝着低温化的趋势发展。然而中低温 SOFC 依然面临着如下主要问题：一是电池的欧姆损失；二是电极的催化活性和极化损失。这些损失都导致电池的输出降低。

6.2.1　电池的欧姆损失

由于 SOFC 的电极都需具有较高的电导率，因此当 SOFC 的工作温度降低后，电池欧姆损失主要来自电解质。电解质材料的电导率随温度的降低而下降明显，因此降低电解质层的电阻是提高单电池输出性能的最佳途径。

方法之一是开发出具有高离子电导率的新型电解质材料。SOFC 的电解质主要是一些离子导体，离子导体指的是那些离子电导主要依靠离子移动而几乎没有电子电导的材料。需要注意的是，晶格缺陷是产生离子电导的必要条件。此外，还需要满足其他一些条件，如能保证离子进行空穴传输或间隙传输的连续通路等。

氧离子导体因其内部结构的高度无序性，既可以以氧离子(O^{2-})，又可以以氢离子(H^+)为载流子，但两者通常不会同时发生。目前已有诸多氧离子导体被用作电解质材料，其中 YSZ 是 SOFC 用得最多的一种电解质材料，此外还有一些其他的氧化物，包括 ScSZ、GDC、SDC 等。相比于这些氧化物离子，质子导体最初以少数载流子的形式见于一些氧化物中。最早作为质子导体的是 $SrCeO_3$ 和 $BaCeO_3$ 基材料。在氧离子导体的概念中，内部电流是由自由移动的氧离子穿越高度无序且有大量点缺陷的晶格而产生的。

　　一般而言，离子在晶格中的迁移和运动有两种可能的机制。如图 6.11 所示，一种是空位传输机制，此时载流子是移动的空穴而不是离子；另外一种是间隙传输机制，该机制下载流子由间隙离子跨越或跃迁至最近的结合位点产生。这两种离子晶格间的迁移机制被称为跃迁模型。在此机制下，为确保离子在晶格点阵中顺利移动，跃迁的离子必须要克服一点的跃迁势垒和拥有足够可供跃迁的晶格空位[16]。

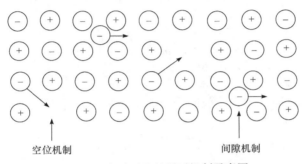

图 6.11　离子迁移的跃迁机制示意图

　　在 SOFC 中，离子迁移是氧离子受热激发并在叠加电场驱动下从一个晶格位点移动至另一个晶格位点的结果。但在没有电场存在的情况下，离子跃迁依旧可以随机发生。离子电导具有较强的温度依赖性，因此，较高的温度更有利于离子振动和迁移。若持续升高温度，材料的离子电导率可以达到将近 1 S/cm。

　　空位跃迁机制通常被用来解释氧离子在氧离子导体中的迁移行为。人们认为目前研究的绝大多数材料都具有氧空位。对常见的电解质材料而言，要产生氧空位最普遍采用的方式就是通过低价阳离子对其进行掺杂，增加晶格中的空位浓度。不过也有例外，相比传统材料，BiMeVO 的晶型结构非常特殊，其材料内部本来就含有氧空位。

　　在一个离子导体中，未被晶格氧占据的位点和已经被占据的位点是等效的。因此，这些位点的可移动性对于氧离子传导来说是非常重要的。此外，氧离子从占据位点迁移至一个未占据位点的过程中的活化能必须是非常小的，大约低于 1eV。活化能是用来表示离子在位点之间成功自由跃迁所必须克服的能量大小的一个物理量。在固体离子电导的所有影响因素中，活化能是非常重要的一个值。

　　基于跃迁模型的块材料离子电导率的详细解释如下。即便是在无电场存在的情况下，热激发引起的离子电导也会导致载流子随机移动。因此，假设一种只包含一种载流子的纯离子电导材料。此时，离子迁移率 μ_{ion} 可用爱因斯坦方程来表达：

$$\mu_{\mathrm{ion}} = \frac{Dq}{\kappa_{\mathrm{B}}T} \tag{6.1}$$

式中，q 为元素电荷；D 为随温度 T 变化的扩散系数，通常用如下公式表示：

$$D = \gamma\alpha^2\omega_0 \exp\left(-\frac{E_{\mathrm{h}}}{\kappa_{\mathrm{B}}T}\right) \tag{6.2}$$

式中，γ 为给定离子在多个可能跃迁方向上的几何因子；α 为跃迁距离的函数；ω_0 为初始振动频率；E_{h} 为迁移自由能。对比式 (6.1) 和式 (6.2)，离子的电导率可以表示为

$$\sigma_{\mathrm{dc}} = n_{\mathrm{c}}q\mu = \frac{n_0 q^2 \gamma\alpha^2\omega_0 \exp\left(-\dfrac{E_{\mathrm{f}}}{\kappa_{\mathrm{B}}T}\right)\exp\left(-\dfrac{E_{\mathrm{h}}}{\kappa_{\mathrm{B}}T}\right)}{\kappa_{\mathrm{B}}T} \tag{6.3}$$

载流子的生成受热激发导致，载流子密度 n_{c} 可由下式计算：

$$n_{\mathrm{c}} = n_0 \exp\left(-\frac{E_{\mathrm{f}}}{\kappa_{\mathrm{B}}T}\right) \tag{6.4}$$

式中，n_0 为有效能态密度，当活化能一定时，离子电导率可表示为

$$\sigma_{\mathrm{dc}} = \frac{\sigma_0}{T} \exp\left(-\frac{E_{\sigma}}{\kappa_{\mathrm{B}}T}\right) \tag{6.5}$$

式中；σ_{dc} 为电导率；σ_0 为前置增长因子；k_{B} 为玻尔兹曼常量；E_{σ} 为迁移能和活化能的总和，即 $E_{\sigma} = E_{\mathrm{f}} + E_{\mathrm{h}}$。式 (6.5) 对大多数晶态和非晶态的快离子导体材料都适用。通常情况下 E_{f} 可以忽略不计，E_{σ} 就等于离子跃迁的活化能。

活化能公式通常包含了与氧空位的形成和迁移相关的能量项。对于氧离子导体而言，即使是十分微小的迁移能垒，也是很难去跨越的。考虑到氧离子的半径在 1.4 Å 左右，它实际上是晶格最大的组成成分，所以一些较小的离子将更有可能在晶格里进行有效移动，从而形成电流。但是，在极其特殊的开放型晶格结构中，情况将会变得不同，氧离子在电场中的移动将会成为主导。在这种情况下，材料要体现氧离子电导必须具备特殊的晶体结构，即只能有部分氧离子位点被占据，此时需要的氧离子数量也将更少。

为了得到纯氧离子电导率 σ_{i}，电子电导率 σ_{e} 对于总电导率的贡献必须被降至最低，可用如下公式描述：

$$\sigma = \sigma_{\mathrm{i}} + \sigma_{\mathrm{e}} \tag{6.6}$$

此时总电导率可以看作是由纯离子载流子来贡献的，公式变为

$$\sigma \approx \sigma_i \tag{6.7}$$

显然，载流子的浓度和迁移率这两个参数可以被优化来提高固体材料的电导率，但这并不容易实现。电子和空穴的迁移率相对于离子要高得多，因此只要极低的电子载流子浓度就能在材料中引发显著的电子电导。事实上，只有极少数的材料属于纯离子导体材料，大多数氧化物都是混合离子-电子导体材料。

迄今，这些材料总是被用在一些非常严苛的条件下，如作为工作温度高达800℃、两端存在氧分压浓度梯度的电池致密电解质膜使用。在这些严苛的环境下，许多氧化物将会被还原，还原过程将会产生自由电子，增加电子电导在总电导率中的贡献。只有少数材料可以完全满足 SOFC 电解质严苛的使用条件，因此寻找在 SOFC 运行温度下性能更好的替代材料仍是有必要的。

具有萤石结构的 SDC 和钙钛矿结构的 LSGM 等在中温下电导率均比 YSZ 高出几倍。然而即使用具有较高的离子电导率的电解质材料，传统的电解质支撑的单电池依然很难获得较高的电性能，因此目前的研究重点逐渐转向减小电解质层的厚度，即电解质层薄膜化。

依据支撑结构的不同，SOFC 可分为阳极支撑型、电解质支撑型、阴极支撑型、多孔基体支撑型，以及连接体支撑型五类(图 6.12)。为了保证电池的力学强度，作为支撑体的组件厚度一般需在 150 μm 以上，其他部分则制成几十微米的薄膜。目前，电解质支撑型和阳极支撑型是实验室开发 SOFC 最常见的构型。电解质支撑型是一种经典的设计，它以一层致密的陶瓷电解质层为基础，具有较高的强度、相对稳定的结构和较好的热循环稳定性。但是，较厚的电解质导致离子传输的路径变长，电池的欧姆电阻大幅上升，限制了电池的功率输出。阳极支撑型电池以多孔的阳极体为基础，电解质则制备成薄膜状，其厚度可降低至 10μm 以下，离子的传输路径变得非常短，欧姆电阻大幅降低。这一特性使得电池在低温下也能获得可观的功率输出，是目前 SOFC 研发的主流。此外，由于多孔电极基体的限制，该类型电池在结构强度、材料匹配、热循环性能和制备工艺等方面受到诸多挑战。近年来，由于镍基金属陶瓷阳极存在的积碳、硫中毒等问题一直无法解决，一些新型钙钛矿氧化物阳极陆续被开发出来。这些钙钛矿材料的CTE 一般较大，本身强度又较低，难以形成自支撑结构，需要采用电解质支撑或多孔基体支撑结构设计。

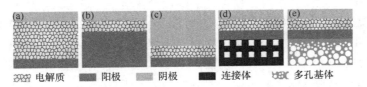

图 6.12　不同支撑体支撑的单电池的示意图

　　图 6.13 为典型的阳极支撑的单电池微观结构的 SEM 照片，单电池中，SSC-SDC 阴极层的厚度约为 30 μm，电解质层厚度约为 30 μm，阳极层的厚度约为 500 μm。这样的结构设计所获得的电池具有以下优点。

阴极

电解质

阳极

25μm

图 6.13　阳极支撑的单电池微观结构的 SEM 照片

　　(1)相对于阴极，阳极的化学极化过电位较小，不是影响单电池性能的主要因素，因而，可以制备具有较大厚度的阳极以保证足够的支撑强度，同时提供较多的三相界面。

　　(2)在阳极支撑体上更易制成电解质薄膜，减小电解质层的厚度可以极大地降低单电池的内阻，从而极大地提高单电池的电性能。此外，由于阳极材料和电解质的烧结温度比较接近，而阴极材料的烧结温度通常要低得多，这也是要求阴极在最后制备的原因。

　　目前采用新型电解质材料制得的电解质薄膜，可以使(包括规模化生产)电解质层的电阻降低到 $0.2\ \Omega/cm^2$，甚至更低。

6.2.2　电极的催化活性和极化损失

　　除了电解质的欧姆损失外，在中低温下，影响电池效率的主要因素是电极极化损失。因为电极的电化学反应以及离子电导都是热激发的。其中最明显的现象就是降低 SOFC 的工作温度会使电池的阴极极化电阻迅速增大，而阴极极化电阻是影响低温 SOFC 性能的主要因素之一，因为氧还原反应具有相对较高的活化能(通常大于 1.5 eV)。因此，降低阴极极化电阻才能确保 SOFC 在低温条件下获得理想的电性能。

　　一般阴极中氧气的还原反应主要分为以下五步(图 6.14)：①氧气分裂吸附在阴极的表面；②氧在阴极表面的扩散；③通过三相界面使氧并入电解质中；④氧

离子在阴极中的扩散；⑤氧离子从阴极传输到电解质中。

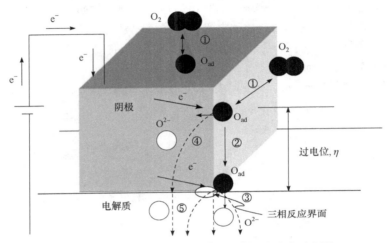

图 6.14 氧在 O_2/阴极/电解质界面附近传输的示意图

对于目前在中低温 SOFC 应用较多的离子电导的钙钛矿结构材料，如掺杂的 $LaMnO_3$、$LaCoO_3$、$SmCoO_3$、$LaFeO_3$ 等，其阴极反应则会有三种可能的途径（图 6.15）：①发生在电极的表面，包括氧气的传输，氧气在电极表面的吸附，被吸附的氧原子沿电极表面扩散到三相界面，接着是氧原子完全离子化并迁移到电解质中。氧离子并入电解质没有必要直接发生在三相界面处，离子在表面和界面上的扩散可以导致并入区域一定程度的宽化。②发生在电极内部，包括氧气的传输，氧气在电极表面的吸附、分裂、离子化和并入阴极，氧离子通过阴极传输到电解质中。③发生在电解质表面，包括氧气的扩散、吸附和在电解质表面的离子化（由电解质提供电子），然后直接并入电解质中。由于多数的电解质（特别是氧化锆）的电子电导率非常低，反应点的区域一般被限制在非常接近三相界面的区域。所以，从几何学的角度讲，与上述的途径①相似。对于上述三种途径，还必须考虑从电流收集点到电子消耗反应点的电子电流。

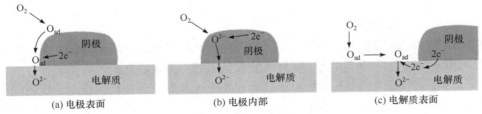

图 6.15 氧气还原的三种反应途径、并入反应和一些可能的速控步骤的示意图

阴极反应可以通过上述所有三种途径同时进行，对于每种途径都会由一步或

多步基本步骤决定对应的反应速率(速控步骤)。具有最慢速控步骤的途径决定了整个反应的速率。同时，这些途径之间还会相互影响，例如，并入阴极的速率取决于表面吸附氧的浓度，因此受到电极表面途径中表面扩散的影响。

对于每个可行的速控步骤，其参数影响对应的反应或传输速率，因此影响极化电阻的因素可以分成三类。

(1)考虑材料的独立性，外部参数氧分压 $p_{(O_2)}$ (图 6.16)、过电压和温度明显影响反应速率，从而影响极化电阻。

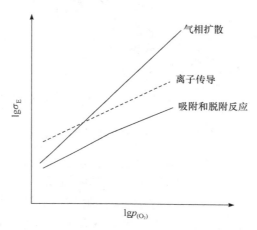

图 6.16　界面电导率随氧分压变化的概念性示意图

(2)反应或传输速率取决于材料的性质。对于一个给定的材料，这些性质由块体材料的结构和组成(因此也受掺杂程度、纯度、晶粒晶界的数目和微观结构等因素的影响)以及表面/界面的结构和组成(也就是晶界终止处、方向性、隔离种类、非平衡态界面缺陷等)决定。材料的性质通常取决于温度，而且受到 $p_{(O_2)}$ 和过电压/偏电压的影响。

(3)几何参数如三相界面的长度、表面积、界面面积、孔隙率、电极厚度以及所有相的精确分布(连通性和渗滤性)明显影响反应的速率。

综上所述，阴极的反应速率主要是由三个过程决定的：氧气扩散到阴极的表面、阴极表面的吸附和脱附反应以及离子在阴极块体材料中的扩散。这些过程都和阴极的微观结构有很大的关系。因此，在开发新型阴极材料的基础上，优化阴极的微观结构可以降低其在中低温下的极化电阻，提高单电池的电性能[117]。

具有纳米结构的多孔电极由于具有较高的比表面积和较大的反应活性而成为研究的重点。目前纳米结构化主要包括两个方面：一是孔径的纳米化，这种纳米结构的电极主要包括微米和纳米两种孔径的孔，微米孔能够加快气体在多孔电极中传输，而纳米孔为气体的吸附和脱附提供较大比表面积以及更多的反应活化点，从而达到降低极化电阻的目的。二是电极骨架上颗粒的纳米化，如图 6.17 所示，这种纳米结构的多孔电极也能够明显地降低电极的极化电阻。因为这种电极在提供有利于气体快速传输的微米级连通孔的同时，在电极骨架上存在的大量纳米晶粒不但可以为气体的吸附和脱附提供较大的表面积，而且能够提供更多的反应活化点。

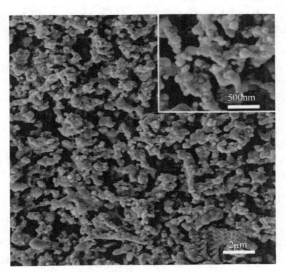

图 6.17　具有纳米结构的阴极表面微观结构的 SEM 照片

功能梯度的多层电极也是电极微观结构优化研究的主要方向，通过引入扩散层和催化层，以及改变电极中不同层之间的厚度、组成、孔隙率和粒径来降低极化电阻，提高电池在中低温下的性能。图 6.18 为 1050℃烧结条件下制备的含功能梯度层的 LSCF($La_{0.58}Sr_{0.4}Co_{0.2}Fe_{0.8}O_{3-\delta}$) 阴极截面的微观结构，该阴极由具有较小颗粒尺寸和孔径的精细内层与较大颗粒尺寸和孔径的粗糙外层构成，其阴极极化电阻在 700℃时仅为 $0.075\Omega\cdot cm^2$[118]。

(a) 单层LSCF阴极　　　　　　　　　(b) 梯度LSCF阴极

(c) 粗糙外层 　　　　 (d) 梯度LSCF阴极中两层之间的界面 　　　　 (e) 粗细内层

图 6.18　单层 LSCF 阴极与梯度 LSCF 阴极的截面 SEM 照片

总之，通过引入纳米结构，优化电极的微观结构，降低阴极极化电阻，改善阳极对碳氢气体的适应性和催化活性。

6.3　碳氢气体在 SOFC 上的直接应用

直接以碳氢气体为燃料的中低温 SOFC，一方面可以使碳氢气体在阳极直接氧化，不需要任何重整过程，从而可以充分利用热力学效率，极大提高燃料的利用率；同时也避免了氢气的储存和运输问题。另一方面中低温 SOFC 可以减少电池中各种界面间的反应以及电极在高温下的烧结退化等导致的电池的效率与稳定性降低的问题，同时，也扩大了电池关键材料——电极、双极板和电解质的选择范围。众多的优点使得直接以碳氢气体为燃料电池的中低温 SOFC 成为了当前能源领域研究的热点。

但当碳氢气体，如天然气、生物质气、煤制气等，直接作为 SOFC 燃料时存在以下问题：①碳会在催化剂表面沉积形成积碳，覆盖在催化剂的表面降低其催化活性，还会堵塞气体通道；②生成硫化物，导致催化剂中毒。这些都会导致电池不能正常运行。

6.3.1　碳沉积

碳氢燃料的直接应用所面临的最大问题是容易在阳极上产生积碳，因此必须弄清燃料气体在操作条件下的平衡组成，优化阳极微观结构和操作条件，从而抑制积碳的形成。研究表明[119]：一般碳氢气体燃料体系中的平衡组分主要是 $H_2(g)$、$CH_4(g)$、$CO(g)$、$CO_2(g)$、$H_2O(g)$ 和 $C(s)$，其含量只与 C-H-O 的比例有关。一些常用燃料体系在 C-H-O 相图中的位置如图 6.19(a) 所示，图 6.19(b) 为多种常用碳氢气体在 C-H-O 三元相图中的位置以及不同温度下碳沉积出现的区域[56]。从图中可以看出，在不同的温度下，碳沉积均出现在分界线富 C 的一侧。因此要有效抑制和避免碳沉积的产生，必须使体系的组成在 C-H-O 相图中的位置接近富 O 端以及 H—O 键。

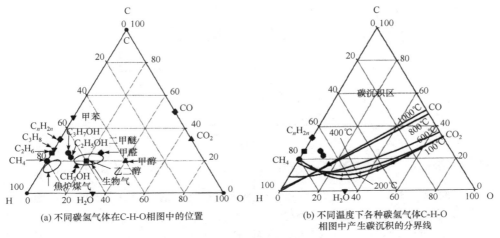

(a) 不同碳氢气体在C-H-O相图中的位置　　　(b) 不同温度下各种碳氢气体C-H-O
相图中产生碳沉积的分界线

图 6.19　不同碳氢气体的 C-H-O 相图

1. 重整

重整可以使 SOFC 直接以碳氢气体作为燃料。式(6.8)是天然气主要组成的甲烷与水蒸气的重整反应，该反应还伴有一个水汽转化反应[式(6.9)]。此外，甲烷还能够用 CO_2 重整，如式(6.10)所示。

$$CH_4 + H_2O \longrightarrow CO + 3H_2 \qquad (6.8)$$

$$CO + H_2O \longrightarrow CO_2 + H_2 \qquad (6.9)$$

$$CH_4 + CO_2 \longrightarrow 2CO + 2H_2 \qquad (6.10)$$

目前已经发展了两条途径，包括外部重整和内部重整。外部重整时，反应发生在一个单独的反应器中，这个反应器含有被加热的填充有镍或其他贵重金属的管子。在内部重整中，燃料气体的重整直接在 SOFC 的阳极中进行。相对于外部重整，内部重整的优点在于在电池组和重整区域之间直接产生热传递，可以为吸热的内部燃料重整过程提供热能；同时，作为电池中电化学产物之一的水蒸气能够直接参加重整反应。因此与外部重整相比，内部重整需要较少的水蒸气，同时电化学效率相对较高。内部重整的优势还包括降低系统的成本，有更多氢气产生和更高的甲烷转化率。如图 6.20 所示[120]，对于甲烷而言，理论上 S/C (steam/carbon，水蒸气与碳的比)在 1.5 就完全可以消除积碳。而对多碳烷烃而言，需要的水蒸气的量随着碳氢气体中碳原子数量的增加而上升，尤其是在低温区域。

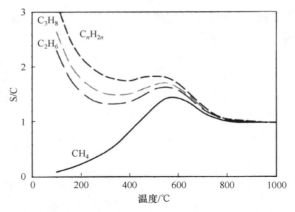

图 6.20　热力学平衡条件下烃类重整不产生碳沉积所需的 S/C 随温度的变化

　　然而，以 Ni 基为阳极的 SOFC 在内部重整时面临两个主要的问题：首先，当水蒸气不充足时，碳沉积就会发生，从而使阳极失去电化学反应的能力。因此为了避免碳沉积的产生，水蒸气与甲烷的比例需要大于 2。其次，由于重整反应速率比电化学反应的速率快，会产生明显的冷却效应，从而导致在电池的入口处产生较大的温度梯度，这将导致电池中材料的热应力较大。

　　2. 直接氧化

　　甲烷的直接氧化[式(6.11)]从热力学角度看有 99.2% 的转化率。直接以碳氢气体为燃料时可以消除重整的过程，同时可以提高效率。如果要使得完全氧化反应能够发生，必须避免或阻止甲烷裂解的发生。

$$CH_4 + 2O_2 \longrightarrow CO_2 + 2H_2O \qquad (6.11)$$

　　目前相当多的争论在于阳极的反应是甲烷直接完全氧化还是一个包括多个中间反应的湿法重整过程。湿法重整过程一般伴有一个水汽转化反应，然后生成的 H_2 和 CO 分别被电化学转化为 H_2O 和 CO_2。因此，通过湿法重整的甲烷的阳极反应获得与式(6.12)一致的结果。

$$CH_4 + 4O^{2-} \longrightarrow CO_2 + 2H_2O + 8e^- \qquad (6.12)$$

$$H_2 + O^{2-} \longrightarrow H_2O + 2e^- \qquad (6.13)$$

$$CO + O^{2-} \longrightarrow CO_2 + 2e^- \qquad (6.14)$$

　　一些过渡金属，如 Co、Cu 和 Fe 等，被用来代替 Ni。与 Ni/YSZ 基阳极相比，这些元素在减少碳沉积的同时，也降低了与 Ni/YSZ 相比的电催化活性[16]。尽管如此，减少碳沉积的好处有时超过性能的降低。其中 Co 具有与 Ni 性质相似的对含碳化合物的催化活性。含有 Cu 的 Co 合金的电池在合成气中的性能高于同等的 Ni 或纯 Cu，含 Co 的 Ni 合金在合成气中的交换电流密度高于在氢气中的交换电流密度，说明 Co 的积碳倾向比 Ni 小，但依然会产生碳沉积。这种碳是非晶态的，包裹在金属颗粒上，不会导致阳极性能的任何短期退化，然而，它最终可能导致结构失效。

目前，已有一些关于 CeO_2 基材料的直接电化学氧化的报道。研究发现掺杂的 CeO_2 基阳极中存在活动的晶格氧，降低了碳沉积的速率，可以用于干燥的甲烷的电化学氧化，同时掺杂的 CeO_2 的突出的氧离子储存、释放和运输能力使得 CeO_2 基材料对甲烷的氧化具有较高的电化学催化活性。用 CeO_2/Ni 作为阳极用于甲烷的直接电化学氧化，可以明显改善阳极的抗积碳能力。

为了提高阳极的反应活性和抗积碳能力，除了采用新型的阳极材料外，对阳极微观结构的改进也是主要的方式。目前研究主要集中在两个方面：一是梯度阳极的制备，通过在阳极中引入集流和气体传输层、电化学活性层等来改善阳极的催化活性，降低电池的欧姆电阻和极化电阻，但此方法在抗积碳方面的研究较少。二是将纳米粒子以离子浸渍法的方式注入阳极中来改进阳极的微观结构，提高电极性能。离子浸渍法制备电极一般将特定金属离子以溶液或稀溶胶的形式浸渍到多孔电极衬底中，然后经过在特定条件下的热处理，使其转变为对应的金属氧化物或金属附着在多孔衬底的孔壁上，并通过多次重复以达到所需的注入量。通常此过程中的热处理的温度不高，因此通过浸渍法注入的粒子尺寸可以控制在纳米级范围内，这样可以在生成的电极中形成大量的反应活性区，从而提高电极性能。此外，引入一些抗积碳的金属或氧化物的纳米颗粒可以提高阳极抗积碳的能力。

通过离子浸渍法将 Cu 和 CeO_2 注入 YSZ 多孔陶瓷的孔壁上，制得了 $Cu/CeO_2/YSZ$ 阳极，在以碳氢气体为燃料时，取得了较好的电极性能和抗积碳性；利用离子浸渍法将 SDC 纳米粒子覆盖在 Ni 多孔骨架的表面，一方面，纳米粒子能够提供足够的三相界面长度，使得阳极具有较好的电极性能，另一方面，通过减小 Ni 与碳氢气体的直接接触以达到抑制碳沉积的目的，同时利用 SDC 对碳氢化合物较好的催化氧化性以进一步抑制碳沉积[121]。

由此可见，可以通过注入在中低温下具有较高离子电导率的纳米颗粒来提高阳极的三相界面的长度，改进阳极的反应活性；通过注入抗积碳的金属或氧化物的纳米颗粒来改进阳极对碳氢气体的催化活性和阳极的抗积碳能力。$Cu/Ni/SDC$ 阳极就是利用真空浸渍法将纳米尺度的单质 Cu 均匀地分布到 Ni 基阳极的骨架上，这样可以使 Cu 对碳沉积的抑制作用最大化，而且作为阳极组成的 SDC 也具有对碳的抑制作用，使得单电池在直接以甲烷为燃料时，表现出了良好的输出稳定性，如图 6.21 所示。同时在 $Cu/Ni/SDC$ 阳极中，由于 Ni-Cu 的相互作用和

SDC 的催化作用，制得的阳极能够为碳氢气体的电化学反应提供良好的催化活性，如图 6.22 所示，具有此结构的阳极具有较小的界面极化电阻，有利于在低温条件下获得理想的电性能。

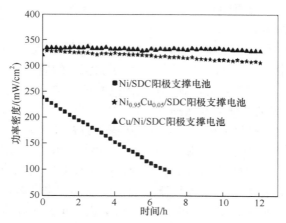

图 6.21　不同阳极支撑的单电池的最大输出功率密度随时间变化的曲线图

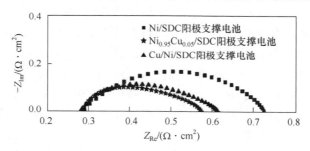

图 6.22　600℃以甲烷为燃料时在开路电压下测得的不同单电池的交流阻抗谱图

3. 基于 Cu/SDC 阳极的抗积碳机理

虽然 Cu 对碳氢燃料的裂解反应呈惰性，但具有良好催化活性的掺杂 CeO_2 的加入可以明显提高 Cu 阳极的催化活性。综合考虑制备工艺、成本及商业化的前景，含掺杂 CeO_2 的 Cu 基阳极是最有潜力的中低温 SOFC 直接氧化阳极。而作者则对 Cu/SDC 阳极的抗积碳机理进行了研究。

SOFC 直接使用甲烷或甲烷基天然气作为燃料时，甲烷可能在阳极上发生完全氧化和部分氧化。当甲烷被氧离子完全氧化时，在生成 CO_2 和 H_2O 的同时释放出电子。当甲烷被氧离子部分氧化时，生成 CO 和 H_2，生成的 CO 和 H_2 在催化剂作用下进一步氧化。如果 CO 没有被催化氧化，CO 的浓度会逐渐增加，导致碳沉积在阳极上，这是传统阳极材料存在的问题。虽然阳极中铜对碳氢化合物

的催化氧化活性较低，但对 CO 氧化的催化活性较高，因此，可以抑制 Cu/SDC
阳极表面的结焦。

为了进一步研究不同阶段阳极中铜的表面组成和化学状态，采用了高分辨率
XPS 测量。如图 6.23(a) 所示，在还原前阳极的 Cu 2p 光谱中观察到一个宽
Cu $2p_{3/2}$ 峰和一个振荡峰(937~948 eV)。通过使用带 XPS Peak 软件的高斯拟合
方法，可在 933.1 eV 和 934.8 eV 处对宽 Cu $2p_{3/2}$ 信号进行拟合。高 Cu $2p_{3/2}$ 结合
能处的峰和振荡峰是 Cu^{2+} 物种的两个主要 XPS 特征峰，而低 Cu $2p_{3/2}$ 结合能处
的峰是 Cu^+ 物种的特征峰。这一结果表明，在 CSCO 陶瓷的烧结过程中形成了少
量的 Cu^+。还原后，在铜的特征峰 932.1eV 处出现了一个尖锐的特征峰，这进一
步证明铜已从晶体中渗出并锚定在 L-CSCO 表面。同时，对应于铜离子的特征峰
的强度也增强了，并且随着 SOFC 的运行，这种趋势更加明显，这主要是由于 L-
CSCO 的高储氧能力和高氧离子电导率。在形成铜颗粒后，Cu 和 L-CSCO 之间的
界面中仍然存在铜氧化物，并且在 SOFC 运行期间，当氧离子 O^{2-} 通过 SDC 的氧
空位连续从阴极转移到阳极时，将在界面处形成更多的铜氧化物，如图 6.23(b) 所
示。铜的不同价态形成亚稳铜团簇层，该层由 Cu^0-Cu^{2+}、Cu^+-Cu^{2+} 和 Cu^+-Cu^0 等离
子对组成。一方面，亚稳铜团簇层具有较高的电子电导率，保证了电极中的电子
转移；另一方面，亚稳铜团簇层具有很强的氧化还原能力，这使得它在电化学反
应过程中具有很高的催化活性。Cu/SDC 阳极(即图 6.23 中的 Cu/CSCOx 阳极)抑
制碳沉积的机理详情如图 6.23(c) 所示。

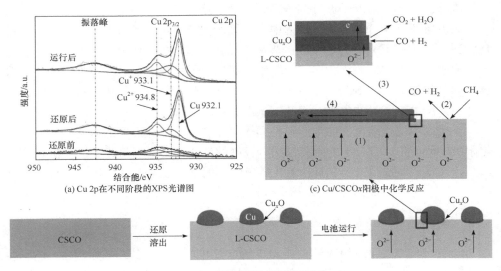

(a) Cu 2p在不同阶段的XPS光谱图

(c) Cu/CSCOx阳极中化学反应

(b) 不同阶段铜价态的变化示意图

图 6.23　Cu/CSCOx 阳极抑制碳沉积的原理示意图

步骤一：在 SOFC 运行期间，阴极产生的氧离子通过 L-CSCO 电解质的氧空位转移到阳极。在 Cu 颗粒与 SDC 的界面上发生了一系列的氧化反应[式(6.15)～式(6.17)]，Cu 的不同价态形成了亚稳铜团簇层。因此，与传统的 TPB 不同，在 Cu/CSCOx 阳极的 TPB 中，L-CSCO 起着传递氧离子的作用，Cu 主要起着电子转移的作用，亚稳铜团簇层是电化学反应的场所。

$$Cu^0 + V_{O,SDC}\cdots O^{2-} \longrightarrow Cu^{2+}\cdots O^{2-} + V_{O,SDC} + 2e^- \tag{6.15}$$

$$2Cu^0 + V_{O,SDC}\cdots O^{2-} \longrightarrow Cu^+\cdots O^{2-}\cdots Cu^+ + V_{O,SDC} + 2e^- \tag{6.16}$$

$$Cu^{2+}\cdots O^{2-} + Cu^0 \longrightarrow Cu^+\cdots O^{2-}\cdots Cu^+ \tag{6.17}$$

步骤二：阳极中的 L-CSCO 不仅为氧离子转移提供了途径，而且还催化了燃料的氧化。阳极中的 SDC 主要催化甲烷的不完全氧化。生成的 CO 将通过 Boudouard 反应[式(6.18)]歧化，碳沉积将在阳极上发生。然而，亚稳铜团簇层有利于 CO 与单电子对和氢的吸附。

$$2CO \longrightarrow C + CO_2 \tag{6.18}$$

步骤三：随着 SOFC 的运行，氧离子将通过 SDC 电解液中的氧空位不断转移到亚稳铜团簇层，与吸附气体形成共享的氧离子。吸附的 CO 被氧化为 CO$_2$并被解吸，产生电子，从而有效降低了阳极中的 CO 浓度，避免了积碳。类似地，H$_2$ 被氧化为 H$_2$O 和电子。

步骤四：产生的电子通过铜传导到外部电路。

综上所述，在 SOFC 运行过程中，阴极产生的氧离子通过 L-CSCO 的氧空位转移到阳极。在 Cu 与 L-CSCO 的界面上，部分 Cu 被氧化形成亚稳铜团簇层。与电解质空位中的氧离子相比，亚稳铜团簇层中的氧离子更容易流失，因此具有更高的氧化性能，对 SOFC 运行过程中产生的 CO 等气体的氧化具有很大的催化活性，并产生一定量的电子。因此，碳沉积被有效抑制。

直接以甲烷等碳氢气体为燃料是固体氧化物燃料电池发展的方向。在直接氧化阳极的研究中，含 Ni 的阳极虽然有较好的催化活性，但最终会因碳沉积而失活。Cu-CeO$_2$ 体系阳极因在直接氧化碳氢气体时显示出来较高的催化活性和良好的稳定性，而成为最具潜力的阳极材料。

6.3.2 硫毒化

较强的燃料适应性和选择性是 SOFC 的突出优点，许多具有可燃性、还原性的气体或组分均可作为 SOFC 的燃料。阳极是 SOFC 的燃料进行电化学氧化反应的场所，阳极为燃料与氧离子的电化学反应提供丰富的反应活化点。清洁氢气是一种理想的燃料，但是氢气的制备、储存和运输难度都较大，因此碳氢燃料，如天然气、沼气、煤合成气、生物质气等的使用是 SOFC 商业化的必然要求。但这些碳氢燃料中经常含有 H_2S 等含硫杂质，极易造成阳极硫中毒。

1. 硫毒化机理

硫毒化中的"硫"是指原料在处理和去除之前的各种含硫化合物，最常见的形式是硫化氢、二氧化硫和噻吩及其衍生物。这些物质的存在是导致催化剂中毒的重要原因，但是它们的毒化机理不同，即通过不同的失活途径导致催化剂性能降低。

目前，普遍认为硫化合物通过三种主要的机理影响催化剂的预期性能，即硫化作用、蚀变作用和结焦作用。但具体哪种机理在体系中占主导地位，这很大程度上取决于实际反应条件。图 6.24 是三种在重整系统中常见的主要硫失活机制[122]。

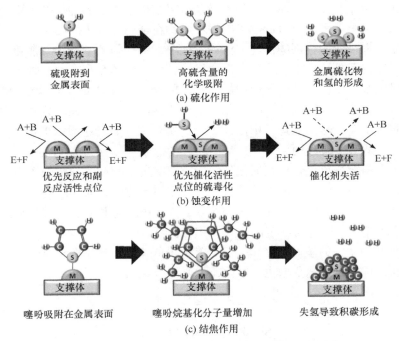

图 6.24　催化剂的三种主要硫失活机制的示意图

对于硫化作用而言，首先是硫和催化剂活性位点之间的直接相互作用。这包括硫化合物的吸附和金属硫化物的形成。硫化氢气体可以与催化剂中的活性金属位点反应生成金属硫化物，而金属硫化物对于将碳氢化合物转化为合成气通常没有任何显著的催化性能。无论硫的种类如何，镍基催化剂都特别容易被硫化合物钝化。虽然硫的实际种类不同时，失活产物明显不同，但在所有情况下都观察到显著的失活。在原料中 H_2S 气体使催化剂失活的情况下，实际失活机理主要取决于 H_2S 浓度和工作温度。位于低 H_2S 浓度下的催化剂通常因为在催化剂表面上吸附硫而失活，从而阻止反应物进入活性金属位点。这种吸附通常是可逆的，催化活性可以通过提高温度或降低原料硫含量（即 H_2S 分压）从中毒表面吸附硫来再生。在较高的 H_2S 浓度下，硫的化学势增加，这有利于硫在催化剂材料中的化学吸附，导致随后的硫化反应生成金属硫化物。过渡金属活性位点的硫化反应一般是不可逆的，会导致催化剂永久丧失活性。在重整反应过程中的微氧化环境下，可以将硫原子转化为不稳定的 SO_2，从而有助于抑制紧密结合的稳定硫化物的形成。形成 SO_2 所需的氧气可以在气相中供应，也可以从催化剂载体本身的晶格结构中获得。当然，如何控制氧化反应的程度和选择性仍然是一个挑战。

　　蚀变作用与硫化作用密切相关，硫化合物可以与催化剂中活性金属位点以不同的方式发生相互作用，而且这种差异在材料结构不均匀的催化剂中更为明显。众所周知，硫中毒可以通过影响吸附的反应物在金属位点表面的亲和力、选择性和反应路径来改变催化剂的性能。例如，硫中毒不仅降低了 Ru/C 催化剂甲烷化反应的活性，而且从根本上改变了反应机制，使反应体系中有利于碳氢自由基而不是碳自由基生成；在反应气中添加 SO_2，可以选择性地关闭催化剂的蒸气重整能力；另外，还可以精确地控制催化剂中镍活性位点上硫沉积的数量和性质，这样不仅防止了在长时间的运行中出现大量焦炭沉积，而且还增加了合成气中 CO 的比例，以适应下游应用。

　　结焦作用涉及硫化合物在催化剂上炭质焦的生长和在沉积中的作用。研究表明，在烷烃重整反应中，由于烷基自由基与硫原子优先相互作用形成 R-S 物种，硫中毒催化剂的焦炭形成速度加快。然后 R-S 物种迅速脱氢，在催化剂活性位点表面形成间接结合的非常稳定的焦炭沉积物。

　　而用于 SOFC 的碳氢气体，一般含有少量的 H_2S，H_2S 在高温阳极区域会发生热分解和氧化等化学及电化学过程，主要反应式如下。

$$H_2S \longrightarrow H_2 + S \tag{6.19}$$

$$H_2S + O^{2-} \longrightarrow H_2O + S + 2e^- \tag{6.20}$$

$$S + 2O^{2-} \longrightarrow SO_2 + 4e^- \tag{6.21}$$

$$H_2S + 3O^{2-} \longrightarrow H_2O + SO_2 + 6e^- \tag{6.22}$$

$$2H_2S + SO_2 \longrightarrow 2H_2O + 3S \tag{6.23}$$

这些反应过程的最终反应产物单质硫会进一步与阳极材料发生硫化反应，从而导致阳极失活。

2. 金属阳极硫毒化

当阳极为 Ni 基材料时，发生的硫化作用有：

$$Ni + H_2S \longrightarrow NiS + H_2 \tag{6.24}$$

$$3Ni + xH_2S \longrightarrow Ni_3S_x + xH_2 \tag{6.25}$$

由此可见，阳极硫中毒通常可归结于以下两个原因：①H_2S 在阳极表面活性位点处的物理/化学吸附，吸附过程会显著减少燃料气体在阳极表面的电化学活性位点，直接降低阳极的电化学催化能力；②H_2S 的化学和电化学反应产物单质硫与阳极材料发生硫化反应并生成金属硫化物，从而破坏阳极材料的组分与结构。Ni 基阳极对 H_2S 极为敏感，0.0001%(体积分数)的 H_2S 即可导致 Ni 基阳极产生明显中毒现象，升高 SOFC 工作温度以及降低 H_2S 体积分数都会较大程度地降低 Ni 基阳极的硫中毒程度，但是 H_2S 体积分数对 Ni 基阳极电化学性能的影响程度取决于工作温度。当 H_2S 体积分数由 5×10^{-6} 升高至 8×10^{-4} 时，900℃时阳极阻抗的增加率由 37%升高至 108%，600℃时阳极阻抗在不同气氛中的增加率几乎一致。毒化时间对 Ni 基阳极性能衰退影响结果表明，SOFC 的电流密度在毒化初期会迅速下降，这是由于 H_2S 在阳极表面的物理/化学吸附导致了阳极反应活性位点的迅速减少；随着毒化过程的进行，SOFC 电流密度衰退率则趋于平稳，此过程硫单质会与 Ni 基阳极发生缓慢硫化反应。贵金属 Pt 对 H_2S 有较高的催化能力，但高温时依然会发生硫中毒生成 PtS。

3. 氧化物阳极的耐硫能力

由于金属基阳极对硫很敏感而极易发生硫中毒，为了提升 SOFC 的耐硫中毒能力，研究者对氧化物阳极材料进行了广泛的探索研究。目前，对于氧化物阳极的耐硫能力研究较多，包括萤石结构的掺杂 CeO_2 和钙钛矿结构中耐硫能力较强的阳极材料，如 $Sr_{0.4}La_{0.6}TiO_{3-\delta}$(LST)、$La_{1-x}Sr_xVO_{3-\delta}$(LSV)、$BaZr_{0.1}Ce_{0.7}Y_{0.1}Yb_{0.1}O_{3-\delta}$(BZCYYb) 和 $La_{0.75}Sr_{0.25}Cr_{1-x}Mn_xO_{3-\delta}$(LSCrM) 等。

对于萤石结构的掺杂 CeO_2 而言，CeO_2 的硫中毒主要归因于硫氧化铈 (Ce_2O_2S) 化合物的形成，该化合物在 SOFC 还原条件下处于中间状态。图 6.25 为 800℃时的 Ce-O-S 热力学相图[123]。该图反映了 H_2S 的浓度对铈的氧化物组成的影响。从图中可以看出，当含 10%(体积分数)水蒸气的氢气燃料中的 H_2S 的浓度低于 450 ppm 时，形成稳定的 CeO_{1.83}，但当 H_2S 的浓度高于该值时，氧化铈基阳极的性能就会下降。虽然有热力学预测，但实际测试中，CeO_2 在较高 H_2S 浓度下表现出耐受性，此时，H_2 中 H_2S 的含量可在 900～5000 ppm 变化，上述不一致性主要是由电池运行过程中部分 CeO_2 被还原成 CeO_{2-x} 导致的。

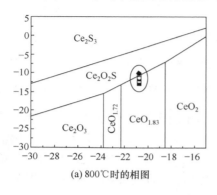
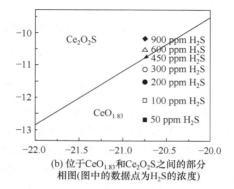

(a) 800℃时的相图　　　　　(b) 位于$CeO_{1.83}$和Ce_2O_2S之间的部分相图(图中的数据点为H_2S的浓度)

图 6.25　800℃下 Ce-O-S 热力学相图

部分还原形式的二氧化铈与 H_2S 高度反应，导致 Ce_2O_2S 的形成。在相当高的 H_2S 浓度下，CeO_2 会向 Ce_2O_2S 全方位转化，最终转化为 Ce_2S_3，从而使电池性能降低。反应式(6.26)和式(6.27)描述了 Ce_2O_2S 的形成，这对所有基于氧化铈的阳极都有可能发生。

$$CeO_2(s) + xH_2S(g) \longrightarrow CeO_{2-x}(s) + xH_2O(g) \tag{6.26}$$

$$2CeO_{2-x}(s) + H_2S(g) + (1-2x)H_2(g) \rightleftharpoons Ce_2O_2S(s) + 2(1-x)H_2O(g)(x \leqslant 0.5) \tag{6.27}$$

对于 SOFC 而言，在电池运行过程中，氧离子会通过电解质到达阳极，其会影响硫中二氧化铈的可能形式，其主要反应式有：

$$CeO_{2-x}(s) + xO^{2-} \longrightarrow CeO_2(s) + 2xe^- \tag{6.28}$$

$$Ce_2O_2S(s) + 2O^{2-} \longrightarrow 2CeO_2(s) + SO_2(g) + 4e^- \tag{6.29}$$

$$2Ce_2O_2S(s) + 10O^{2-} \longrightarrow Ce(SO_4)_2(s) + 3CeO_2(s) + 20e^- \tag{6.30}$$

$$Ce(SO_4)_2(s) + 2H_2(g) \longrightarrow CeO_2(s) + 2SO_2(g) + 2H_2O(g) \tag{6.31}$$

由此可见，氧化铈可同时作为 H_2S 氧化和去除的再生催化剂。Ce_2O_2S 可能是在高浓度(>800 ppm)H_2S 中氧化铈的主要形式，并标志着电极和电池开始失效。但在硫含量较低的情况下，$Ce(SO_4)_2$ 可能是主要形式，$Ce(SO_4)_2$ 的形成增加了氧化物对氧的存储能力和迁移率，这使得二氧化铈可以作为 H_2S 吸收剂，而不会完全中毒，同时还会导致高的 H/C 重整活性和更好的碳沉积耐受性。如图 6.26 所示[124]，对于 Ni/GDC 阳极而言，100 ppm H_2S 的加入会导致电池电压的下降，但大约 220 h 内没有急剧下降的迹象。同时欧姆电阻随时间略有增加，而极化电阻在 H_2S 加入期间显著增加。然而，极化电阻增加是可逆的，在去除 H_2S 后电池的各项性能也完全恢复。

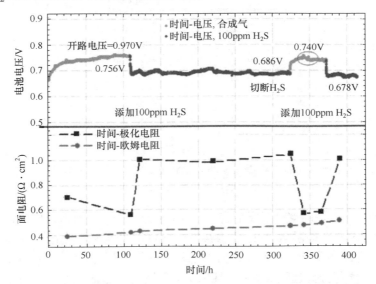

图 6.26　Ni/GDC 阳极单电池在不同燃料中的输出特性和 ASR 的稳定性

对于钙钛矿结构氧化物而言，适量的 H_2S 不仅能提高 LST 基阳极的电导率，还可提高混合燃料中 CH_4/H_2 的转化率。当 H_2S 的体积分数由 0.001%增加至 0.010%时，LST 基阳极的过电位会明显衰退 6%，而当 H_2S 的体积分数进一步增加至 0.5%时，其电化学性能反而会提升 20%。在体积分数为 40%的 H_2S 燃料气氛中，$La_{0.4}Sr_{0.6}TiO_{3-\delta}$/YSZ 复合阳极依旧能够保持良好的稳定性、耐硫性和电化学活性。Ba 等元素掺杂不仅能提高 LST 基阳极的电化学性能，而且还能继续保持其良好的耐硫中毒能力。LSV 作为一种新型耐硫钙钛矿阳极材料，它在 5%~10%的 H_2S 气氛中可稳定工作 48 h，但是 LSV 对燃料的催化活性较差，因此 LSV 常与 Ni/YSZ 复合来提升阳极的催化能力；LSV 包覆在 Ni/YSZ 颗粒表面会有效减小 Ni 与 H_2S 的接触机会，从而会降低 Ni/YSZ 的硫中毒程度。质子导电型 BZCYYb 以及其复合阳极材料对 H_2S 有良好的耐受能力，从图 6.27 中可以看出，750℃下，当氢气燃料中 H_2S 体积分数低于 30 ppm 时，并不会对 Ni-BZCYYb|BZCYYb|BZCYYb-LSCF 电池的电化学性能产生任何影响。而采用离子导体的阳极时，燃料中 H_2S 体积分数达到 50 ppm 时，Ni-BZCYYb|SDC|LSCF 的输出性能依然保持稳定[125]。

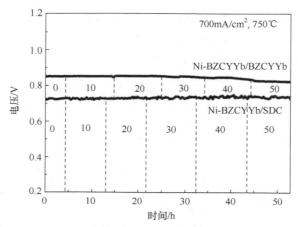

图 6.27 单电池 Ni-BZCYYb|BZCYYb|BZCYYb-LSCF 和 Ni-BZCYYb |SDC|LSCF 的
端电压输出随时间变化的关系图

LSCrM 以良好的氧化还原稳定性、热稳定性、适中的耐硫中毒能力而备受关注，其电化学性能随着 Mn 的掺杂量的升高而升高，但是耐硫中毒能力随着 Mn 含量的升高而降低。虽然 LSCrM 的耐硫中毒能力优于传统的 Ni 基阳极，但是当 H_2S 的体积分数达到 10%时，LSCrM 阳极会与 H_2S 发生氧化还原反应并生成 MnS 和 La_2O_2S 等杂相，如图 6.28 所示，从而导致电极性能迅速衰退[126]。虽然 LSCrM 的稳定性较高，但是它的电导率较低，对燃料的催化能力有限，因此会向阳极中引入电解质(YSZ、GDC、CeO_2 等)和过渡金属(Ni、Co 等)以提升电极的电导率。这些材料的引入并不会大幅降低其耐硫中毒能力，复合阳极的催化能力可被显著提升。

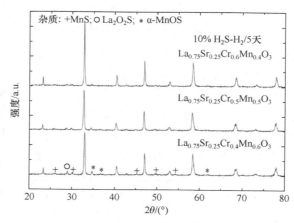

图 6.28 LSCrM 在 950℃下经含 10% H_2S 的增湿 H_2 处理 5 天的 XRD 谱图

此外，新型双钙钛矿氧化物材料[$Sr_2MgMoO_{6-\delta}$（SMMO）、$Sr_2Fe_xMo_{2-x}O_{6-\delta}$（SFMO）和 $PrBaMn_2O_{5+\delta}$（PBMO）]因其具有混合离子导电特性、良好的抗硫毒化和抗碳沉积能力而备受关注。SMMO 阳极可在 0.005% H_2S 燃料气氛中稳定工作，但是当 H_2S 的体积分数高达 0.014%时，输出性能也会出现明显衰退。元素 V、Nb 在 SMMO 的 B 位掺杂可增加此材料的氧空位浓度，并分别提升材料的抗硫毒化能力和催化活性。

4.硫中毒阳极的活化再生

由于大多数催化剂价格昂贵，工业生产率在许多情况下取决于催化剂的性能，因此需要对其进行重新活化或再生。虽然再生方法是相当于特定催化剂的，但通常涉及在氧气、氢气或蒸汽环境中进行热处理。硫物种的毒性取决于与金属相互作用的电子对数量。一般来说，毒性的顺序为：$H_2S > SO_2 > SO_4^{2-}$，毒性随着氧的增加而降低。因此，通过氧气处理消除硫化物是恢复催化剂活性的一种替代方法。理想情况下，氧气处理的主要目标是在高温下将其转化为 SO_2 以去除所有硫物种，即

$$S(s) + O_2(g) \longrightarrow SO_2(g) \tag{6.32}$$

例如，800℃时，在 O_2/N_2（50∶50）混合气氛中对试样进行热处理，可以使镍-氧化铈基催化剂暴露于 7400 ppm 噻吩后，实现完全活性恢复。该方法的一个固有缺点是在再生过程中活性相（Ni）被氧化了，因此在重新运行反应之前需要进行还原步骤。除了活性相被氧化外，这种氧化处理还存在其他限制催化剂应用的缺点，因此，不能将其视为一般再生程序。更准确地说，与该过程相关的放热会通过活性组分的热降解和/或相变导致不可逆的催化剂失活。因此，氧化处理再生仅在高温氧化且不会改变催化剂结构的某些特定情况下有效。

除氧气外，还可以在水蒸气中进行热处理，以重新激活被硫毒化的催化剂。利用水蒸气处理因暴露在 H_2S 中而失活的镍基催化剂，水蒸气可以通过以下方式去除硫：

$$Ni-S + H_2O \longrightarrow NiO + H_2S \tag{6.33}$$

但是水蒸气也可能会对还原镍产生一些氧化作用：

$$Ni + H_2O \longrightarrow Ni-O + H_2 \tag{6.34}$$

在 800~900℃的温度下，可从催化剂表面去除高达 90%的硫。此外，使用氩气/水蒸气混合物处理可以使块体镍催化剂的重整活性完全恢复，通过 XPS 对再生催化剂进行表征发现处理后催化剂表面完全脱硫。然而，通过红外光谱鉴定出一些被氧化的镍，再次说明在进行氧化处理时存在改变催化剂结构的风险[127]。

还原性气氛不会出现像用蒸汽或氧气处理硫毒化的催化剂时的催化剂氧化缺陷。从这个意义上讲，这种替代方法目前被视为从催化剂中脱除硫的最理想方法。通常，通过吸附的硫物种与 H_2 直接反应使硫以 H_2S 的形式释放出来。根据硫化物形成的热力学，这一过程实质上是逆转了金属硫化物平衡的形成。但是，氢热处理的有效性取决于催化剂使用中的 H_2S 浓度，当使用 500 ppm H_2S 时，可实现商业镍基催化剂的完全脱硫。当 H_2S 浓度增加到 2000 ppm 时，氢处理就不足以消除所有化学吸附的硫。

Li 等[128]则提出了通过电化学氧化进行硫毒化阳极再生的方案，研究了 O^{2-} 对硫毒化阳极再生的可行性。理论上，阳极表面的中毒产物 MnS 可与 O^{2-} 发生电化学反应并生成 MnO，除此之外，式(6.36)过程生成的 O_2 还可与金属硫化物和表面吸附硫单质发生氧化还原反应，进而达到除硫效果。

$$MnS + 2O^{2-} \longrightarrow S + MnO_2 + 4e^- \tag{6.35}$$

$$2O^{2-} \longrightarrow O_2(g) + 4e^- \tag{6.36}$$

该研究选择可以为 O^{2-} 的输运提供通路的混合导电型 LSCrM 阳极体系作为研究对象，在惰性气体(Ar)环境下利用电化学泵氧的方式向 LSCrM 阳极输运 O^{2-}。研究结果表明：Ar气氛下、120 mA/cm² 泵氧电流可在 15 min 彻底清除硫中毒产物并恢复阳极的阻抗[图 6.29(a)]以及 SOFC 的最大输出功率密度[图 6.29(b)]，而且再生产物 MnO 纳米颗粒可提高阳极的催化能力，从而使再生后 SOFC 的电化学性能优于硫中毒前的。多次硫中毒/电化学氧化过程会增加 MnO 的数量和尺寸，但是经历 6 次硫中毒/电化学氧化再生循环后，硫中毒 LSCrM 阳极电化学性能依旧能被有效恢复。但是对于 Ni/LSCrM 和 Co/LSCrM 复合阳极而言，电化学泵氧氧化方法并不能使硫中毒金属复合 LSCrM 阳极获得再生，反而导致复合阳极失去活性。120 mA/cm² 泵氧电流密度可清除 LSCrM 表面的硫中毒产物，但

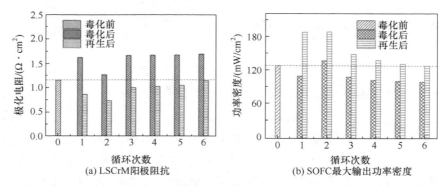

图 6.29　在 850℃时、6 次毒化/电化学氧化过程中 LSCrM 阳极阻抗和
SOFC 最大输出功率密度变化情况

是并不能完全清除金属催化剂 Ni 或者 Co 表面的硫中毒产物，使金属催化剂失去活性。这可能与金属相催化剂并不具备输运 O^{2-} 的能力有关，只有与 LSCrM 直接接触的催化剂表面的硫化物才可能发生电化学反应。

5. 替代型抗硫毒化阳极材料

硫中毒主要是由于活性催化物质（即金属颗粒和/或金属氧化物）的硫化引起的。对于金属颗粒（Me），当以 H_2S 作为硫的来源时，该过程可表示如下：

$$Me + H_2S \longrightarrow MeS + H_2 \tag{6.37}$$

从热力学角度看，随着温度的升高，硫化影响应减小，因为升高温度对该反应不利。但从动力学角度看，升高温度有利于反应的进行。因此，结果可能与预期不同，这取决于所使用的金属（例如，Ni 的 ΔG 即使在 1000℃时依然是负的）。正如前面所述，硫毒化在催化活性中会产生多重效应。首先，硫吸附在物理上阻断了催化剂活性点，限制了与反应物的接触，并降低了反应物分子相互碰撞的可能性。其次，硫凭借强大的化学键，它可以对相邻的金属原子进行电子修饰，从而调节其吸附和/或解离反应物分子的能力。再次，由于强烈的化学吸附作用，催化剂表面可以重建。最后，催化剂表面存在的强键合硫物种阻碍了产物和反应物的扩散。在这种情况下，必须克服催化剂失活和/或对中毒催化剂进行再生。但是，中毒程度取决于所研究的反应、工艺条件和所涉及的催化剂等因素。因此，在过去几十年中，在多相催化领域进行了深入的研究，产生了各种不同性质和不同特性的多组分催化剂，以缓解硫中毒。

与 Ru、Pt、Rh 或 Co 相比，Ni 在 900℃下的硫化化学平衡更为有利，这表明 Ni 是传统重整活性相中硫敏感度最高的金属。从这个角度上讲，从活性和耐硫性的角度来看，使用贵金属基催化剂是一个不错的选择，尽管必须考虑成本问题。Farrauto 等[129]开发的单金属和双金属铂基催化剂在催化含硫气体的重整反应时，能够连续稳定地运行。Pt/CGO 成功应用于异辛烷的水蒸气重整制氢，显示出了绝对的抗硫毒化性。但铂对硫中毒的耐受性也取决于所进行的反应。例如，在水煤气转化（WGS）反应中，许多高性能铂基催化剂在暴露于硫时会严重失活。因此，不仅要考虑所处的反应，还要考虑贵金属本身的性质。换句话说，并非所有贵金属都具有相同的抗硫性，如 Rh 对硫中毒的敏感性明显低于 Pd，而且 Pd 被证明了不适合耐硫，但 Rh-Pd 金属的耐硫性却得到了明显增强，在含 50 ppm H_2S 的环境下，Rh-Pd 金属保持了高而稳定的转化效率。理论计算表明，上述贵金属的抗硫毒化的趋势按以下顺序下降：Rh>Pt>Pd。由此可见，贵金属可能是缓解多相催化剂硫中毒影响的替代品。然而，无法保证这些贵金属能够完全耐受硫，事实上，它们经常会因反应条件和硫浓度等因素而失效。但贵金属的性质也是一个需要考虑的因素。从这个意义上讲，Rh 似乎是最有希望的。

在提高传统镍基重整催化剂的抗硫能力方面，近年来人们进行了许多努力，使用双金属组合（无论是否使用合金）一直是常见的方法之一。Ni-Pt、Ni-Co、Ni-Mo、Ni-Cu、Ni-Sn 和 Ni-Re 等双金属组合被用来研究烃重整催化或 SOFC 直接氧化过程中的抗硫毒化能力。此外，一些涉及贵金属的其他类型的双金属系统和合金作为镍基催化剂的替代材料被提出，如 Pt-Sn、Pt-Cu、Pt-Pd、Rh-Pt 等，都是旨在获得抗硫性。大多数双金属系统与各自对应的系统相比表现出优异的性能（更高的催化活性和更强的抗积碳、抗硫毒化性能）。双金属材料取得较好结果的原因有几个：①活性位点数量的变化（协同效应）；②形成双金属系统的物种之一所起的牺牲作用，使第二种金属自由可用；③金属产生的电子效应-金属相互作用导致材料对硫中毒的敏感性降低（双金属键改变了金属对含硫分子的化学反应性，即"配体效应"）。

SOFC 阳极一般是由金属/氧化物混合物组成的具有催化活性的多孔材料，除了考虑催化剂中的金属活性相外，氧化物的作用及其对硫中毒的影响也是不应忽视的。实际上，在金属氧化物表面，硫可以与金属氧位点相互作用，产生具有不同电子性质的物种（即硫化物和硫酸盐），并可能导致催化剂失活。因此，缓解硫中毒使用最广泛的方法之一是选择具有高氧迁移率的氧化物。当含硫碳氢气体被直接应用于 SOFC 时，往往是碳沉积伴随着硫中毒，氧的流动性可以减轻碳沉积，同时可能有助于避免形成非活性金属硫化物。掺杂 CeO_2 由于具有较高的氧离子迁移率而被认为是最理想的氧化物载体之一，如 Pt/CeO_2、Pd/CeO_2、Cu/SDC 等。在制备方法上，通过将活性金属加入到氧化物相的晶体结构中，然后在还原时出溶金属颗粒，以获得稳定且分散性更好的金属纳米颗粒来提高 SOFC 阳极的耐硫性[130]。

作者制备了 $(Cu, Sm)CeO_2$（铜的总物质的量分数为 10%）阳极支撑 SOFC 单电池，在 600℃下研究了单电池在不同 H_2S 浓度下的稳定性。如图 6.30 所示，在干甲烷作为燃料的情况下，在 300 h 内，0.5 V 情况下的电流密度非常稳定。表明该阳极对甲烷直接氧化和抗积碳是非常有效的。然后逐渐增加甲烷中 H_2S 的浓度，研究了该阳极对硫中毒的敏感性。当燃料从纯甲烷转化为含 50 ppm、100 ppm 或 150 ppm H_2S 的甲烷时，电流密度没有明显变化。使用含有 200 ppm H_2S 的甲烷燃料时，电池的输出功率略有下降。SOFC 性能的降低主要是由于铈-硫化合物的形成，因为铈对硫的敏感性比铜更高。在含 H_2S 的甲烷中连续稳定运行较长时间（300～750 h），证明当燃料中 H_2S 含量小于 150 ppm 时，可以完全抑制阳极硫中毒。理论研究表明，O^{2-} 的存在有利于将 S 转化为不稳定的 SO_2 来抑制稳定硫化物的形成。生成 SO_2 所需的氧可以从 L-CSCO 的晶格结构中得到。同时，Cu/CSCOx 阳极上的亚稳铜团簇层可以增强 H_2S 转化为 SO_2 的催化活性。因此，在 H_2S 含量小于 150 ppm 时，该阳极具有抗硫毒化能力。

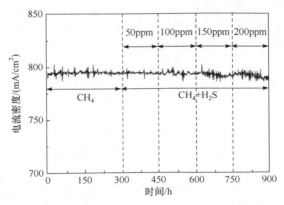

图 6.30　Cu/CSCO10 阳极支撑的单电池以不同含量 H_2S 的甲烷为燃料时电流的输出稳定性

　　为了进一步验证该阳极能够直接氧化天然气的可行性，作者按照国家标准 GB 17820—2018 制备了合成天然气（SNG），其物质的量组成为 85% 的甲烷、10% 的乙烷和 5% 的丙烷，并向其中添加了 50 mg/m^3（50ppm）H_2S，该 H_2S 的添加量高于世界上商业天然气中 H_2S 的控制含量（大多为 5～23 ppm）。然后测试了 $(Cu, Sm) CeO_2$ 阳极支撑的电池在 600℃ 的温度下直接氧化 SNG 和 NG（天然气）的稳定性。从图 6.31 中可以看出，在 0.5 V 的恒压下，以 SNG 或 NG 为燃料的单电池的电流密度明显高于以甲烷为燃料的单电池。这是由于 SNG 或 NG 含有少量的直链烷烃，如乙烷和丙烷。这些烷烃的 C—H 键强度随烷烃链长度的增加而降低，当使用适当的催化剂时，乙烷和丙烷的氧化与转化比甲烷更容易。因此，当使用 SNG 或 NG 作为燃料时，电池的电性能会有所提高，同时也说明该阳极对直链烷烃具有良好的催化活性。此外，从图中还可以看出，当以 SNG 和含

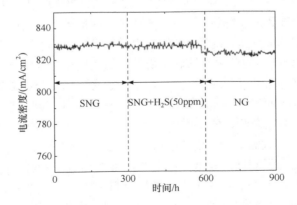

图 6.31　Cu/CSCO10 阳极支撑的单电池以不同气体为燃料时电流的输出稳定性

50 ppm H_2S 的 SNG 为燃料时，电池在连续运行的 600 h 内，电流密度没有明显变化。在商用天然气作为燃料时，电池的性能在运行 300 h 内保持稳定，虽然输出电流密度略有下降，但这主要是由于 SNG 和 NG 的成分不同。这些结果表明，该阳极具有较强的抗硫毒化能力，适用于商业天然气的直接氧化。

6.4　电堆长期稳定性

　　SOFC 电堆稳定、高效、长寿命地运行是其产业化应用的必经之路。连续运行时间大于 40000 h 是美国能源部固态能量转换联盟(Solid State Energy Conversion Alliance，SECA)计划提出的对 SOFC 发电系统商业化的基本指标之一。为了提高电堆的工作性能与使用寿命，大量的研究针对 SOFC 电堆进行了建模，目的在于研究分析电堆在不同的制造材料、组装工艺和工作环境下的工作性能，为电堆材料的选择、电堆组装工艺的优化以及电堆最优工作条件的确定提供理论参考依据。同时采用高精度动态物理建模的方法，动态模型可以用来研究 SOFC 系统在各种不同工作条件下的响应情况，进行系统性能分析，从而评价 SOFC 系统工艺流程的优劣，并进行优化完善，也可以发现那些在设计以及材料选择过程中未能预料到的问题。虽然这些理论方法有利于提升 SOFC 电堆的稳定性，但毕竟受到预设条件和系统能力的影响，与实际情况还是会有一定的差异。因此在 SOFC 电堆及其组件的耐久性评价方面还没有相关的快速模拟或测试方法，依然需要进行长期运行测试。

　　德国于利希研究中心的科研人员系统性地考察了阳极平板支撑 SOFC 电堆的衰减行为[112, 131]。此项研究考察了三个系列的电堆，包括 2～4 种阳极平板电池在不同燃料气体和电压负载条件下 3000～10000 h 的运行表现。结果表明，在不同的材料组合和操作条件下，所选择的加工方式，如阴极的铬和铜的扩散、粗化和剥落效应等，会导致逐步降解行为在 1500～2000 h 运行后迅速发生，或者也会延迟到该研究达到的最大操作时间 10000 h 之后才发生。基于这一研究经验，需要超过 10000 h 的实际运行时间才能够确定所发生的物理和化学现象是否会导致电池组件的瞬间失效或是确定不同的加工方式是否会导致不同的衰减速率。运行后的各项测试表征也将有助于人们理解其背后蕴藏的电堆性能衰减机制。

　　F10 型电堆的长期测试电压如图 6.32 所示。F1002-95 和 F1002-97 电堆都是在 700℃下进行测试的，所以电压衰减行为也比较类似。其中 95 型电堆在运行了两年后性能出现了明显的衰减，因此在电堆运行了 17660 h 后研究人员将其停止运行。随后的材料表征结果表明，连接材料中的 Cr 毒化了阴极，在阴极形成了 $SrCrO_4$ 低电导率相，虽然电池的微观结构和组件之间的接触连接都相当完好，但还是造成了明显的压降。相比而言，97 型电堆使用了无 Cr 的不锈钢作为连接材料，一直平稳运行到了 2012 年，共 43867 h，97 型电堆的实验结果有效支撑了 Cr 毒化对电池长期稳定性影响的结论。

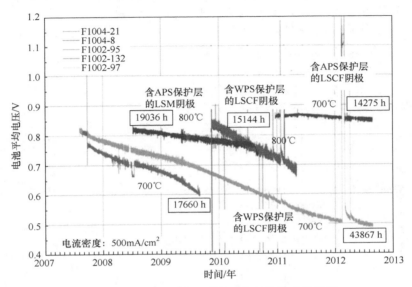

图 6.32　F10 型电堆各试验堆 5 年长期稳定性数据

此项工作后，于利希研究中心的研究人员又考察了一个 2.6 kW 电堆在甲烷燃料中运行 10000 h 的耐久性。测试时，除氢气燃料之外，还通入了内部重整的甲烷作为燃料。电堆从 2011 年开始到 2012 年大致运行了一年，4500 多个小时，期间电堆经历了 6 次氢气和重整甲烷气的燃料循环和 2 次停堆冷热循环。从图 6.33 长期电压和电流密度变化数据来看，除了处在最底层的电池单元衰减比较严重之外，其余电池均体现了良好的稳定性，整个电堆的甲烷利用效率稳定在70%左右。该电堆于 2012 年因为甲烷气体质量流量控制器失效而停止运行。

基于 2.6 kW 电堆的成功验证，于利希研究中心又将 4 座 5 kW 的 F20 电堆并联，于 2012 年开始了 20 kW 电池系统的相关实验，燃料使用的是天然气和液化天然气。如图 6.34 所示，系统运行前期是 4 模块同时运行，在经历了一些参数调整性质的电压起伏后，电堆平稳运行状态良好。稳定运行 1000 h 后，研究者考虑到没有替换电堆，于是将模块 3 和 4 关停作为备用。在系统双模块运行约4000 h 后，其中一个 5 kW 的电池模块发生了损坏，研究人员对其进行了更换。电池组也由原来的并联换成了串联模式，使各个电池模块工作在不同的电压和相同的电流密度之下，保持燃料使用率不变。更换电池模块后，电池组成功继续运行，说明 F20 也适用于工作电压更高的串联型电堆。重启后电堆又稳定运行了

700 h，期间只伴随有小幅度的性能衰减。在系统运行至 6000 h 左右时，电子负载发生崩溃，不得不将电堆温度降到室温来更换电子负载。经过关停重启后的电池组在工作了几百小时后就发生明显的性能衰减。在经历了几次系统停电之后，整个电堆性能急剧下降，最后不得不将整个系统关停。此项实验前后共计 7500 h，其中大概 6800 h 是在有负载的情况下运行的。总体而言，该示范堆体现了几十千瓦级 SOFC 系统较好的应用前景。

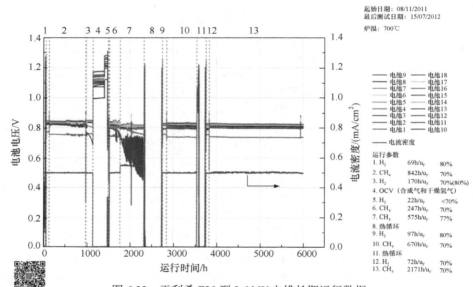

图 6.33　于利希 F20 型 2.6 kW 电堆长期运行数据

彩图 6.33

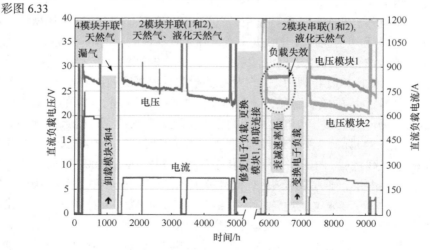

图 6.34　于利希 F20 型 20 kW 电池系统长期稳定性实验数据

6.5　固体氧化物燃料电池发电系统

SOFC 发电系统包含 SOFC 电堆及其他系统部件，针对不同的应用场合，研究者需要对 SOFC 发电系统的结构进行设计，并对各部件参数进行合理的选择，从而达到优化系统性能的目的。根据发电循环不同，可将 SOFC 发电系统分为两大类：独立发电系统与混合发电系统。在独立发电系统中，SOFC 是唯一的发电部件。目前很多 SOFC 发电系统采用的都是独立发电系统，其系统发电量在瓦到兆瓦范围内。此外，SOFC 还可以和其他发电部件组成混合发电系统，其中最为常见的是固体氧化物燃料电池-燃气轮机(SOFC-gas turbine，SOFC-GT)混合发电系统。在混合发电系统中，SOFC 的高温余热可以用于后续GT 中进行发电。本节将分别对 SOFC 独立发电系统及 SOFC-GT 混合发电系统进行介绍。

6.5.1　SOFC 独立发电系统

SOFC 独立发电系统主要包括 SOFC 电堆和外围的辅助设备(balance of plant，BOP)。SOFC 电堆是发电系统的核心，是将化学能直接转化为电能的装置。而发电系统的辅助单元有空气供给(预热)单元、燃料供给(重整)单元、尾气回收单元、电管理单元以及控制单元，如图 6.35 所示[132]。按照它们在系统中不同的功能作用，可以划分为以下五个子系统。

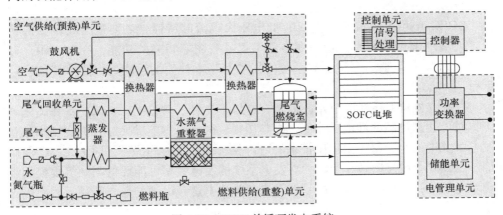

图 6.35　SOFC 单循环发电系统

1) 燃料处理供应子系统

将燃料(除 H_2 外)进行重整除硫等预处理后，经过流量计进入低温换热器，然后再进入高温换热器，以接近电堆的工作温度进入电堆进行发电。为了防止电

堆内部出现燃料亏空现象而损坏系统，燃料在电堆内部的利用率控制在小于
90%。同时，燃料利用率的上限控制也能保证燃烧室为系统预热提供足够的热
量。氮气则是在系统停机或者紧急情况下通入，具有吹扫系统内部可燃气体、保
障安全的功能。

2）空气供应子系统

鼓风机作为空气的动力源，通过控制其转速能够准确地调节空气流量。在空
气进入换热器进行换热之前，分为两路，一路直接进入换热器换热，另外一路冷
空气则旁路绕过换热器与换热后的空气混合。调节冷空气旁路上的阀门可以调节
冷空气所占的比例以调节电堆入口空气的温度。确保电堆内部工作温度不会过高
或者过低，将系统的温度保持在一定范围。

3）发电子系统

电堆作为发电装置，是整个系统的核心，能够通过电化学反应将燃料和氧化
剂中的化学能转化为电能，所有外部设备都是为了保障发电子系统的安全、稳定
和高效运行。

4）尾气回收子系统

尾气燃烧室采用催化燃烧的方式将电堆尾气中的剩余稀薄燃料气体进行回
收，然后将回收的尾气通入两级热交换器中，用于预热电堆入口处的空气和燃料
气。换热器采用高温和低温两级，可以提高系统的换热效率。尾气燃烧室通过热
的回收利用将燃料利用率与电堆入口空气紧密联系起来，是 SOFC 系统热分析中
不可缺少的关键部分。

5）功率变换子系统

SOFC 电堆发出的直流电具有低电压大电流的特性，需要进行功率变换转
换才能被外部负载使用。功率变换器不仅具有功率转换的功能，在功率跟踪过
程中，还具有抑制功率突变对系统的扰动与功率补偿的功能，保障系统的稳定
运行。

在独立发电系统中，SOFC 通常在常压下工作。理论上讲，SOFC 在高压下
工作时可达到更高的性能，降低热损与压损，减小所需电堆尺寸。但在实际独立
发电系统中，为了避免由加压带来的造价及系统复杂度的提升，通常并不会使用
加压 SOFC。在大型系统中，独立发电系统的发电效率可能要低于同等规模的混
合发电系统；然而，独立发电系统可避免热机与燃料电池的融合问题，因而受到
了极大的关注。

以煤炭、石油、天然气等为代表的化石燃料是中国（比例 > 90%）乃至世界
（比例 > 80%）的主要能源资源，但其平均发电效率仅为 30%左右，迫切需要提
高。SOFC 对燃气中杂质的容许值较高，煤气化合成气可作为 SOFC 的燃料，形
成整体煤气化燃料电池发电系统（IGFC）。IGFC 是将整体煤气化联合循环

(integrated gasification combined cycle，IGCC)发电系统与 SOFC 结合的发电系统，其主要工艺流程如图 6.36 所示，它可进一步提高煤气化发电效率到 50%以上，相比于 IGCC 水耗降低 80%，SOFC 阳极尾气经富氧燃烧后获得的产物中 CO_2 浓度可达 90%以上，达到直接封存或利用浓度要求，大大降低了 CO_2 的捕集成本。IGFC 工艺流程在煤气化和富氧燃烧环节都有纯氧需求，结合未来氢气清洁化制取趋势，耦合利用大规模清洁能源电解水制氢副产的廉价氧气，可进一步降低 IGFC 空分制氧厂用电耗，提高供电效率[133]。

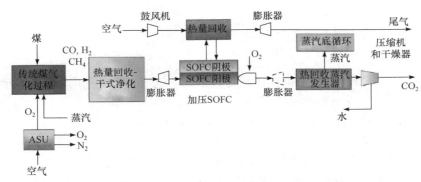

图 6.36　整体煤气化燃料电池发电系统工艺流程图

　　基于 SOFC 的 IGFC 发电系统将成为新一代发电技术主流，有利于进一步提高化石类能源的高效清洁利用率。与燃煤发电技术相比，SOFC 极大地降低了化石燃料在热电转换中的能量损失和对生态环境的破坏，具有更高的效率和更低的污染，SOFC 一次发电效率为 50%～60%，与燃气轮机热电联动后，能量转化效率高达 80%以上。

6.5.2　SOFG-GT 混合发电系统

　　虽然燃料电池有多种类型，但目前用在分布式发电方面的主要以 SOFC 和质子交换膜燃料电池(proton exchange membrane fuel cell，PEMFC)为主。尤其是 SOFC 可以直接利用的燃料适用范围广，不仅可以将 H_2、CO 等作为燃料，还可直接对天然气、煤气合成气及其他碳氢化合物进行内部重整，对燃料发生子系统的要求较低，简化了设备，降低了成本，同时对燃料电池产生的废气可以通过燃气轮机加以利用，结合高效换热器、燃烧器等部件组成混合发电系统发电，从而充分提高系统发电效率。在混合发电系统中，SOFC 一般产出其中 65%～80%的电能，而 GT 则产出其中 20%～35%的电能，大大提高了系统效率，因而受到越来越多的青睐。图 6.37 为 SOFC 与 GT 构成的一种混合分布式发电系统[134]。

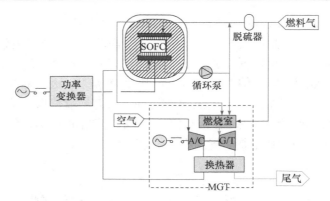

图 6.37　SOFC 与 GT 构成的混合分布式发电系统

SOFC-GT 混合发电系统由燃料处理系统、电堆、余热利用系统以及直交流转换系统组成，发电效率可以高达 65%以上。具体工作过程为天然气经过加压和脱硫处理后被系统废热加热，与利用电堆余热加热的水蒸气混合输入电堆的阳极。高温的洁净天然气和水蒸气在催化剂的作用下发生重整反应产生合成气。常温的空气经压缩后由燃烧器的高温排气加热到电堆入口温度后输入到电堆的阴极。电堆内发生氧化还原反应产生电能和热能。阳极与阴极产生的高温排气（未反应完燃料和空气）经加压后进入燃气轮机做功，输出电能。由于废气温度很高，经过燃气轮机排出的废气也有较高的温度，这部分废气通过余热回收蒸气的方式加以再利用。

以目前技术水平，SOFC 实际的燃料利用率最高只能达到 85%，SOFC 发电后，其阳极排气温度高达 900℃，未反应的燃料在燃烧室中与贫氧的阴极排气发生燃烧，使反应温度提高，进入燃气轮机发电机产生电能，形成 SOFC-GT 联合循环，提高发电效率。高温燃气轮机排气压力降至常压，进入余热锅炉，产生蒸汽，推动蒸汽轮机（steam turbine，ST）做功发电，形成 SOFC-GT-ST 三级联合循环发电系统，其原理如图 6.38 所示[133]。日本三菱重工研制的 250 kW 管式 SOFC-GT-ST

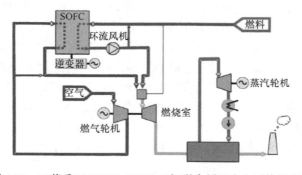

图 6.38　三菱重工 SOFC-GT-ST 三级联合循环发电系统原理图

三级联合循环发电系统的发电效率为 55%，热电综合利用效率为 73%；SOFC-GT-ST 三级联合循环发电系统正在实验测试中，发电效率高达 65%。

6.5.3 SOFC 发电系统的优势

SOFC 发电系统因不涉及化学燃烧及机械转动等过程，所以在分布式供能与移动动力等领域相对于传统内燃机具有非常明显的优势[53]。

（1）能量转化效率高。SOFC 工作温度较高，反应过程简单，不像传统的发电装置需要经过许多中间的转化过程，大大降低了能源转化过程中的不可逆损失，可实现 50%～65%的高效发电。其尾气具有很高的余热利用价值，若与燃气轮机或蒸汽轮机混合联用，其效率可达 80%～95%。相比于热气机的实际效率（30%～32%）、闭式循环汽轮机的实际效率（约 25%），在相同电负荷下，燃料电池发电效率远高于燃烧发电机。

（2）燃料适应性强、无污染、低成本。SOFC 不需使用有限的贵金属材料（如 Pt），这使得 SOFC 制备成本较其他燃料电池（如 PEM）低许多。同时 SOFC 也不需考虑 CO 对电极材料的毒化作用，增加了燃料选择的灵活性（如天然气、煤气、生物质气体、柴油重整气及其他碳氢化合物重整气等）；与传统的燃烧发电方式相比，SOFC 技术极大地降低了燃料的能量损失和对生态环境的污染。

（3）模块组合、布置灵活、环境适应性强。SOFC 模块所构成的材料全是固体组件，电池外形设计具有灵活性，可以单独或多个模块组合使用。系统全封闭，不存在蒸发、腐蚀、电解质液流失及复杂水管理等问题，具有足够的高温化学稳定性、相匹配的热膨胀性及高致密性等固有特性，耐受高温潮湿、盐雾、油雾、霉菌，具有很高的可靠性和很强的适应性。

（4）系统稳定性高。传统电站增加发电容量时，变电设备必须升级，否则会使整个电力系统的安全稳定性降低。而 SOFC 独立发电电站则无需将变电设备升级，必要时可将 SOFC 电池组拆分使用。SOFC 燃料电池还可以轻易地校正由频率引起的各种偏差，进而提高系统稳定性。与其他燃料电池相比，SOFC 发电系统简单，可发展为大规模设备，用途广泛。

SOFC 技术具有能量转化效率高、燃料适应性广、清洁等优点，成为清洁和高效新能源发电技术的理想方案之一。SOFC 燃料电池技术的日趋成熟，使其在分布式供能、汽车和船舶等多个领域得到了应用。

第7章　固体氧化物燃料电池应用

成本一直是限制 SOFC 推广应用的一个关键性因素。美国能源部固态能量转换联盟从 2001 年开始投入 SOFC 研发，在单电池性能、功率密度、可靠性和先进制造技术上取得重大进展，目前 SOFC 电堆成本与 2001 年相比降低了 90% 左右。

研究机构 MarketsandMarkets 预计 2025 年 SOFC 的市场将达到 28.81 亿美元。全球 SOFC 主要厂商有 Bloom Energy、Siemens Energy、Aisin Seiki、Mitsubishi Heavy Industries、Delphi Corp 等，全球前五大厂商共占有大约 60% 的市场份额。北美和欧洲是全球最大的 SOFC 市场，二者各占有大约 30% 的市场份额，之后是日本市场，占有大约 10% 的份额。

SOFC 具有全固态、燃料适应性广、能量转化效率高、模块化组装、零污染等优点，可以直接使用氢气、一氧化碳、天然气、液化气、煤气及生物质气等多种碳氢燃料。在大型发电站、分布式发电/热电联供等民用领域的发电站，以及作为船舶动力电源、交通车辆动力电源等移动电源方面，都有广阔的应用前景。

7.1　发　　电

7.1.1　固定式电站

随着用电需求的增加和日益突出的环境污染问题，各国对于能源与电力供应的绿色环保、安全可靠性等相关要求也逐渐提高，分散式的大中型固定式 SOFC 发电系统（100 kW～10 MW）可以弥补传统的集中式发电的不足。分布式发电（distributed generation，DG）属于一种较为分散的发电方式，是相对于集中式发电而言的。常规发电站，如热电站、核电站，以及水坝和大型太阳能发电站，都是集中式发电，电力通常需要经长距离传输再使用。相比之下，分布式发电系统是分散的，具备模块化和更灵活的技术，虽然它具有较小的容量（小于 10 MW），但其可以建设在它们所服务的负载附近，不但降低了环境污染，而且提升了能源利用效率、供电可靠性和稳定性。

1998 年，西门子西屋电力系统公司在荷兰展示了世界首个 100 kW SOFC 发电系统，该系统由 1152 个管状单电池构成，其功率密度为 0.13 W/cm²，发电效率为 46%。在 2000 年 6 月，西门子西屋电力系统公司的一套 220 kW 加压式 SOFC 与气体涡轮联合发电系统在匹兹堡通过了出厂测试(图 7.1)，并随后在加利福尼亚大学尔湾分校进行了安装测试，发电效率达到 52%。

图 7.1 西门子西屋电力系统公司 200 kW 加压 SOFC/微气体涡轮混合发电系统

从目前全球市场来看，美国的 SOFC 累计装机量处于绝对领先地位，在 200 kW 以上规格的固定式电站中，SOFC 的投放量最大。美国 SOFC 的装机量主要由 Bloom Energy 公司贡献。Bloom Energy 公司燃料电池是一种能有望替代太阳能的新型电力系统，氧气和天然气(或生物质气)被输入 BloomBox 里，它们在燃料电池里经过高温化学反应，生成电能、热量、二氧化碳和水，是一种无污染的电力系统。据称，Bloom Energy 公司的新产品 EnergyServer5 能够达到 65% 的发电效率，功率密度是此前型号的两倍，平均寿命超过 5 年，为目前行业最高水平。Bloom Energy 主要产品有 ES5、ES-5700、ES5710 等，它已经为美国 Google、eBay、Wal-Mart 等公司提供了超过 100 套的 SOFC 系统。

2020 年 9 月美国 Bloom Energy 公司与韩国 SK 建设株式会社宣布，双方合作已在韩国西北部京畿道省完工了两个采用 SOFC 技术的新型清洁能源电站。两座新型清洁能源设施分别位于华城市和坡州市，位于华城市的发电厂安装了 Bloom Energy 公司的 20 MW 级的 SOFC 装置(图 7.2)，该项目为 Bloom Energy 公司迄今在韩国建设的最大规模的项目。仅此一项装置就可以满足该市约 4.3 万户家庭的用电需求。位于坡州市的发电站安装的则是 Bloom Energy 公司的 8.1 MW 级的 SOFC 装置，可满足该区域内约 1.8 万户家庭的用电需求。Bloom Energy 公司的能源服务器在全球所有商用发电系统中发电效率最高，从而能耗更低，这对依靠天然气进口的国家来说优势十分明显。在加利福尼亚州，Bloom Energy 公司建造了一座 2.5 MW 的电力系统，以支持其不断增长的运营需求，并减低碳排放。

图 7.2　Bloom Energy 公司建设的 20 MW 级 SOFC 电站

　　目前，其他正在开展大中型固定式 SOFC 发电系统研制的公司包括：芬兰的 Convion 公司开发的 58 kW SOFC 发电系统，其发电效率为 53%，总的能量效率达到了 85%；美国通用公司开发了 50 kW 的 SOFC 发电系统，并通过了 500 h 测试，目前正在开发 1~10 MW 的发电系统；美国 Fuel Cell Energy 公司开发了 50 kW SOFC 发电系统，发电效率为 55%，每 1000 h 衰减 0.9%；韩国 LG Fuel Cell Systems 开发了 200 kW 增压式 SOFC 发电系统，发电效率为 57%，目前正在进行 1 MW 商业化发电系统的研制。

7.1.2　微型热电联供系统

　　微型燃料电池热电联供系统是利用燃料电池发电技术同时向用户提供电能和热能。用燃料电池运行过程中产生的余热供热，可提高能源的利用效率，而且可减少二氧化碳和其他有害气体的排放。这一概念是根据燃料电池的工作原理来定义的。在我国，根据热电联供的应用场景将燃料电池热电联供称为燃料电池分布式能源。在交通运输领域，燃料电池发电过程中能量损失较大的就是热量，电池的能量转化率为 40%，为了降低燃料电池运行过程中的温度，还需要配上冷却系统。而热电联供则是将这一部分能量收集起来，使得燃料能源转化效率达到 80% 以上，远高于传统的火力发电总效率。燃料电池热电联供系统可为家庭、企业、医院等场所的照明、电器、设备等提供电能，也可提供热能用于热水、地热取暖、加热。

　　如图 7.3 所示，燃料电池热电联供系统的构成一般主要分为四个子系统：①燃料处理子系统，燃料处理器输出的气体主要由燃料电池决定，一般通过天然气重整获得合成气或者氢气，以供不同类型的燃料电池使用；②燃料电池子系统，通过燃料电池将燃料的化学能转化为电能；③电力电子子系统，将燃料电池产生的直流电转为与应用端相匹配的交流电；④余热利用子系统，将燃料发生器和燃料电池发电过程中产生的热量加以收集、存储和应用。

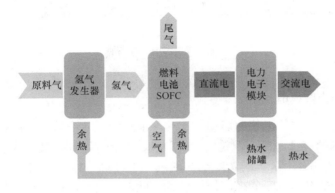

图 7.3　燃料电池热电联供系统构成示意图

微型热电联供系统(micro combined heat and power，mCHP)的发电规模通常为 1～5 kW，可直接将天然气转化的电能和热能供给单个用户使用，当电力富余时可将电力售给电网，这种分散式的热电联供系统大大节省了一次能源消耗，提升了能源利用效率。日本和欧洲是发展微型热电联供系统的两个主要区域，其较为著名的示范项目分别为日本的 ENE-farm 项目和欧洲的 ENE-field项目。全球首个商业化的 SOFC 热电联供系统是日本新能源产业技术综合开发机构(NEDO)于 2011 年开发的 ENE-farm type SOFC-mCHP(图 7.4)，该系统由发电单元和利用废热的热水供暖单元组成，输出功率为 700W，发电效率为46.5%，综合能源利用效率高达 90.0%，工作时的温度为 700～750℃，在用作家庭基础电源的同时，还可以将废热用于热水器或供暖器。

(a) SOFC-mCHP系统

(b) 阳极支撑扁管电池

图 7.4　日本 700 W SOFC-mCHP 系统

日本开发出 SOFC-mCHP 系统的公司有 JX Nippon Oil and Energy 和 Aisin，最新代的 SOFC-mCHP 系统发电效率可达 53%。欧洲是另一个大力发展 SOFC-mCHP 的主要区域，具有代表性的公司有瑞士的 Sulzer Hexis（Galileo 1000N 产品）、英国的 Ceres Power、意大利的 Soildpower（BuleGen 产品）、丹麦的 Topsoe Fuel Cell、德国 Bosch Thermotechnology（CERAPOWER 产品）等。

7.2　移 动 电 源

7.2.1　在车辆上的应用

虽然 PEMFC 在低温快速启动、比功率能量转化效率等方面的优越性能使其成为运载工具的首选电源，但是由于 PEMFC 只能使用纯氢气作为燃料气，其气源供应是个大问题，除非建立像现在的汽车加油站一样的供应链，否则将极大地降低 PEMFC 电动汽车的推广使用程度。此外，由于制造工艺及使用贵重稀有金属作为催化剂材料，其制造成本很高，不利于市场化。而 SOFC 是一种全陶瓷结构 FC，其能量转化效率最高，操作方便，无腐蚀，与 PEMFC 相比，燃料适用面广，可以用煤气、天然气、石油气、沼气、甲醇等重整作为燃料气，也可以直接采用天然气、汽油、柴油作为燃料。不须用贵金属催化剂，而且不存在直接甲醇燃料电池（DMFC）的液体燃料渗透问题。同时当 SOFC 汽车的能量耗尽后，不用像传统的蓄电池电动汽车那样需要长时间充电，而只需补充燃料即可继续工作，这一点对汽车驾驶者来说尤为方便。因此无论是从技术还是从成本来看，低温 SOFC 动力汽车在未来的汽车领域会占有一席之地。SOFC 在汽车上的应用主要有以下三个方面。

1. 作为车用辅助电源

SOFC 作为车用辅助电源（auxiliary power unit，APU）具有很好的应用前景。目前，一些大汽车生产商如奔驰公司、BMW 公司、丰田公司以及美国通用公司均已经成功地将 SOFC 系统用于汽车上，作为辅助设备如空调系统、加热器、电视、收音机、计算机和其他电气设备的供能系统，这样可以减少蓄电池和发动机的负荷。城市交通系统使用该技术具有更加重大的意义。奔驰公司 1996 年对 2.2 kW 级模块的试运行达 6000 h。2001 年 2 月，由 BMW 公司与 Delphi 公司合作近两年研制的第一辆用 SOFC 作为辅助电源系统的汽车在慕尼黑问世。作为第一代 SOFC/APU 系统，其功率为 3kW，电压输出为 21V，其燃料消耗比传统汽车降低 46%。Delphi 公司开发的第三代电堆已成功应用于 Peterbilt 384 型卡车上的辅助动力装置，该装置可产生 1.5 kW 峰值功率，系统效率达到

25%。目前 Delphi 公司开发的第四代电堆工作温度为 750℃，发电功率为 9 kW，发电效率为 40%～50%。Delphi 公司研发出的 SOFC-APU 系统用阳极支撑平板式 SOFC 制造。该 APU 单元可使用汽油或柴油工作，通过在 APU 单元内的部分氧化进行重整。该 APU 系统包括燃料电堆、燃料改善子系统、能量恢复单元、热量管理子系统、加工气体供应子系统、控制子系统、电力电子技术和储能子系统，如图 7.5 所示[135]。

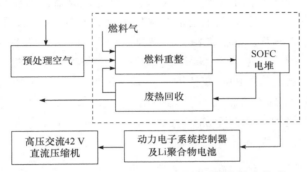

图 7.5　Delphi 公司的 SOFC-APU 系统的基本构成

　　日本丰田公司和美国通用公司也在设计和优化 SOFC 系统以便应用于车用辅助电源。加拿大的 Global 公司 2004 年已经开始向市场提供 5 kW 的 SOFC 汽车辅助电源。城市公交车或出租车行驶速度慢，而且经常停车，当发动机处于怠速状态时，不但浪费能量，而且增加排污。当遇到这种情况时，可以让发动机熄火，使用 SOFC 为汽车空调等辅助设备提供能量，这将极大地降低城市公交系统的排污。丹麦的 Topsoe Fuel Cell 公司是欧洲走在 SOFC-APU 技术开发前列的公司，在欧盟燃料电池和氢能联合组织的 DESTA 项目的资助下，该公司与 AVL、Eberspächer、Volvo 和 Forschungszentrum Jülich 合作，研发的 SOFC-APU 可通过传统燃料以 30%的发电效率提供 3 kW 的电力输出，该项目通过 Volvo 提供的 8 级重型卡车进行示范性运行(图 7.6)[136]。该卡车总共行驶了约 2500 km，并在各种条件下进行了测试，如性能表征、耐久性、负载循环、耐振动和盐雾等，运行非常可靠且噪声低。

图 7.6　安装 SOFC-APU 的示范重型卡车

2. 和蓄电池组成混合动力

随着 SOFC 研究的进展，采用新型低温固体电解质和高活性的电极材料使工作温度降至 500℃以下后，将其再与蓄电池或超级电容器联用，就可以作为汽车的动力源。SOFC 可以使电动汽车的行驶里程增加到 400～650 km 或更高（增加的行驶里程由油箱的尺寸决定）。

微管结构的设计有利于实现 SOFC 的小型化、低温化、便携化、移动化，拓宽了其应用领域。在电动汽车用动力电源方面，MT-SOFC 具有替代当前的质子交换膜燃料电池汽车发动机的潜力。特别是将其与 Na-S 电池或 Zebra 电池等储能电池结合，形成新型全固态陶瓷电池发动机的电动汽车概念，如图 7.7 所示，为非铂燃料电池汽车的研究拓展了一条新思路[137]，不但可以完全摆脱车载燃料电池系统对铂的依赖，而且其功率密度将比质子交换膜燃料电池高 2～3 倍，甚至可以直接为电动汽车加充汽油、醇类、液化气等含碳液态燃料，从而摆脱对纯氢燃料的依赖。

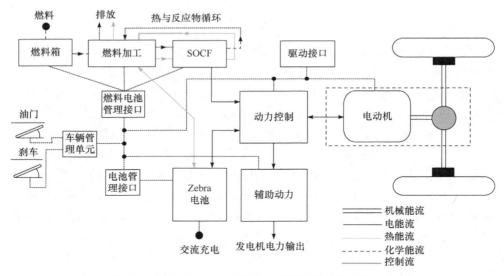

图 7.7 SOFC/Zebra 电池混合电动汽车的模块结构设计

3. 直接作为车用动力源

SOFC 直接作为汽车的动力源时，相对于 PEMFC 电动汽车，SOFC 电动汽车在寒冷的气候下的行驶里程和效率不受影响。2011 年马里兰大学能源研究中心通过改变固体电解质的材料和电池的设计，制造出体积更加紧凑的 SOFC 新电池，其在同等体积下的发电效率是普通固体氧化电池的 10 倍，在产生相同电量的情况下体积又要比汽油发电机小，换算下来，一颗 10 cm×10 cm 的新电池就可以替代原先体积庞大的电池组驱动电动车。

2016 年 8 月，日产公司在巴西推出了世界首款由 SOFC 驱动的原型车 e-Bio Fuel-Cell，如图 7.8 所示。该车配备一个 24 kW·h 的电池和一个 30 L 的燃料箱，使用生物乙醇而非液态氢作为燃料。乙醇经重整器产生氢，在 SOFC 中与空气中的氧结合，产生电能，排放出水。据日产公司称，该系统比现有的氢燃料电池系统更高效，续航里程约 600 km。

图 7.8　世界首款由 SOFC 驱动的原型车 e-Bio Fuel-Cell

当前，我国能源的发展将兼顾经济性和清洁性的双重要求，尽量减少能源开发利用给环境带来的负面影响，努力实现能源与环境的协调发展。因此具有能量密度高、燃料范围广和结构简单等优点的 SOFC 是其他燃料电池无法比拟的。随着 SOFC 的生产成本和操作温度进一步降低，以及碳氢燃料的直接利用、能量密度的增加和启动时间进一步缩短，可以预见，SOFC 在今后的新能源汽车发展中有非常广阔的应用前景。然而，SOFC 应用于新能源汽车依然面临着严峻的挑战，目前 SOFC 研究总的趋势是实现 SOFC 的低温化、低成本以及对燃料气的高催化活性，发展新型材料和新型的制备技术。只有这样才能降低 SOFC 的成本，从而实现作为新能源汽车动力的 SOFC 的商业化生产。在目前 SOFC 的研究开发中面临着以下一些关键问题。

（1）SOFC 电池材料及密封技术。电池材料包括电解质材料、电极材料、连接体材料以及密封材料等。电解质材料的选择对电池性能的影响很大，其必须具有高的离子电导率和氧离子传递系数。电解质材料的选择和制备(具有较高离子电导率的电解质材料的开发与电解质层的薄膜化)对 SOFC 的低温化具有很重要的作用。阳极材料在低温范围内对燃料气有高的电催化活性。当以碳氢气体作为燃料时，阳极材料还必须具备抗积碳等能力。连接体材料将 SOFC 单电池连接起来组成大功率电堆，以输出满足 SOFC 汽车要求的功率。作为车用 SOFC 时，还必须考虑电解质材料、连接体材料、密封材料的机械强度，以提高整个

SOFC 系统的稳定性和寿命。

(2) 电堆的热管理。由于电极的放热反应和散热条件不同，SOFC 电堆在整个三维空间中存在着严重的过热区域，该区域的性能衰减显著高于其他位置，同时局部的热应力会导致单电池和相关材料的局部损坏。因此，SOFC 的热管理问题对于电池的运行性能有着至关重要的影响，不当的热管理会使电池的输出功率降低，效率变差，甚至会影响 SOFC 的运行寿命。

(3) 启动慢。目前 SOFC 受电解质所限，须在高温(1000℃左右)下工作，导致装置启动慢，这是 SOFC 在汽车上应用的致命弱点。随着 SOFC 技术的发展，当其工作温度降至 700~800℃，与碳基燃料的重整条件接近时，可以实现燃料的直接内重整获得氢气，将生成的氢气与氧结合，输出电能和水，这样不仅降低了电堆成本，而且简化了热管理。

(4) 成本高。要想实现燃料电池电动汽车的商业化，必须使燃料电池电动汽车的性能相当于甚至优于现在的内燃机汽车，同时价格与现在的内燃机汽车价格持平甚至比其更低。目前，作为车用辅助电源的 SOFC 系统制造成本在 400~1000 美元/kW，显然高昂的成本阻碍了其商业化。虽然 SOFC 从其在汽车方面的应用前景来看要优于 PEMFC，但由于其诸多技术还有待解决，短期内还很难达到 PEMFC 在电动汽车上应用的程度[117]。

7.2.2 在船舶上的应用

由蒂森·克虏伯海事系统公司(TKMS)主导，与 OWI Oel-Waerme-Institute 和 TEC4 FUELS 合作从事系统研发，旨在开发一种燃料电池系统为船舶提供替代发电机设备，从而减少船舶产生的污染物和温室气体排放。该系统以 SOFC 为基础，可以使用低硫柴油或 LNG 作为能源来源运营。可燃气体发生器将化石燃料转化为富含氢的气体，用于燃料电池的运营。与以船用柴油作为燃料的传统推进系统相比，预计该系统将使氮氧化物和颗粒物的排放量减少 99%，二氧化碳的排放量减少 25% 以上。这一辅助燃料电池系统将能够提高效率，并确保在港口、内河航道和公海运营中，即使直接使用化石类燃料也可以有效降低污染物和温室气体的排放。

7.2.3 便携式电源

便携式电子产品通常需要几毫瓦到几百瓦的电力供应，目前应用较多的包括镍氢电池、锂离子电池及 PEMFC，目前基于 SOFC 的微型发电系统也扩展到便携式电源领域，这主要是因为 SOFC 具有更高的比功率密度，微管式 SOFC 可满足迅速启动的要求，另外还可使用传统燃料。

目前国际上进行微管式 SOFC 开发的公司包括：美国的 Ultra Electronics

AMI、Lilliputian Systems 和 Acumentrics 公司，日本的 TOTO 及 Atsumitec 公司，英国的 Adelan 公司。Ultra Electronics AMI 是开发便携式 SOFC 的行业领导者，其开发的 250 W 的 PowerPod 燃料电池已在无人地面车辆上进行了广泛测试。该系统采用丙烷或液化石油气驱动，用于延长军事任务的时间和为电子设备、无线电和电脑等提供非电网电力。其开发的 ROAMIO D245XR 燃料电池系统采用丙烷驱动，已用于美国陆车的无人机系统，其在不补充燃料的情况下可飞行超过 10 h（图 7.9）。

(a) 跟踪者无人机　　　　　　　　(b) Ultra Electronics AMI的SOFC

图 7.9　美国跟踪者延长续航无人机系统

美国 Lilliputian Systems 公司基于 SOFC 和微型机电系统发展出用芯片制造的 Silicon Power Cell 技术。该技术包含一个基于芯片的 SOFC 和一个可循环更换的高能燃料匣。Lilliputian Systems 的产品可提供从手机到笔记本电脑功率范围内所需要的电力。图 7.10 是 Lilliputian Systems 公布的一种为用户设备提供电力的便携式充电装置，通过和零售商 Brookstone 公司的合作，这种独立、便携、轻量化、无需插电的电源系统可以通过标准 USB 接口为用户的电子设备充电[135]。

图 7.10　Lilliputian Systems 公司的便携式 SOFC 单元

7.3　固体氧化物电解池

固体氧化物电解池(SOEC)是 SOFC 的逆过程，其工作温度与 SOFC 一致，通常在 600～1000℃。H_2O 通入 SOEC 的阴极(通常是 Ni 基陶瓷电极，即 SOFC 的阳极)，在外加电源的作用下发生还原反应生成 H_2，同时在 SOEC 的阳极发生 O^{2-} 的氧化反应生成 O_2，SOEC 由于高温运行特性，不仅可以用于电解水制氢，还可以实现 CO_2 与 H_2O 的共电解，生成以 CO 和 H_2 为主的合成气(图 7.11)，从而实现 CO_2 减排与资源化利用，将间歇性、不稳定的可再生能源电力以氢气、合成气或者碳氢燃料的形式储存，从而实现可再生能源的储存。其反应式为

阴极：
$$H_2O(g) + 2e^- \longrightarrow H_2(g) + O^{2-} \tag{7.1}$$

$$CO_2(g) + 2e^- \longrightarrow CO(g) + O^{2-} \tag{7.2}$$

阳极：
$$2O^{2-} \longrightarrow O_2(g) + 4e^- \tag{7.3}$$

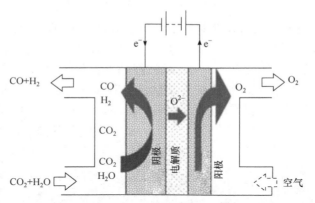

图 7.11　SOEC 的结构原理示意图

SOEC 技术因其无与伦比的转化率而备受关注，这是因为其在较高的操作温度下具有良好的热力学和动力学特性。如图 7.12 所示，SOEC 可与一系列化学合成进行热集成，使捕获的 CO_2 和 H_2O 能够再循环成合成天然气或汽油、甲醇或氨，与低温电解技术相比，进一步提高了效率。在过去的 10～15 年中，SOEC 技术经历了巨大的发展和改进。此外，SOEC 原材料来源丰富，如镍、氧化锆和钢，而不是贵金属，成本大大降低。在过去的 10 年里，随着 SOEC 的性能和耐用性的提高以及规模的扩大，气体的产能提高了百倍，首批产业化的 SOEC 工厂也投入试运营[138]。

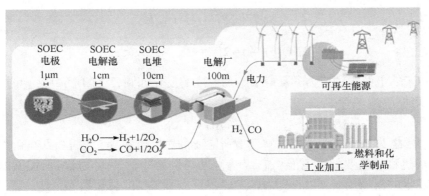

图 7.12　将 SOEC 技术整合到 100%基于可再生能源的未来能源系统中的示意图

　　此外，随着现今第四代核反应堆的发展，核能可用作制氢的理想热源，与 SOEC 集合高温电解制氢已成为世界能源领域的研究热点。2004 年美国爱达荷国家实验室(INL)和 Ceramatec 公司模拟第四代核反应堆提供的高温进行 SOEC 电解制氢，其制氢效率可以达到 45%～52%。我国清华大学核能与新能源技术研究院开发的高温气冷实验堆(HTR-10)也被广泛认为是具有第四代特征的先进堆型和最有希望用于制氢的核能系统，并于 2005 年就启动了利用 SOEC 进行高温水蒸气电解制氢研究。将高温 SOEC 制氢技术与先进的核反应进行耦合，可以开拓核能新的应用领域，实现核能与氢能的和谐发展。

　　质子导体陶瓷电解池是利用质子导体 SOFC 的逆过程进行电解水或二氧化碳的装置，其主要工作原理如图 7.13 所示。水蒸气在空气电极一侧被分解为氧气和质子，氢电极一侧形成的是纯净的氢气。质子导体陶瓷电解池的电极反应过程可用如下两个化学式来表达：

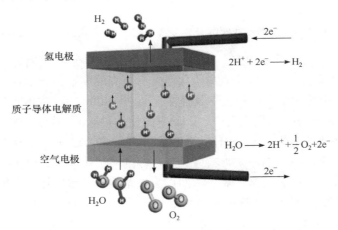

图 7.13　PCEC 的结构原理示意图

阴极：
$$2H^+ + 2e^- \longrightarrow H_2(g) \tag{7.4}$$

阳极：
$$H_2O(g) \longrightarrow 2H^+ + 2e^- + \frac{1}{2}O_2(g) \tag{7.5}$$

PCEC 电解水的热力学反应参数随温度的变化如图 7.14 所示[139]，可用以下方程表达：

$$\Delta H = \Delta G + T\Delta S \tag{7.6}$$

式中，ΔH 为总反应焓，即电解反应所需要的总能量；ΔG 为吉布斯自由能，代表电解过程所需要的总电能；$T\Delta S$ 为温度与熵增的积，代表反应所需要的总热能。在水的气液相变点处，即 100℃时，反应所需要的总能量 ΔH 会大幅下降。当温度升高时，反应所需要的热能（$T\Delta S$）会随之升高，而所需耗费的电能则会随之下降，这意味着如果能将工厂排放的余热利用起来，高温电解池要比低温电解水系统更加经济。

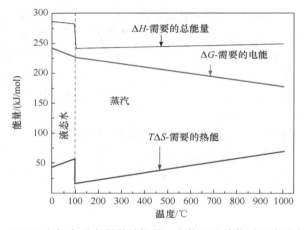

图 7.14　PCEC 电解水反应所需总能量、电能以及热能随温度的变化曲线

目前看来，相比于 SOEC，PCEC 具有更多的优势。在材料方面，第一，在中温范围内，高温质子导体比氧离子导体具有更高的离子传导率。第二，质子导体氧化物与 Ni 显示出良好的化学兼容性，Ni 是 SOEC 和 SOFC 最常用的氢电极，但 LSGM 与 Ni 会发生反应，因此它的使用仍然面临挑战[140]。第三，带有质子传导电解质的电解池显示出足够的电流效率。SOFC 电解质材料的第一个要求是，在工作条件下，电解质材料应具有良好的离子传导性，电子导电性可忽略不计，高温质子导体满足这一要求。而作为中温 SOFC 最常用的电解质材料——掺杂 CeO_2，虽然其与大多数电极材料显示出良好的离子导电性和化学兼容性，但在 SOEC 工作条件下，高外加电位不可避免地导致 Ce^{4+} 还原为 Ce^{3+}，导致电子电导率增加，离子迁移数减少，从而导致掺杂 CeO_2 作为电解质的 SOEC，电

流效率只能达到几个百分点，而对于具有质子导电电解液的 SOEC，即使在高施加电位下，电流效率也可以保持足够高(50%～95%)[139]。

除了质子导电材料的优点外，与 SOEC 相比，PCEC 系统还显示出一些优势。首先，PCEC 的氢电极侧仅产生纯干氢，无需进一步气体分离。由于质子导体电解质膜对氧化物离子和分子气体都不渗透，因此只有质子才能通过电解质，从而在氢电极侧生成仅由纯干氢组成的产物。其次，PCEC 的可靠性更好。Ni 是固体氧化物电解池中使用最广泛的氢电极，但 Ni 在 SOEC 中始终存在被氧化的风险，因为 SOEC 的氢电极侧产生蒸汽，且高蒸汽浓度容易使 Ni 颗粒氧化，蒸汽氧化 Ni 会导致电池性能下降[141]。而 PCEC 在空气电极侧产生蒸汽，Ni 电极仅暴露于干燥的 H_2 中，从而获得更好的电极稳定性。最后，可逆的概念在 PCEC 中更为可行。固体氧化物燃料电池可在施加高于电池 OCV 的电位值时从燃料电池模式切换到电解池模式，并在施加低于 OCV 的电位值时从电解池模式切换回燃料电池模式。整个装置被称为可逆 SOFC(reversible SOFC，R-SOFC)，它能够在电力短缺时发电，并在电力过剩时将电力储存为化学能。为了通过降低欧姆电阻来优化电池性能，最先进的固体氧化物燃料电池必须使用薄膜电解质，其中电解质层支撑在空气电极或氢电极上。电化学建模研究表明[142]，无论是在燃料电池模式还是电解池模式下，氢电极支撑的电池结构都是实现高能量转化效率的最有利设计，然而，对于使用氧离子传导的电解质的电池而言，燃料电池模式下氢电极支撑的电池配置更为有利，电解池模式下空气电极支撑的电池配置更为有利，这意味着电池必须改变电池配置才能在这两种模式下实现电化学优化，这实际上是不现实的。换言之，氢电极支撑结构是在燃料电池和电解池模式下工作的质子导体 R-SOFC 的优化电池结构。相反，无论选择哪种电极支撑结构，采用氧离子电解质的 R-SOFC 在燃料电池模式或电解池模式下都必须承受高过电位。因此，PCEC 将是一种更有前途的制氢技术，同时也是一种可再生能源的利用技术。

Kim 等[143]提出借助混合离子导体来同时传输氧离子和氢离子，并基于 BZCYYb 电解质开发了混合式 SOEC 系统。通过在燃料和空气电极两端同时通入水蒸气，使得电解水反应可以双向发生。对比传统电解池，混合式电解池的工作电流密度在 750℃、电压 1.3 V 条件下达到 3.16 A/cm^2，系统可以连续稳定运行约 60 h。在 1.5 V 的电压和 700℃的温度下，每小时可生产 1.9 L 的氢气，效率是现有系统的 4 倍以上。

随着目前大力推进可再生能源，可通过风力发电、太阳能发电后将水电解制取氢气，以储氢方式替代传统的蓄电池储能环节，在需要用电时可随时采用燃料电池发电的方式得到电力。这样可以大幅度降低风能、太阳能发电系统的成本，同时可以实现长时间"储能"的目的，从而实现能源可持续利用(图 7.15)，对能源、环境和经济都具有巨大的现实意义。

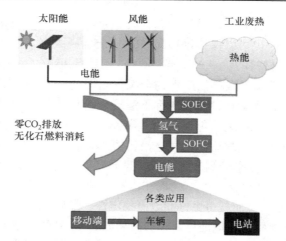

图 7.15　基于 SOEC/SOFC 技术的可持续能源系统应用概念图

7.4　PCFC 的潜在应用

7.4.1　膜反应器

除了电解水外，用于甲烷、水煤气重整的膜反应器（membrane reactor）也是 PCFC 的一个潜在应用。水和一氧化碳合成气是一种关键的化工中间体，尤其在合成氨和工业制甲醇领域有重要作用。合成气和氢气可以通过甲烷、煤等其他燃料的重整、部分氧化以及自热重整反应来制取得到。由于近些年来的节能过程强化导向，人们提出要通过低温甲烷重整（400～600℃）来降低成本。重整过程中发生的两个重要反应，即水煤气转化反应和甲烷水蒸气重整反应可由如下公式表述：

$$H_2O + CO \longrightarrow H_2 + CO_2 (\Delta H_{289} = -41\,kJ/mol) \tag{7.7}$$

$$CH_4 + 2H_2O \longrightarrow 4H_2 + CO_2 (\Delta H_{298} = 165\,kJ/mol) \tag{7.8}$$

在低温下甲烷重整反应会被抑制，过程中若能将反应器中的氢气持续移除，则反应平衡正向移动，有利于提升甲烷转化效率。图 7.16 显示了一个用于甲烷或水煤气重整的质子导体陶瓷膜反应器，它可以利用反应余热将反应过程中产生的氢气不断去除，促进重整反应进行。Malerød-Fjeld 等[144]最近开发了一种基于 $BaZr_{0.8-x-y}Ce_xY_yO_{3-\delta}$（BZCY）质子导体电解质和多孔 BZCY 与 Ni 电极的三层结构膜反应器。该装置可在 800℃、4.0 A/cm² 参数条件下进行氢气分离应用，在持续分离氢气实现甲烷的完全转化的同时，还附带制取了 50 bar（1 bar = 10⁵ Pa）的压缩氢气。Sakbodin 等[145]报道了一项利用质子陶瓷膜反应器进行无氧甲烷重整的工作。该反应器通过负载在 SiO_2 载体上的 Fe 催化剂成功去除了无氧重整过程中的氢气，在不影响催化剂选择性和耐久性的基础上有效提升了甲烷转化效率。

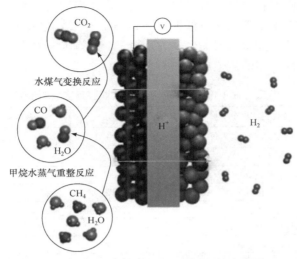

图 7.16　质子导体陶瓷膜反应器结构示意图

7.4.2　合成氨

哈勃法合成氨需要将氮气和氢气置于高温、高压（约 500℃，150～300 bar）的催化床中进行反应，此方法的氨转化效率受热力学限制，需要通过多次循环才能达到较高的值。通过质子导体陶瓷膜进行电化学合成氨是一项蓬勃发展中的新技术，它可以有效克服合成氨可逆反应[式(7.9)]的热力学限制。

$$N_2 + 3H_2 \rightleftharpoons 2NH_3 \tag{7.9}$$

通过 PCFC 实现电化学合成氨的主要工作原理如图 7.17 所示，其主要包括以下几个步骤：①在电池的一端持续提供氢气；②在电极电解质界面处形成质

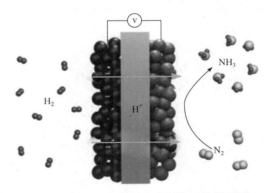

图 7.17　PCFC 电化学合成氨的工作原理图

子；③质子通过质子导体膜传导；④质子与氮气在另一电极端发生反应。

理想的反应膜材料应该具有高的质子电导率，掺杂的 $SrCeO_3$、$BaCeO_3$ 以及 $BaZrO_3$ 等在这方面的表现较为可观。不过氨的合成效率并不仅仅取决于电解质，电极催化剂的性能也是至关重要的。表 7.1 列举了一些代表性质子传导电解质及其合成氨膜反应器的氨生成速率[19]。

表 7.1　代表性质子传导电解质及其合成氨膜反应器的氨生成速率

质子导体膜材料	温度/℃	氨生成速率/[mol/(s·cm²)]
$SrCe_{0.95}Yb_{0.05}O_{3-\delta}$	570	4.5×10^{-9}
$SrZr_{0.95}Y_{0.05}O_{3-\delta}$	450	6.2×10^{-2}
$BaCe_{1-x}Y_xO_{3-\delta}$	500	2.1×10^{-9}
$SrCe_{0.95}Yb_{0.05}O_{3-\delta}$	450	6.25×10^{-12}
$BaCe_{0.7}Zr_{0.2}Sm_{0.1}O_{3-\delta}$	500	2.7×10^{-9}
$Ba_{0.98}Ce_{0.8}Y_{0.2}O_{3-\delta} + 0.04\ ZnO$	500	2.4×10^{-9}
$BaCe_{0.5}Zr_{0.3}Y_{0.16}Zn_{0.04}O_{3-\delta}$	450	4×10^{-9}
$BaZr_{0.7}Ce_{0.2}Y_{0.1}O_{2.9}$	620	1.7×10^{-9}
$BaCe_{0.85}Gd_{0.15}O_{3-\delta}$	500	5×10^{-9}
$BaCe_{0.85-x}Zr_xEr_{0.15}O_{3-\delta}$	450	3.27×10^{-9}
$BaCe_{0.85}Gd_{0.15}O_{3-\delta}$	480	4.63×10^{-9}

SOFC 的特点符合环境意识的加强、能源市场的自由化以及分布式发电的发展趋势，并且 SOFC 组合发电系统在发电效率、燃料利用率、部分负荷效率以及排放方面都显示出了明显的优势。SOFC 技术日趋成熟，世界各国在燃料电池发电系统示范应用和产业化等方面均取得了诸多的成果，并在各种类型的分布式电站和便携式电源等领域得到了应用。此外，高温电解池及其在高效电制氢/合成气/甲烷、可逆化操作实现可再生能源的电气转换的储能等新应用领域的开发，为 SOFC 提供了更加广阔的发展空间。

参 考 文 献

[1] SINGHALS C, KENDALL K. 高温固体氧化物燃料电池——原理、设计和应用. 韩敏芳, 蒋先锋, 译. 北京: 科学出版社 , 2007.

[2] STEELE B C H. Fuelcell technology running on natural gas. Nature, 1999, 400: 619-620.

[3] DUAN C, TONG J, SHANG M, et al. Readily processed protonic ceramic fuel cells with high performance at low temperatures. Science, 2015, 349(6254): 1321-1326.

[4] DUAN C, KEE R, ZHU H, et al. Highly efficient reversible protonic ceramic electrochemical cells for power generation and fuel production. Nature Energy, 2019, 4(3): 230-240.

[5] 衣宝廉. 燃料电池——原理 · 技术 · 应用. 北京: 化学工业出版社, 2003.

[6] 天津大学物理化学教研室. 物理化学(上册). 5 版. 北京: 高等教育出版社, 2009.

[7] 天津大学物理化学教研室. 物理化学(下册). 5 版. 北京: 高等教育出版社, 2009.

[8] STEELE B C H, HEINZEl A. Materials for fuel-cell technologies. Nature, 2001, 414: 345-352.

[9] ARACHI Y, SAKAI H, YAMAMOTO O, et al. Electrical conductivity of the $ZrO_2\text{-}Ln_2O_3$ (Ln= lanthanides) system. Solid State Ionics, 1999, 121(1-4): 133-139.

[10] MOLENDA J, ŚWIERCZEK K, ZAJĄC W. Functional materials for the IT-SOFC. Journal of Power Sources, 2007, 173(2): 657-670.

[11] MATSUI T, INABA M, MINESHIGE A, et al. Electrochemical properties of ceria-based oxides for use in intermediate-temperature SOFCs. Solid State Ionics, 2005, 176(7-8): 647-654.

[12] SAMMES N M, TOMPSETT G A, NÄFE H, et al. Bismuth based oxide electrolytes—structure and ionic conductivity. Journal of the European Ceramic Society, 1999, 19(10): 1801-1826.

[13] 陈禹博. 中低温固体氧化物燃料电池阴极材料的研发和性能优化. 南京: 南京工业大学, 2015.

[14] ISLAM M S, DAVIES R A. Atomistic study of dopant site-selectivity and defect association in the lanthanum gallate perovskite. Journal of Materials Chemistry, 2004, 14(1): 86-93.

[15] 孙克宁. 固体氧化物燃料电池. 北京: 科学出版社, 2019.

[16] KHAERUDINI D S, GUAN G, ZHANG P, et al. Prospects of oxide ionic conductivity bismuth vanadate-based solid electrolytes. Reviews in Chemical Engineering, 2014, 30(6): 539-551.

[17] KENDRICK E, ISLAM M S, SLATER P R. Developing apatites for solid oxide fuel cells: insight into structural, transport and doping properties. Journal of Materials Chemistry, 2007, 17(30): 3104-3111.

[18] HIGUCHI M, MASUBUCHI Y, NAKAYAMA S, et al. Single crystal growth and oxide ion conductivity of apatite-type rare-earth silicates. Solid State Ionics, 2004, 174(1-4): 73-80.

[19] KIM J, SENGODAN S, KIM S, et al. Proton conducting oxides: a review of materials and applications for renewable energy conversion and storage. Renewable and Sustainable Energy Reviews, 2019, 109: 606-618.

[20] GU Y J, LIU Z G, OUYANG J H, et al. Structure and electrical conductivity of $BaCe_{0.85}Ln_{0.15}O_{3-\delta}$ (Ln= Gd, Y, Yb) ceramics. Electrochimica Acta, 2013, 105: 547-553.

[21] SUKSAMAI W, METCALFE I S. Measurement of proton and oxide ion fluxes in a working Y-doped $BaCeO_3$ SOFC. Solid State Ionics, 2007, 178(7-10): 627-634.

[22] DAHL P I, HAUGSRUD R, LEIN H L, et al. Synthesis, densification and electrical properties of strontium cerate ceramics. Journal of the European Ceramic Society, 2007, 27(16): 4461-4471.

[23] CERVERA R B, OYAMA Y, MIYOSHI S, et al. Nanograined Sc-doped $BaZrO_3$ as a proton conducting solid electrolyte for intermediate temperature solid oxide fuel cells (IT-SOFCs). Solid State Ionics, 2014, 264: 1-6.

[24] LIU Y, GUO Y, RAN R, et al. A new neodymium-doped $BaZr_{0.8}Y_{0.2}O_{3-\delta}$ as potential electrolyte for proton-conducting solid oxide fuel cells. Journal of Membrane Science, 2012, 415: 391-398.

[25] BU J, JÖNSSON P G, ZHAO Z. Ionic conductivity of dense $BaZr_{0.5}Ce_{0.3}Ln_{0.2}O_{3-\delta}$ (Ln= Y, Sm, Gd, Dy) electrolytes. Journal of Power Sources, 2014, 272: 786-793.

[26] SINGH B, GHOSH S, AICH S, et al. Low temperature solid oxide electrolytes (LT-SOE): a review. Journal of Power Sources, 2017, 339: 103-135.

[27] AN W, GATEWOOD D, DUNLAP B, et al. Catalytic activity of bimetallic nickel alloys for solid-oxide fuel cell anode reactions from density-functional theory. Journal of Power Sources, 2011, 196(10): 4724-4728.

[28] KWAK N W, JEONG S J, SEO H G, et al. In situ synthesis of supported metal nanocatalysts through heterogeneous doping. Nature Communications, 2018, 9(1): 1-8.

[29] WANG Z, WANG Y, QIN D, et al. Improving electrochemical performance of (Cu, Sm)CeO_2 anode with anchored Cu nanoparticles for direct utilization of natural gas in solid oxide fuel cells. Journal of the European Ceramic Society, 2022, 42(7): 3254-3263.

[30] GAO Z, MOGNI L V, MILLER E C, et al. A perspective on low-temperature solid oxide fuel cells. Energy & Environmental Science, 2016, 9(5): 1602-1644.

[31] HUANG Y H, DASS R I, XING Z L, et al. Double perovskites as anode materials for solid-oxide fuel cells. Science, 2006, 312(5771): 254-257.

[32] LIU Q, DONG X, XIAO G, et al. A novel electrode material for symmetrical SOFCs. Advanced Materials, 2010, 22(48): 5478-5482.

[33] YANG C, YANG Z, JIN C, et al. Sulfur-tolerant redox-reversible anode material for direct hydrocarbon solid oxide fuel cells. Advanced Materials, 2012, 24(11): 1439-1443.

[34] SENGODAN S, CHOI S, JUN A, et al. Layered oxygen-deficient double perovskite as an efficient and stable anode for direct hydrocarbon solid oxide fuel cells. Nature Materials, 2015, 14(2): 205.

[35] SHIN T H, MYUNG J H, VERBRAEKEN M, et al. Oxygen deficient layered double perovskite as an active cathode for CO_2 electrolysis using a solid oxide conductor. Faraday Discussions, 2015, 182: 227-239.

[36] 顾毅恒. 固体氧化物燃料电池 $PrBaMn_2O_5$ 基电极的制备与性能研究. 南京: 南京工业大学, 2019.

[37] 毕磊.质子导体固体氧化物燃料电池的制备及其电化学研究. 合肥: 中国科学技术大学, 2009.

[38] 孙文平. 中低温固体氧化物燃料电池新材料与结构设计及电化学性能研究.合肥: 中国科学技术大学, 2013.

[39] BARNETT S A, MURRAY E P. (La, Sr)MnO_3-(Ce, Gd)O_{2-x} composite cathodes for solid oxide fuel cells . Solid State Ionics, 2001, 143(3-4): 265-273.

[40] LIU B, JIANG Z, DING B, et al. $Bi_{0.5}Sr_{0.5}MnO_3$ as cathode material for intermediate-temperature

solid oxide fuel cells. Journal of Power Sources, 2011, 196(3): 999-1005.

[41] WANG S, KATSUKI M, DOKIYA M, et al. High temperature properties of $La_{0.6}Sr_{0.4}Co_{0.8}Fe_{0.2}O_{3-\delta}$ phase structure and electrical conductivity. Solid State Ionics, 2003, 159: 71-78.

[42] SIMNER S. Interaction between La (Sr) FeO_3 SOFC cathode and YSZ electrolyte. Solid State Ionics, 2003, 161(1-2): 11-18.

[43] BASSAT J M, BURRIEL M, WAHYUDI O, et al. Anisotropic oxygen diffusion properties in $Pr_2NiO_{4+\delta}$ and $Nd_2NiO_{4+\delta}$ single crystals. The Journal of Physical Chemistry C, 2013, 117(50): 26466-26472.

[44] ZHOU Q, ZHANG T, ZHAO C, et al. Electrochemical properties of $La_{1.5}Pr_{0.5}Ni_{0.95-x}Cu_xAl_{0.05}O_{4+\delta}$ Ruddlesden-Popper phase as cathodes for intermediate-temperature solid oxide fuel cells. Materials Research Bulletin, 2020, 131: 110986.

[45] TAKAHASHI S, NISHIMOTO S, MATSUDA M, et al. Electrode properties of the ruddlesden–popper series, $La_{n+1}Ni_nO_{3n+1}$ (n= 1, 2, and 3), as intermediate-temperature solid oxide fuel cells. Journal of the American Ceramic Society, 2010, 93(8): 2329-2333.

[46] GRIMAUD A, MAUVY F, BASSAT J M, et al. Hydration properties and rate determining steps of the oxygen reduction reaction of perovskite-related oxides as H^+-SOFC cathodes. Journal of The Electrochemical Society, 2012, 159(6): B683.

[47] JIN M, ZHANG X, QIU Y, et al. Layered $PrBaCo_2O_{5+\delta}$ perovskite as a cathode for proton-conducting solid oxide fuel cells. Journal of alloys and compounds, 2010, 494(1-2): 359-361.

[48] POETZSCH D, MERKLE R, MAIER J. Stoichiometry variation in materials with three mobile carriers—thermodynamics and transport kinetics exemplified for protons, oxygen vacancies, and holes. Advanced Functional Materials, 2015, 25(10): 1542-1557.

[49] FERGUS J W. Lanthanum chromite-based materials for solid oxide fuel cell interconnects. Solid State Ionics, 2004, 171(1-2): 1-15.

[50] HUANG W, GOPALAN S. Bi-layer structures as solid oxide fuel cell interconnections. Journal of Power Sources, 2006, 154(1): 180-183.

[51] ZHU Z. Opportunity of metallic interconnects for solid oxide fuel cells. Solid States Ionics, 2003, 145: 887-892.

[52] FERGUS J W. Metallic interconnects for solid oxide fuel cells. Materials Science and Engineering: A, 2005, 397(1-2): 271-283.

[53] HSU C M, YEH A C, SHONG W J, et al. Development of advanced metallic alloys for solid oxide fuel cell interconnector application. Journal of Alloys and Compounds, 2016, 656: 903-911.

[54] WU J, LIU X. Recent development of SOFC metallic interconnect. Journal of Materials Science & Technology, 2010, 26(4): 293-305.

[55] LIU Y, ZHU J. Stability of Haynes 242 as metallic interconnects of solid oxide fuel cells (SOFCs). International Journal of Hydrogen Energy, 2010, 35(15): 7936-7944.

[56] 王忠利, 韩敏芳, 陈鑫. 固体氧化物燃料电池金属连接体材料. 世界科技研究与发展, 2007, 29(1): 30-37.

[57] JO K H, KIM J H, KIM K M, et al. Development of a new cost-effective Fe–Cr ferritic stainless steel for SOFC interconnect. International Journal of Hydrogen Energy, 2015, 40(30): 9523-9529.

[58] MAHATO N, BANERJEE A, GUPTA A, et al. Progress in material selection for solid oxide fuel

cell technology: a review. Progress in Materials Science, 2015, 72: 141-337.

[59] PICCARDO P, AMENDOLA R, FONTANA S, et al. Interconnect materials for next-generation solid oxide fuel cells. Journal of Applied Electrochemistry, 2009, 39(4): 545-551.

[60] 江舟, 文魁, 刘太楷, 等. 固体氧化物燃料电池金属连接体防护涂层研究进展. 表面技术, 2022, 51(4): 14-23.

[61] FU C, SUN K, ZHOU D. Effects of $La_{0.8}Sr_{0.2}Mn(Fe)O_{3-\delta}$ orotective coatings on SOFC metallic interconnects. Journal of Rare Earths, 2006, 24(3): 320-326.

[62] PARK S, KUMAR S, NA H, et al. Effects of silver addition on properties and performance of plasma sprayed $La_{0.6}Sr_{0.4}Co_{0.2}Fe_{0.8}O_{3-\delta}$ interconnect layer. Journal of Thermal Spray Technology, 2008, 17(5/6): 708-714.

[63] THUBLAOR T, CHANDRA-AMBHORN S. High temperature oxidation and chromium volatilisation of AISI 430 stainless steel coated by Mn-Co and Mn-Co-Cu oxides for SOFC interconnect application. Corrosion Science, 2020, 174: 108802.

[64] TSENG H P, YUNG T Y, LIU C K, et al. Oxidation characteristics and electrical properties of La- or Ce-doped $MnCo_2O_4$ as protective layer on SUS441 for metallic interconnects in solid oxide fuel cells. International Journal of Hydrogen Energy, 2020, 45(22): 12555-12564.

[65] THAHEEM I, JOH D W, NOH T, et al. Highly conductive and stable $Mn_{1.35}Co_{1.35}Cu_{0.2}Y_{0.1}O_4$ spinel protective coating on commercial ferritic stainless steels for intermediate-temperature solid oxide fuel cell interconnect applications. International Journal of Hydrogen Energy, 2019, 44(8): 4293-4303.

[66] MAHAPATRA M K, LU K. Glass-based seals for solid oxide fuel and electrolyze cells: a review. Materials Science and Engineering R, 2010, 67: 65-85.

[67] 赵先兴, 李景云, 蔡润田, 等. 固体氧化物燃料电池密封材料发展现状. 电池工业, 2021, 25(3): 155-159.

[68] SANG S, LI W, PU J, et al. Novel Al_2O_3-based compressive seals for IT-SOFC applications. Journal of Power Sources, 2008, 177(1): 77-82.

[69] 梁骁鹏. 平板式 SOFC 中 Al_2O_3 基陶瓷纤维复合密封材料的性能研究和优化. 武汉: 华中科技大学, 2015.

[70] LIU C Y, TSAI S Y, NI C T, et al. Enhancement on densification and crystallization of conducting $La_{0.7}Sr_{0.3}VO_3$ perovskite anode derived from hydrothermal process. Japanese Journal of Applied Physics, 2019, 58: SDDG03-1-7.

[71] ALEKSEJ Z, ANDRIUS S, TOMAS S, et al. Synthesis of nanocrystalline gadolinium doped ceria via sol-gel combustion and sol-gel synthesis routes. Ceramics International, 2016, 42(3): 3972-3988.

[72] LYU Y, WANG F, WANG D, et al. Alternative preparation methods of thin films for solid oxide fuel cells: review. Materials Technology, 2019, 35(4): 212-227.

[73] JANG D Y, KIM M, KIM J W, et al. High performance anode-supported solid oxide fuel cells with thin film yttria-stabilized zirconia membrane prepared by aerosol-assisted chemical vapor deposition. Journal of the Electrochemical Society, 2017, 164(6): F484-F490.

[74] MINESHIGE A, INABA M, NAKANISHI S, et al. Vapor-phase deposition for dense CeO_2 film growth on porous substrates. Journal of the Electrochemical Society, 2006, 153(6): A975-A981.

[75] HE X, MENG B, SUN Y, et al. Electron beam physical vapor deposition of YSZ electrolyte

coatings for SOFCs. Applied Surface Science, 2008, 254(22), 7159-7164.

[76] SAPORITI F, JUAREZ R E, AUDEBERT F, et al. Yttria and ceria doped zirconia thin films grown by pulsed laser deposition. Materials Research, 2013, 16(3): 655-660.

[77] IGUCHI F, YAMANE T, KATO H, et al. Low-temperature fabrication of an anode-supported SOFC with a proton-conducting electrolyte based on lanthanum scandate using a PLD method. Solid State Ionics, 2015, 275: 117-121.

[78] ZAKARIA Z, MAT Z A, HASSAN S H A, et al. A review of solid oxide fuel cell component fabrication methods toward lowering temperature. International Journal of Energy Research, 2019, 44(2): 594-611.

[79] HEDAYAT N, PANTHI D, DU Y. Fabrication of tubular solid oxide fuel cells by solvent-assisted lamination and co-firing a rolled multilayer tape cast. International Journal of Applied Ceramic Technology, 2018, 15: 307-314.

[80] KIM H J, KIM M, NEOH K C, et al. Slurry spin coating of thin film yttria stabilized zirconia/gadolinia doped ceria bi-layer electrolytes for solid oxide fuel cells. Journal of Power Sources, 2016, 327: 401-407.

[81] HEDAYAT N, DU Y, ILKHANI H. Review on fabrication techniques for porous electrodes of solid oxide fuel cells by sacrificial template methods. Renewable and Sustainable Energy Reviews, 2017, 77(C): 1221-1239.

[82] ZHANG N, LI J, LI W, et al. High performance three-dimensionally ordered macroporous composite cathodes for intermediate temperature solid oxidefuel cells. RSC Advances, 2012, 3: 802-804.

[83] MORALES M, NAVARRO M E, CAPDEVILA X G, et al. Processing of graded anode-supported micro-tubular SOFCs based on samaria-doped ceria via gel-casting and spray-coating. Ceramics International, 2012, 38(5): 3713-3722.

[84] KIM H, ROSA C, BOARO M, et al. Fabrication of highly porous yttria-stabilized zirconia by acid leaching nickel from a nickel-yttria-stabilized zirconia cermet. Journal of the American Ceramic Society, 2002, 85(6): 1473-1476.

[85] LAGUNA-BERCERO M A, HANIFI A R, MENAND L, et al. The effect of pore-former morphology on the electrochemical performance of solid oxide fuel cells under combined fuel cell and electrolysis modes. Electrochimica Acta, 2018, 268(1): 195-201.

[86] MOON J W, HWANG H J, AWANO M, et al. Preparation of NiO-YSZ tubular support with radially aligned pore channels. Materials Letters, 2003, 57:1428-1434.

[87] LICHTNER A, JAUFFRÈS D, ROUSSEL D, et al. Dispersion, connectivity and tortuosity of hierarchical porosity composite SOFC cathodes prepared by freeze-casting. Journal of the European Ceramic Society, 2015, 35: 585-595.

[88] HUANG H, LIN J, WANG Y, et al. Facile one-step forming of NiO and yttrium-stabilized zirconia composite anodes with straight open pores for planar solid oxide fuel cell using phase-inversion tape casting method. Journal of Power Sources, 2015, 274: 1114-1117.

[89] SHAO X, DONG D, PARKINSON G, et al. Thin ceramic membrane with dendritic microchanneled sub structure and high oxygen permeation rate. Journal of Membrane Science, 2017, 541: 653-660.

[90] MENG X, YAN W, YANG N, et al. Highly stable microtubular solid oxide fuel cells based on

integrated electrolyte/anode hollow fibers. Journal of Power Sources, 2015, 275, 362-369.

[91] LI Y, LI P, HU B, et al. A nanostructured ceramic fuel electrode for efficient CO_2/H_2O electrolysis without safe gas. Journal of Materials Chemistry A, 2016, 4(23): 9236-9243.

[92] MYUNG J, NEAGU D, MILLER D N, et al. Switching on electrocatalytic activity in solid oxide cells. Nature, 2016, 537(7621): 528.

[93] TAN J, LEE D, AHNA J, et al. Thermally driven *in situ* exsolution of Ni nanoparticles from (Ni, Gd)CeO₂ for high-performance solid oxide fuel cells. Journal of Materials Chemistry A, 2018, 6: 18133-18142.

[94] PARBEY J, WANG Q, YU G, et al. Progress in the use of electrospun nanofiber electrodes for solid oxide fuel cells: a review. Reviews in Chemical Engineering, 2020, 36(8): 879-931.

[95] ZHANG W, WANG H, GUAN K, et al. $La_{0.6}Sr_{0.4}Co_{0.2}Fe_{0.8}O_{3-\delta}$-CeO₂ heterostructured composite nanofibers as a highly active and robust cathode catalyst for solid oxide fuel cells. ACS Applied Materials & Interfaces, 2019, 11(30): 26830-26841.

[96] GHELICH R, KEYANPOUR R M, YOUZBASHI A, et al. Comparative study on structural properties of NiO-GDC nanocomposites fabricated via electrospinning and gel combustion processes. Materials Research Innovations, 2015, 19(1): 44-50.

[97] CHOI J, KIM B, SHIN D. Fibrous mixed conducting cathode with embedded ionic conducting particles for solid oxide fuel cells. International Journal of Hydrogen Energy, 2014, 39(26): 14460-14465.

[98] LEE J G, PARK M G, PARK J H, et al. Electrochemical characteristics of electrospun $La_{0.6}Sr_{0.4}Co_{0.2}Fe_{0.8}O_{3-\delta}$-$Gd_{0.1}Ce_{0.9}O_{1.95}$ cathode. Ceramics International, 2014, 40(6): 8053-8060.

[99] ARUNA S T, BALAJI L S, KUMAR S S, et al. Electrospinning in solid oxide fuel cells: a review. Renewable and Sustainable Energy Reviews, 2017, 67: 673-682.

[100] TOMOV R I, KRAUZ M, JEWULSKI J, et al. Direct ceramic inkjetprinting of yttria-stabilized zirconia electrolyte layers for anode-supported solid oxide fuel cells. Journal of Power Sources, 2010, 195(21): 7160-7167.

[101] LI C, SHI H G, RAN R, et al. Thermal inkjet printing of thin-filmelectrolytes and buffering layers for solid oxide fuel cells withimproved performance. International Journal of HydrogenEnergy, 2013, 38(22): 9310-9319.

[102] KIM M, KIM D H, HAN G D, et al. Lanthanum strontium cobaltite-infiltrated lanthanum strontium cobalt ferrite cathodes fabricated by inkjet printing for high-performance solid oxide fuel cells. Journal of Alloys and Compounds, 2020, 843: 155806.

[103] HAN G D, CHOI H J, BAE K, et al. Fabrication of lanthanum strontium cobalt ferrite-gadolinium doped ceria composite cathodes using a low-price inkjet printer. ACS Applied Materials & Interfaces, 2017, 9(45): 39347-39356.

[104] SHIMADA H, OHBA F, LI X, et al. Electrochemical behaviors of nickel/yttria-stabilized zirconia anodes with distribution controlled yttrium-doped barium zirconate by ink-jet technique. Journal of the Electrochemical Society, 2012, 159(7): F360-F367.

[105] SEO H, IWAI H, KISHIMOTO M, et al. Microextrusion printing for increasing electrode-electrolyte interface in anode-supported solid oxide fuel cells. Journal of Power Sources, 2020, 450: 227682.

[106] HUANG W H, FINNERTY C, SHARP R, et al. High-performance 3D printed microtubular

solid oxide fuel cells. AdvancedMaterials Technologies, 2017, 2(4): 1600258.

[107] XU H, CHEN B, TAN P, et al. Modeling of all porous solid oxidefuel cells.Applied Energy, 2018, 219: 105-113.

[108] 陈永. 多孔材料制备与表征. 合肥: 中国科学技术大学出版社, 2012.

[109] LANE J A, KINLER J A. Measuring oxygen diffusion and oxygen surface exchange by conductivity relaxation. Solid State Ionics, 2000, 136: 997-1001.

[110] 曹楚男, 张鉴清. 电化学交流阻抗谱导论. 北京: 科学出版社, 2002 .

[111] 葛林. CeO_2 基中温 SOFC 电解质材料电性能的研究. 南京: 南京工业大学, 2013.

[112] BLUM L, PACKBIER U, VINKE I C, et al. Long-term testing of SOFC stacks at forschungszentrum jülich. Fuel Cells, 2013, 13(4): 646-653.

[113] JUNGH Y, CHOIS H, KIM H, et al. Fabrication and performance evaluation of 3-cell SOFC stack based onplanar 10cm×10cm anode-supported cells. Journal of Power Sources, 2006, 159: 478-483.

[114] SINGHAL S C. Solid oxide fuel cells. The Electrochemical Society Interface, 2007, 16(4): 41.

[115] SUZUKI T, FUNAHASHI Y, YAMAGUCHI T Y, et al. Fabrication and characterization of micro tubular SOFCs for advanced ceramic reactors. Journal of Alloys and Compounds, 2008, 451: 632-635.

[116] TSUCHIYA M, LAI B K, RAMANATHAN S. Scalable nanostructured membranes for solid-oxide fuel cells. Nature Nanotechnology, 2011, 6(5): 282-286.

[117] 王志成, 钱斌, 张惠国, 等. 燃料电池与燃料电池汽车. 北京: 科学出版社, 2016.

[118] LIU Z, LIU M, NIE L, et al. Fabrication and characterization of functionally-graded LSCF cathodes by tape casting. International Journal of Hydrogen Energy, 2013, 38(2): 1082-1087.

[119] SASAKI K, TERAOKA Y. Equilibria in fuel cell gases: II. The CHO ternary diagrams. Journal of the Electrochemical Society, 2003, 150(7): A885.

[120] SASAKI K, TERAOKA Y. Equilibria in fuel cell gases: I. Equilibrium compositions and reforming conditions. Journal of The Electrochemical Society, 2003, 150(7): A878.

[121] LIU Z B, LIU B B, DING D, et al. Fabrication and modification of solid oxide fuel cell anodes via wet impregnation/infiltration technique. Journal of Power Sources, 2013, 237: 243-259.

[122] YEO T Y, ASHOK J, KAWI S. Recent developments in sulphur-resilient catalytic systems for syngas production. Renewable and Sustainable Energy Reviews, 2019, 100: 52-70.

[123] HE H, GORTE R J, VOHS J M. Highly sulfur tolerant Cu-ceria anodes for SOFCs. Electrochemical and Solid-State Letters, 2005, 8(6): A279-A280.

[124] XU C, GANSOR P, ZONDLO J W, et al. An H_2S-tolerant Ni-GDC anode with a GDC barrier layer. Journal of The Electrochemical Society, 2011, 158(11), B1405-B1416.

[125] YANG L, WANG S Z, BLINN K, et al. Enhanced sulfur and coking tolerance of a mixed ion conductor for SOFCs: $BaZr_{0.1}Ce_{0.7}Y_{0.2-x}Yb_xO_{3-\delta}$. Science, 2009, 326: 126-129.

[126] ZHA S W, TSANG P, CHENG Z, et al. Electrical properties and sulfur tolerance of $La_{0.75}Sr_{0.25}Cr_{1-x}Mn_xO_3$ under anodic conditions. Journal of Solid State Electrochemistry, 2005, 178: 1844-1850.

[127] 李一倩, 李敬威, 吕喆. 固体氧化物燃料电池阳极的硫毒化与再生活化. 硅酸盐学报, 2021, 49(1): 126-135.

[128] LI Y, NA L, LÜ Z, et al. Regeneration of sulfur poisoned $La_{0.75}Sr_{0.25}Cr_{0.5}Mn_{0.5}O_{3-\delta}$ anode of

solid oxide fuel cell using electrochemical oxidative method. Electrochimica Acta, 2019, 304: 342-349.

[129] FARRAUTO R, HWANG S, SHORE L, et al. New material needs for hydrocarbon fuel processing: generating hydrogen for the PEM fuel cell. Annual Review of Materials Research, 2003, 33: 1.

[130] BOLDRIN P, RUIZ-TREJO E, MERMELSTEIN J, et al. Strategies for carbon and sulfur tolerant solid oxide fuel cellMaterials, incorporating lessons from heterogeneous catalysis. Chemical Reviews, 2016, 116: 13633-13684.

[131] BLUM L, BATFALSKY P, FANG Q, et al. SOFC Stack and system development at forschungszentrum jülich. Journal of the Electrochemical Society, 2015, 162（10）: F1199-F1205.

[132] 蒋建华. 平板式固体氧化物燃料电池系统的动态建模与控制. 武汉: 华中科技大学, 2013.

[133] 曹静, 王小博, 孙翔, 等. 基于固体氧化物燃料电池的高效清洁发电系统. 南方能源建设, 2020, 7（2）: 28-34.

[134] 王雅, 王傲. 中高温固体氧化物燃料电池发电系统发展现状及展望. 船电技术, 2018, 38（7）: 1-5.

[135] 苏巴辛格尔. 国际固体氧化物燃料电堆及系统. 中国工程科学, 2013, 15（2）: 7-14.

[136] RECHBERGER J, KAUPERT A, HAGERSKANS J, et al. Demonstration of the first European SOFC APU on a heavy duty truck. Transportation Research Procedia, 2016, 14: 3676 -3685.

[137] AGUIAR P, BRETT D J L, BRANDON N P. Feasibility study and techno-economic analysis of an SOFC/batteryhybrid system for vehicle applications. Journal of Power Sources, 2007, 171: 186-197.

[138] HAUCH A, KÜNGAS R, BLENNOW P, et al. Recent advances in solid oxide cell technology for electrolysis. Science, 2020, 370: 6513-6520.

[139] BI L, BOULFRAD S, TRAVERSA E. Steam electrolysis by solid oxide electrolysis cells（SOECs）with proton-conducting oxides. Chemical Society Reviews, 2014, 43: 8255-8270.

[140] BOZZA F, POLINI R, TRAVERSA E. Electrophoretic deposition of dense Sr-and Mg-doped $LaGaO_3$ electrolyte films on porous La-doped ceria for intermediate temperature solid oxide fuel cells. Fuel Cells, 2008, 8（5）: 344-350.

[141] MATSUI T, KISHIDA R, KIM J Y, et al. Performance deterioration of Ni-YSZ anode induced by electrochemically generated steam in solid oxide fuel cells. Journal of the Electrochemical Society, 2010, 157（5）: B776-B781.

[142] NI M, LEUNG M K H, LEUNG D Y C. Theoretical analysis of reversible solid oxide fuel cell based on proton-conducting electrolyte. Journal of Power Sources, 2008, 177（2）: 369-375.

[143] KIM J, JUN A, GWON O, et al. Hybrid-solid oxide electrolysis cell: a new strategy for efficient hydrogen production. Nano Energy, 2018, 44: 121-126.

[144] MALERØD-FJELD H, CLARK D, YUSTE-TIRADOS I, et al. Thermo-electrochemical production of compressed hydrogen from methane with near-zero energy loss. Nature Energy, 2017, 2: 923-931.

[145] SAKBODIN M, WU Y, Oh S C, et al. Heterogeneous catalysis hydrogen-permeable tubular membrane reactor: promoting conversion and product selectivity for non-oxidative activation of methane over an Fe/SiO_2 catalyst. Angewandte, 2016, 20742: 16149-16152.